Power Query

数据智能整理
从入门到进阶

侯翔宇◎编著

U0359825

清华大学出版社
北京

内 容 简 介

本书结合多个典型实操案例，全面、系统地介绍 Power Query for Microsoft Excel 数据智能整理的相关知识，可以帮助读者掌握其强大的数据操控力，从而轻松完成商务、办公和科研等领域的数据智能整理任务。本书从基础入门、数据传输和数据整理 3 个方面进行讲解，既能带领零基础入门人员快速跨入 Power Query 数据智能整理的大门，又能帮助职场中的相关从业人员进阶提升，从而提高工作效率。

本书共 11 章，分为 3 篇。第 1 篇基础入门，主要介绍 Power Query 的功能、特点、运行环境、版本、工作流程和软件操作界面等相关知识；第 2 篇数据传输，主要介绍数据导入、数据导出和查询管理等相关知识；第 3 篇数据整理，主要介绍表级运算、调整行与列的结构、添加列、调整数据表的结构、修改数据表的内容等相关知识。

本书内容丰富，通俗易懂，实例典型，实用性强，非常适合零基础 Power Query 入门读者阅读，也适合需要提高数据整理水平的从业人员阅读，还适合大中专院校和相关培训机构作为教材。

图书在版编目（CIP）数据

Power Query 数据智能整理从入门到进阶 / 侯翔宇编著.

北京 ：清华大学出版社, 2025. 4. -- ISBN 978-7-302-68739-9

Ⅰ. TP391.13

中国国家版本馆 CIP 数据核字第 20251Z6P83 号

责任编辑：王中英
封面设计：欧振旭
责任校对：徐俊伟
责任印制：刘海龙

出版发行：清华大学出版社
　　　　网　　　址：https://www.tup.com.cn, https://www.wqxuetang.com
　　　　地　　　址：北京清华大学学研大厦 A 座　　　　邮　　编：100084
　　　　社 总 机：010-83470000　　　　　　　　　　　邮　　购：010-62786544
　　　　投稿与读者服务：010-62776969，c-service@tup.tsinghua.edu.cn
　　　　质量反馈：010-62772015，zhiliang@tup.tsinghua.edu.cn
印 装 者：河北鹏润印刷有限公司
经　　销：全国新华书店
开　　本：185mm×260mm　　　　印　　张：21.5　　　字　　数：539 千字
版　　次：2024 年 5 月第 1 版　　　　　　　　　印　　次：2025 年 5 月第 1 次印刷
定　　价：99.80 元

产品编号：110401-01

Power Query 是微软 Power BI 商业分析软件中的一个数据获取与处理工具。它也是 Excel 的一个内置插件，最早内置于 Excel 2010 版中，从 Excel 2016 版开始默认常驻菜单栏，用户不需要进行任何安装和设置便可使用，可谓触手可及，非常便利。有了 Power Query，便可轻松完成原本需要通过复杂公式或 VBA 处理的数据整理工作。它可以通过规范 Excel 中的数据来增强商业智能分析能力，从而提高用户的自助服务体验。

作为新一代数据处理工具，Power Query 在 Excel 的基础上对数据获取、清洗和整理等功能都进行了强化与升级，从而能够更快地处理更大规模的数据集。它提供更加丰富、功能强大的命令，而且有专属的 M 函数来处理复杂的数据应用。它的操作方法与 Excel 类似，使用难度与 Excel 菜单命令相当，大部分操作都基于可视化界面，上手非常轻松。

一直以来，出版一套系统介绍 Power Query 数据智能处理方面的图书是笔者的一个心愿。2023 年，笔者编写的《Power Query M 函数语言：基于 Excel 和 Power BI 的数据清理轻松入门》和《Power Query M 函数语言：基于 Excel 和 Power BI 的数据清理进阶实战》终于出版，上市后获得了很多读者的一致好评。如今，《Power Query 数据智能整理从入门到进阶》也付梓在望，笔者多年的心愿即将实现，内心自然是激动的。这 3 本书全面、系统、深入地总结了笔者在多年的 Power Query 教学培训、课程开发和问题解答中积累的大量经验，给读者呈现了一套完整的 Power Query 数据智能处理知识体系，相信可以给即将踏上 Power Query 学习之路的人或正走在 Power Query 学习之路上的人极大的帮助，让他们少花点时间、少走点弯路就能学到更全面、更核心、更深入的 Power Query 数据智能处理知识。笔者写作时没有藏着掖着，而是将所学知识毫无保留地倾囊相授，全部呈现给读者。相信有了这 3 本书的助力，读者学习起来会比较顺利，再也不会像笔者当年学习时磕磕绊绊、困难重重。

在本书中，笔者将带领读者探秘 Power Query 数据智能整理的相关知识，帮助读者了解 Power Query 的前世今生，学习其丰富的数据整理命令，掌握其高效的数据整理功能，从而解决生活和工作中碰到的各种数据整理问题。

本书特色

❑ **内容全面**：从基础入门、数据传输和数据整理 3 个方面介绍，涵盖 Power Query 数据智能整理需要掌握的所有常用知识。

❑ **讲解深入**：不但介绍 Power Query 的基础功能，而且还会介绍一些复杂功能的原理与用法，并给出 25 个进阶技巧与 167 个避坑提示，这在同类图书中是很少见到的。

❑ **编排合理**：知识结构编排合理，符合读者的学习规律，先从比较容易上手的常用技术开始讲解，然后逐步深入介绍较为复杂的技术，学习梯度比较平滑。

❑ **图解教学**：结合 440 多幅示意图进行讲解，并用导向箭头将操作流程标注在图上，从而帮助读者高效、直观地学习。

- ❑ **案例教学**：结合 60 多个典型案例讲解 Power Query 的核心技术与复杂功能，帮助读者提高动手能力并加深对核心知识点的理解。
- ❑ **步骤详细**：每个实操案例都给出详细的操作步骤，读者只要按照书中讲解的步骤进行操作，便可快速掌握相关技术要点。

本书内容

第 1 篇　基础入门

本篇包括第 1～3 章。第 1 章介绍 Power Query 的功能、特点、运行环境和版本选择等相关知识；第 2 章介绍 Power Query 的工作流程并给出案例演示；第 3 章介绍 Power Query 的操作界面等相关知识。通过阅读本篇内容，读者可以系统地了解 Power Query 的基础入门知识，为后续的进阶学习打好基础。

第 2 篇　数据传输

本篇包括第 4～6 章。第 4 章介绍数据导入的相关知识，包括从表格/区域导入、从当前工作簿中导入、从工作簿中导入、从文本文件和 CSV 文件中导入、从文件夹中导入、从网站导入、从 JSON 和 XML 格式的文件中导入等；第 5 章介绍数据导出的相关知识，包括关闭并上载模式、关闭并上载至模式、修改默认的"关闭并上载"模式、Power BI Desktop 中的数据上载等；第 6 章介绍查询管理的相关知识，包括内部查询管理和外部查询管理等。通过阅读本篇内容，读者可以系统地掌握 Power Query 数据传输的相关知识，为后续的数据智能整理做好准备。

第 3 篇　数据整理

本篇包括第 7～11 章。第 7 章介绍表级运算的相关知识，包括表级数据读取和类型转换、追加查询、合并查询等；第 8 章介绍如何调整行与列的结构，包括移动行与列、保留行与列、删除行与列等；第 9 章介绍如何添加列，包括"添加列"选项卡、添加列的 6 大核心功能等；第 10 章介绍如何调整数据表的结构，包括转置表格、逆透视列、透视列、结构化列、分组依据等；第 11 章介绍如何修改数据表的内容，包括数据类型转换、重命名、替换、填充、数值运算、文本运算等。通过阅读本篇内容，读者可以系统地掌握 Power Query 数据智能整理的相关知识。

读者对象

- ❑ 零基础学习 Power Query 数据整理的入门人员；
- ❑ 需要提升 Power Query 数据整理水平的从业人员；
- ❑ 人力资源、财务管理、会计和税务等相关从业人员；
- ❑ 产品、运营和经营决策等相关从业人员；
- ❑ 数据分析与可视化等相关从业人员；

❑ 与数据汇总、整理和分析有关的人员；
❑ Excel 与 Power BI 技术爱好者和发烧友；
❑ 相关培训机构的学员；
❑ 大中专院校相关专业的学生。

本书约定

本书在内容编写和组织上有以下惯例和约定，了解这些惯例和约定对读者更好地阅读与理解本书内容有很大的帮助。

❑ **软件版本**：本书采用 Windows 系统下的 Microsoft Excel 365 中文版写作。虽然其操作界面和早期版本的 Excel 有所不同，但是差别并不大，书中介绍的大多数操作和命令均可在其他版本的 Excel 中使用，也可以在 Power BI Desktop 及其他版本的 Power Query 编辑器中使用。

❑ **菜单命令**：Power Query 编辑器类似于 Excel 软件，其大量功能是通过命令实现的，其功能按钮在软件界面上部的菜单栏中进行了层级划分，分为选项卡、分组和命令三个层级。其中，开始、转换、添加列、视图等被称为选项卡，功能类似的按钮集中形成分组，如常规组和文本列组等，读者可以据此快速找到按钮所在位置。

❑ **特色段落**：本书中有大量的特色段落，主要有说明、注意和技巧 3 种。其中："说明"是对正文内容进行的一些细节补充；"注意"是对常见错误进行的提示；"技巧"是对常规功能的特殊使用方式进行的补充。这些特色段落是笔者多年积累的知识、经验和思考的结晶，可以帮助读者更好地阅读本书。

配套资源获取方式

本书涉及的案例文件等配套资源有两种获取方式：一是关注微信公众号"方大卓越"，回复数字"42"获取下载链接；二是在清华大学出版社网站（www.tup.com.cn）上搜索到本书，然后在本书页面上找到"资源下载"栏目，单击"网络资源"按钮进行下载。

另外，笔者在哔哩哔哩平台（B 站）和微信公众号上都设有 Power Query 和 Power BI 栏目，栏目中提供了大量的拓展学习资料，包括教学视频、进阶教程、Power Query 操作案例、M 函数大全和应用案例等，读者可以在本书配套资源的说明文件中找到这些学习资料的获取方式。

售后服务

虽然笔者在本书的编写过程中力求完美，但是限于学识和能力水平，书中可能还有疏漏与不当之处，敬请读者朋友批评、指正。读者在阅读本书时若有疑问，可以发电子邮件到 bookservice2008@163.com 获得帮助，也可以加入"麦克斯威儿 Power Query 学习交流群"获得帮助，群号可在本书配套资源的说明文件中找到。

侯翔宇

2025 年 3 月

|目录|

第1篇　基础入门

第 2 篇　数据传输

第 3 篇　数据整理

第1篇
基础入门

第 1 章　Power Query 简介

嘿！那边的朋友快看过来，你们好！我是这本书的作者侯翔宇，也是负责带领大家到 Power Query（简称为 PQ）世界游玩的向导，大家可以叫我麦克斯。在接下来的旅程中我将承担解说员的工作，陪同大家在 Power Query 的世界里深度遨游，帮助大家掌握"Power Query 之力"，提升个人"数据控制力"。希望大家能有一次愉快的旅途！我们赶紧出发吧！

本章是全书的第 1 章，也是我们与 Power Query 初次相遇的地方。我将为大家介绍 Power Query 的方方面面，了解它的作用，比如查看它在实际中的应用范例；学习它的发展历史，看看它和 Power BI 到底有哪些千丝万缕的联系；熟悉它的优点，欣赏它令人着迷的地方；最后介绍它的使用环境，以及如何安装和使用它。

本章共分为两部分，第一部分介绍 Power Query 的发展历史、特色等，第二部分介绍如何安装、使用 Power Query。

本章涉及的知识点如下：

❑ Power Query 的定义作用和发展历史；

❑ Power Query 的优势和特色；

❑ 如何安装和使用 Power Query。

1.1　Power Query 是什么

简单来说，Power Query 是由微软开发，搭载在 Excel 和 Power BI 这两款软件中用来完成数据汇总和整理任务的软件。其中，第一个关键词是"软件"，我们将 Power Query 视为软件、技术或引擎都是可以的；第二个关键词是"数据汇总和整理"，这反映的是它处理数据的作用，它可以导入不同来源的数据并对其进行汇总和调整。

用通俗易懂的话来说，Power Query 是帮助我们把分布在不同地方的数据汇总起来，并且把这些结构和内容都杂乱无章、非常"脏乱差"的数据轻松整理成目标格式的一种软件技术，如图 1.1 所示。我们可以在 Excel 和 Power BI Desktop（简称为 PBID）软件中使用这项技术。

📖说明：关于 Power Query，微软官方给出的定义为 "*Power Query is the data connectivity and data preparation technology that enables end users to seamlessly import and reshape data from within a wide range of Microsoft products, including Excel, Power BI, Analysis Services, and more.*"。中文翻译为 "Power Query 是一项数据连接和整备的技术，它赋予用户无缝的多源数据导入和整理能力。"另外，在数据行业中也会将 Power Query 视为一种"自助式 ETL 工具"，其中，E 代表 Extract、T 代表

Transform、L 代表 Load，分别表示获取、转换和加载。

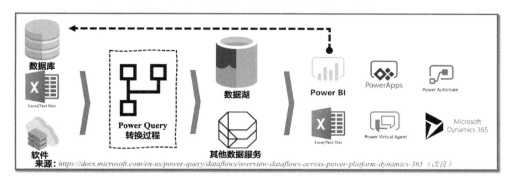

图 1.1　Power Query 的作用

可能有读者会问：既然有丰富的来源，那么 Power Query 可以从哪些数据源中获取数据呢？这里暂且不表，先来看图 1.2。

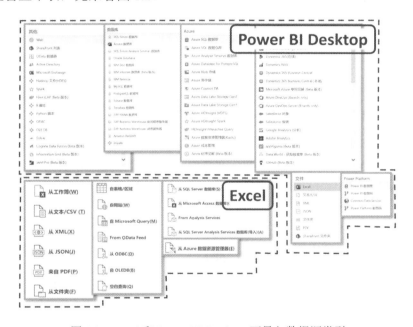

图 1.2　Excel 和 Power BI Desktop 可导入数据源类型

可以看到，Power Query 获取数据来源的种类数量非常庞大，而且还有很多没有显示在图中。不过目前不用刻意去数清楚，我们会在第 4 章专门进行说明。目前我们只需要知道 Power Query 可以使用的数据来源非常丰富即可，上至高端、专业的各类数据库和 API，下至常用的文件夹、工作簿/表、CSV 文件、TXT 文件都是 Power Query 的数据来源。

读者可能还有一个疑问：既然 Power Query 专用于数据整理，那么它可以对数据做哪些处理呢？我们知道，在 Excel 中就已经可以完成对数据的排序、筛选、分列、一键清除重复数据等操作，很方便。Power Query 作为数据整理专用软件，不但 Excel 的这些功能全部拥有，而且还进一步做了强化和拓展。例如，"拆分列"方式就从固定宽度或分隔符升级为 5 种模式（分隔符、长度、位置、数字转变、字母转变）。此外，Power Query 还新增了大量更强大的透视列、逆透视列、分组依据、展开聚合、合并查询、追加查询等功能，用于数据整理的功能就有 200 多个。虽然在这里无法一一展开说明，但是在后面的章节中它们会陆续和读者见面。接下来让我们通过几个范例来了解一下 Power Query 的具体作用。

1.2　Power Query 数据处理范例展示

使用 Power Query 进行数据处理可以分为数据获取（从数据库或网站等不同源中获取数据）、数据汇总、数据清洗（删除冗余数据、修改错误等）、数据拆分与合并、数据查询匹配、数据整理、数据统计等几大类。

本节将向读者展示一些典型的数据处理范例，帮助读者快速建立对于 Power Query 的理解。注意！以下展示的所有范例均通过简单的“键鼠操作”就可以完成，不需要编写代码，读者可以快速掌握并应用。

说明：部分案例需要修改代码关键字，但并不难。

1.2.1　数据获取范例

1．通过高德地图搜索并获取API信息

本例借助高德地图开放平台提供的免费搜索 API 和 Power Query 通过网页获取数据和整理数据的功能，根据所给“城市”和“查询目标”条件，对满足条件的地理位置信息进行搜索并返回明细记录（包括地址、电话等）。

如图 1.3 所示，输入“深圳”和“税务局”两项关键字后，Power Query 便自动返回深圳市范围内所有税务局的办公地点及联系电话。

城市	查询目标
深圳	税务局

城市	查询目标	name	tel	pname	cityname
深圳	税务局	国家税务总局深圳市福田区税务局	0755-88317599	广东省	深圳市
深圳	税务局	国家税务总局深圳市龙岗区税务局龙城税务所	[List]	广东省	深圳市
深圳	税务局	国家税务总局深圳市蛇口税务局	[List]	广东省	深圳市
深圳	税务局	国家税务总局深圳市宝安区税务局第三税务所办税服务厅	0755-27770937	广东省	深圳市
深圳	税务局	国家税务总局深圳市龙岗区税务局第一税务所办税服务点	[List]	广东省	深圳市
深圳	税务局	国家税务总局深圳市宝安区税务局福永税务所	[List]	广东省	深圳市
深圳	税务局	国家税务总局深圳市税务局	0755-83878982	广东省	深圳市
深圳	税务局	国家税务总局深圳市光明区税务局	0755-27403820	广东省	深圳市
深圳	税务局	国家税务总局深圳市龙华区税务局民治税务所	0755-29167711	广东省	深圳市
深圳	税务局	国家税务总局深圳市南山区税务局	0755-26545357	广东省	深圳市

图 1.3　通过高德地图搜索并获取 API 信息

2．获取连续多网页的表格数据

本例利用 Power Query 从网页获取数据和整理数据的功能，根据给定的网站地址自动批量获取连续多个网站页面的表格数据。

如图 1.4 所示，某网站分 25 页提供了中国工商银行天津所有支行的清单（包括开户行

名称和对应的联行行号）。使用 Power Query 构建系列网址可一次性获取并汇总 25 个页面的所有信息且随时更新。

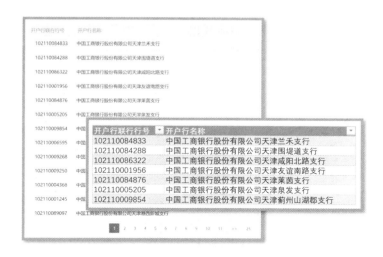

图 1.4　获取连续多网页的表格数据

1.2.2　数据汇总范例

1. 汇总工作簿中所有工作表数据

本例借助 Power Query 从工作簿中批量读取数据的功能，实现根据给定的工作簿地址自动导入该工作簿所有工作表并完成汇总的效果。

如图 1.5 所示，给定的地址工作簿中包含 4 张默认名称的工作表。使用 Power Query 批量读取数据后可以自动汇总这些数据，即使面对首行为表名的情况也可以灵活处理。

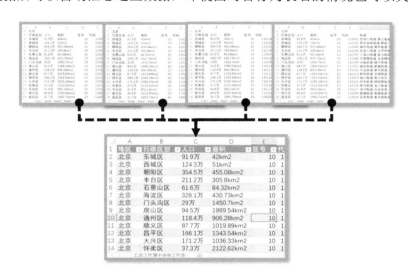

图 1.5　汇总工作簿中的所有工作表数据

2．汇总文件夹中所有工作簿中的工作表

本例借助 Power Query 可以从文件夹中批量导入数据的功能，自动导入指定的文件夹及其下所有工作簿中的工作表数据并完成数据汇总。如图 1.6 所示，给定地址的文件夹下包含 3 个子文件夹（共计 27 张独立工作表），分别代表公司不同大区第一季度的销售记录，各大区包含多座城市的多个网点。利用 Power Query 批量读取后可以自动汇总所有数据，后续添加、删除、更改的数据也可以使用一键刷新功能重新获取最新的销售记录。

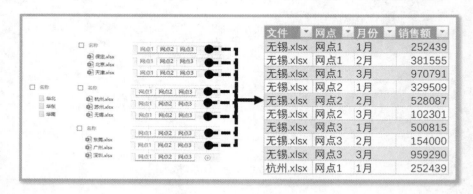

图 1.6　指定文件夹下所有工作簿的工作表汇总

1.2.3　数据清洗范例

1．清洗"字符串"表格数据

本例借助 Power Query 透视列、拆分列等数据整理功能，将团积、无差别连接在一起的表格数据清洗成干净的数据表。

如图 1.7 所示，右边的原始表格数据是非常规范的，但是经过复制、粘贴操作导入 Excel 后，所有数据全部被空格连接成了一个字符串（左边表格的灰色部分），无法进一步分析和使用数据。使用 Power Query 可以轻松地将其拆分成单个元素并整理成需要的格式。

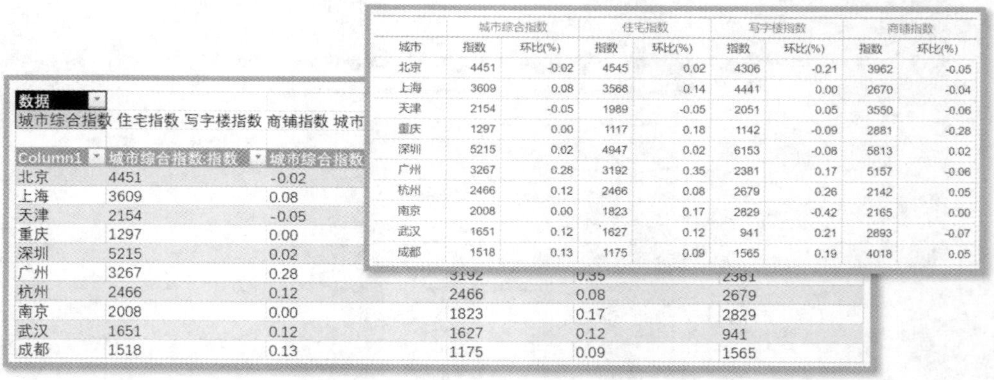

图 1.7　清洗"字符串"表格数据

2. MxN二维表转一维表

本例借助 Power Query 透视列、逆透视列、合并拆分列、向下填充等数据整理命令，实现将多维度组合二维表转换为一维表的效果。

如图 1.8 所示，左侧的原始数据表格用于呈现数据是非常清晰明确的，但无法直接用于数据统计分析，因此需要将其转换为一维表，用多个属性字段来描述某个对象值。使用 Excel 很难达成要求的效果，而使用 Power Query 可以轻松地将其整理成右侧的目标表。

		2222年											
		1季度			2季度			3季度			4季度		
地区	公司名称	1月	2月	3月	4月	5月	6月	7月	8月	9月	10月	11月	12月
西北	麦克斯威儿®	31	42	85	60	18	27	91	69	83	98	10	72
	公司2	21	92	92	36	76	64	21	74	57	35	10	20
华北	公司3	42	10	15	37	40	14	57	98	75	58	69	95
	公司4	10	95	79	59	91	98	14	14	51	19	83	80
	公司5	44	17	81	13	94	87	56	31	16	71	60	19
华东	公司6	76	79	27	71	98	27	11	41	53	85	83	14
	公司7	27	52	15	37	93	91	67	43	94	61	58	30
	公司8	41	50	12	45	70	89	51	65	25	40	18	33
	公司9	74	40	24	89	67	37	71	89	59	49	32	68
	公司10	98	95	26	36	57	56	45	18	72	50	75	68
华南	公司11	82	86	97	13	17	67	41	24	15	67	12	80
	公司12	55	32	38	25	56	90	91	84	18	15	93	28

年份	季度	月份	地区	公司名称	销售额
2222年	1季度	1月	西北	麦克斯威儿®	31
2222年	1季度	1月	西北	公司2	21
2222年	1季度	1月	华北	公司3	42
2222年	1季度	1月	华北	公司4	10
2222年	1季度	1月	华北	公司5	44
2222年	1季度	1月	华东	公司6	76
2222年	1季度	1月	华东	公司7	27
2222年	1季度	1月	华东	公司8	41
2222年	1季度	1月	华东	公司9	74
2222年	1季度	1月	华东	公司10	98
2222年	1季度	1月	华南	公司11	82
2222年	1季度	1月	华南	公司12	55
2222年	1季度	2月	西北	麦克斯威儿®	42
2222年	1季度	2月	西北	公司2	92

图 1.8　MxN 二维表转一维表

1.2.4　数据拆分与合并范例

1. 组合显示成绩数据

本例借助 Power Query 逆透视列、分组依据等数据整理功能，实现将独立的离散表格数据进行分类并按照一定的规则组合显示的效果。

如图 1.9 所示，左侧为原始数据，包含各位同学的各科目成绩，但存在部分同学缺考的情况，导致查看不便，因此需要将其重组为右侧的合并形式。类似的问题在 Excel 中只能通过高级函数技巧或 VBA 编程完成，但利用 Power Query 丰富的数据拆分合并命令就可以轻松实现。

姓名	语文	数学	英语
麦克斯威儿®	89		99
潘卫壮	79		53
台新利	87	78	91
象永生	62	47	
淳于婉琳	87	58	
柯智慧	89	66	45
黄俭		44	93
浮春凤		97	72
扬金磊	89	92	81
戚胜利			74

姓名	成绩
麦克斯威儿®	语文89、英语99
潘卫壮	语文79、英语53
台新利	语文87、数学78、英语91
象永生	语文62、数学47
淳于婉琳	语文87、数学58
柯智慧	语文89、数学66、英语45
黄俭	数学44、英语93
浮春凤	数学97、英语72
扬金磊	语文89、数学92、英语81
戚胜利	英语74

图 1.9　组合显示成绩数据

2. 提取身份证信息并解析其含义

本例借助 Power Query 提取列、合并查询信息等数据调整功能，自动对身份证信息进行分段拆分并解析其具体含义。

如图 1.10 所示，左上表为原始身份证号信息，以此为基础进行身份证信息的提取和解析工作；右上表为身份证前 6 位代码的地区对照表。利用上述信息、身份证号编码逻辑再结合 Power Query 可以批量获取身份证号所代表的地区、出生日期、年龄、性别等信息。

身份证号信息
610523198305134774
511826197005258546
431128198405258384
141032198805257380
331122197508146901
510722197109219021
500103198503111941
511325197406245048
610122198502268749
231084198808141445

代码	地区
110000	北京市
110100	北京市 市辖区
110101	北京市 东城区
110102	北京市 西城区
110103	北京市 崇文区
110104	北京市 宣武区
110105	北京市 朝阳区
110106	北京市 丰台区
110107	北京市 石景山区

索引	身份证号信息	地区代码	地区	出生日期	年龄	性别
1	610523198305134774	610523	陕西 渭南市 大荔县	1983/5/13	38	男
2	511826197005258546	511826	四川 雅安市 芦山县	1970/5/25	51	女
3	431128198405258384	431128	湖南 永州市 新田县	1984/5/25	37	女
4	141032198805257380	141032	山西 临汾市 永和县	1988/5/25	33	女
5	331122197508146901	331122	浙江 丽水市 缙云县	1975/8/14	45	女
6	510722197109219021	510722	四川 绵阳市 三台县	1971/9/21	49	女
7	500103198503111941	500103	重庆市 渝中区	1985/3/11	36	女
8	511325197406245048	511325	四川 南充市 西充县	1974/6/24	46	女
9	610122198502268749	610122	陕西 西安市 蓝田县	1985/2/26	36	女
10	231084198808141445	231084	黑龙江 宁安市	1988/8/14	32	女

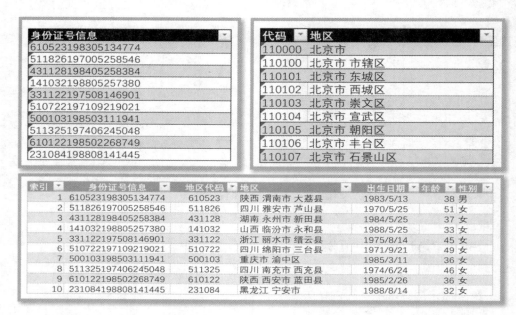

图 1.10　提取身份证信息并解析

3. 从混合文本中提取分数

本例借助 Power Query“示例中的列”等数据调整功能，实现自动提取混合文本中的数字的效果。如图 1.11 所示，上表包括学生姓名和成绩评价信息（原始表），在“评价”列中混合了中文字符、中文标点和数字 3 种不同类别的数据。利用 Power Query 可以轻松提取其中的数字信息并清除所有中文字符，完成分数提取的任务。

姓名	评价
阎凝	品学兼优、获得本年级三号学生一次，予以最终评分95。
逯晓瑶	体育特长生，成绩仍需努力，得90分。
麦克	

姓名	评价	分数
阎凝	品学兼优、获得本年级三号学生一次，予以最终评分95。	95
逯晓瑶	体育特长生，成绩仍需努力，得90分。	90
金振	上课不专注，容易开小差，期末成绩良好，80分。	80
麦克斯威儿®	调皮捣蛋！！！！60分。	60

图 1.11　从混合文本中提取分数

1.2.5　数据查询匹配范例

1．四字成语结构分类

本例借助 Power Query 合并查询、拆分列、替换等数据整理功能，实现自动判定成语类别的效果。如图 1.12 所示，左侧为原始数据，包含近 20 000 条四字成语记录，目标是批量地将所有成语进行归类。例如，"一心一意"归类为 ABAC 型、"生生世世"归类为 AABB型、"至死不渝"归类为 ABCD 型等。类似的问题在 Excel 中难以完成，而利用 Power Query强大的查询匹配功能可以轻松判别其类型并组合显示。

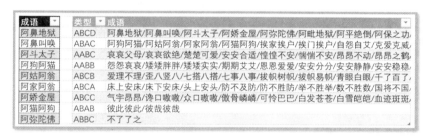

图 1.12　四字成语结构分类

2．模糊查询货品明细信息

本例借助 Power Query 自定义条件、筛选器等数据整理功能，实现自动根据参数筛选包含目标关键词数据的效果。如图 1.13 所示，上面是包含原始查询数据和产品明细信息的表，下面是根据所给条件，利用 Power Query 快速获取的包含多条关键词的表。

图 1.13　模糊查询货品的明细信息

1.2.6　数据整理范例

1．大纲列表展开整理

本例借助 Power Query 提取列、合并查询、格式运算等数据整理功能，实现对大纲列表分级展开显示的效果。如图 1.14 所示，左侧的原始数据包含不同级别的大纲记录，右侧为大纲列表展开后的数据表。

编号	内容
01	北京市
0101	海淀区
0102	朝阳区
0103	丰台区
02	天津市
0201	和平区
0202	河东区
03	广东省
0301	广州市
0302	深圳市
030201	罗湖区
030202	福田区
030203	南山区
0303	东莞市
0304	惠州市

编号	一级	二级	三级
01	北京市		
0101	北京市	海淀区	
0102	北京市	朝阳区	
0103	北京市	丰台区	
02	天津市		
0201	天津市	和平区	
0202	天津市	河东区	
03	广东省		
0301	广东省	广州市	
0302	广东省	深圳市	
030201	广东省	深圳市	罗湖区
030202	广东省	深圳市	福田区
030203	广东省	深圳市	南山区
0303	广东省	东莞市	
0304	广东省	惠州市	

图 1.14　大纲列表展开效果

2．发票连号展开整理

本例借助 Power Query 自定义列、展开和拆分列等数据整理功能，实现对不同简写方式的发票号展开的效果。如图 1.15 所示，左侧为原始数据但混合了多种简写方式，不便于应用。利用 Power Query 将发票号拆分为标准格式，如图 1.15 右表所示。

简写发票号
10007-12
10169-172
10234-35
10351-9
10412/13
10523/24/25
10678/679
10701

简写发票号	标准发票号
10007-12	10007
10007-12	10008
10007-12	10009
10007-12	10010
10007-12	10011
10007-12	10012
10169-172	10169
10169-172	10170
10169-172	10171
10169-172	10172
10234-35	10234
10234-35	10235
10351-9	10351
10351-9	10352

图 1.15　简写发票连号展开效果

1.2.7　数据统计范例

1．筛选指标排名TOP3的项

本例借助 Power Query 筛选、索引、逆透视、分组依据等数据整理功能，同步统计多指标排名并对结果进行筛选。如图 1.16 所示，上方为原始数据表，包含国内主要城市的 4 个房地产指标，下方为筛选指标前三名的一维表。

城市	综合指数	住宅指数	写字楼指数	商铺指数
北京	4451	4545	4306	3962
上海	3609	3568	4441	2670
天津	2154			
重庆	1297			
深圳	5215			
广州	3267			
杭州	2466			
南京	2008			
武汉	1651			
成都	1518			

指数	排名	城市	指标
综合指数	TOP1	深圳	5215
综合指数	TOP2	北京	4451
综合指数	TOP3	上海	3609
住宅指数	TOP1	深圳	4947
住宅指数	TOP2	北京	4545
住宅指数	TOP3	上海	3568
写字楼指数	TOP1	深圳	6153
写字楼指数	TOP2	上海	4441
写字楼指数	TOP3	北京	4306
商铺指数	TOP1	深圳	5813

图 1.16　筛选指标排名 TOP3 的项

2．样本数据的频数统计

本例借助 Power Query 拆分、自定义列、合并查询、分组依据等数据整理功能，实现根据样本数据统计各分组落地频数的效果。如图 1.17 所示，左表为原始数据，包含当前发票的具体编号段，中间为分段条件，右表为统计的各区段实际的票据数量。

编号记录
10-20
35-60
70-105
110-180
190-200
205-222
250-330
245-490

分段条件
0-100
101-200
201-300
301-400
401-500

分段条件	计数
0-100	68
101-200	87
201-300	125
301-400	130
401-500	90

图 1.17　样本数据的频数统计

1.2.8　小结

通过前面展示的 Power Query 实际操作应用范例，相信无须麦克斯多言，读者已经对 Power Query 的功能有了一定的了解，但是麦克斯还是想要再强调一下 Power Query 对数据获取、汇总、清洗、提取、合并、查询、整理、统计这 8 类常规问题的处理。虽然实际工作中碰到的问题可能会是这 8 类问题的融合，但是拥有对问题的清晰判断可以更快地构建思路从而选择更合理的功能来解决问题。

1.3　Power Query 和 Power BI 发展简史

　　Power Query 诞生于微软的 Excel 中，最初是作为服务于 Power Pivot 的一款数据预处理插件出现的。它当时也不叫 Power Query，而是有一个更加"恰当"的名称"Data Explorer 数据探索器"，在 2013 年推出后就受到了一众"Excel 老兵"的喜爱，最终向 Power Pivot 看齐，改名为 Power Query，意味"超级查询"。同时微软也追加开发了支持 Excel 2010 版本使用的 Power Query 插件安装包，拓展了应用范围。通过这一小段"历史"可以看出，Power Query 本身的定位是进行数据分析前的"预处理"，是负责数据获取和整理的软件工具，完美地切合了此前的定义。

　　但是回想一下我们在一开始给出的 Power Query 的定义——"Power Query 是由微软开发，搭载在 Excel 和 Power BI 这两款软件中用来完成数据汇总和整理任务的软件"的话，你会发现还有另外一款软件"Power BI Desktop（超级商业智能桌面版）"也同样支持使用 Power Query 技术。两款软件同时支持近乎一样的技术的情况并不常见，要了解其中的原因，我们需要了解 Power BI Desktop 的发展历史。

　　如图 1.18 所示，在 2006 年，微软内部秘密启动了一个名为"Gemini 双子座"的项目，由微软 SSAS（SQL Server Analysis Services）技术"教父"Amir Netz 负责推动（后来他成为 Power BI 平台项目的 CTO）。该项目于 2009 年正式更名为 Power Pivot 并以 Excel 加载项的形式免费提供给用户使用，相较于 Excel，它能够更加专业地执行数据分析任务。后来，随着项目成果被更多用户熟知和使用，微软增大了在该领域的研发力度，先后于 2012 年推出了专用于数据可视化的 Power View、2013 年推出了专用于数据获取和整理的 Power Query。至此，微软就在 Excel 中形成了从数据获取、整理、统计分析到可视化的完整的数据分析应用流，但各组件之间的配合使用仍需要磨合。

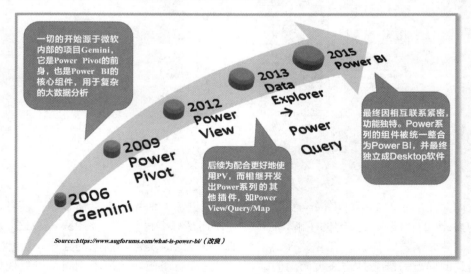

图 1.18　Power BI 发展简史

　　2015 年，微软正式整合了上述组件功能，并命名为 Power BI，专用于提供商业智能数据分析解决方案。基于此才有了后来独立于 Excel 运行的桌面版软件 Power BI Desktop。在这个版本中，完善的 Power Query 的技术便顺理成章地被保留下来（功能甚至更强），所有人都可以在 Excel 和 Power BI Desktop 中使用 Power Query 技术。

📖 **说明：** 简单来说 Power BI Desktop 是诞生于 Excel 的几个独立组件，虽然二者有一部分的功能相同，但是整合后的 Power BI Desktop 在功能、协调性、运算效率等方面都优于 Excel 中的独立组件。

1.4　Power Query 的特点

Power Query 是 Excel 在数据汇总和整理方向的升级版，其诞生之初就要面对更加复杂的现代商业化环境，因此它具备许多优秀的功能也不足为奇。例如：它可以自动完成对数据的汇总整理并保留所有处理过程以便随时复用；它可以轻松处理几十万乃至上百万条大数据的整理。它在数据汇总和整理方面共有 200 多个操作命令和 700 多个功能函数……接下来具体介绍。

1.4.1　查询可复用

查询可复用，简而言之就是不论你在 Power Query 中对数据做了什么操作，整个处理过程都会被记录并以一种叫作"查询"的文件形式保留下来。

📖 **说明：** Power Query 的查询可复用的特点类似于 Excel 中的录制宏，但在 Power Query 中无时无刻不处于录制宏的状态下。

举个例子，假设用户使用 Power Query 完成了对数据的整理工作，当他下一次遇到类似的问题或者原始数据发生更新的时候，可以直接复用相同的查询文件对数据进行汇总、整理，从而完成任务。只要问题一致、处理的逻辑一样，那么所有结果都可以自动获取，用户唯一需要做的就是"刷新这个查询"，几乎没有时间成本，如图 1.19 所示。

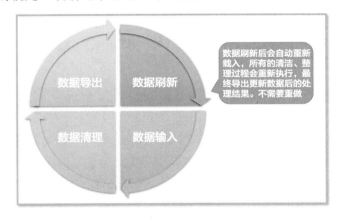

图 1.19　查询可复用

查询可复用这个特性在实际工作中非常有意义，尤其当整理和分析的数据需要定期更新或数据有误需要重新整理时，可以节省大量重复操作的时间。即使业务本身发生了改变，我们也可以直接在原有的"查询"基础上进行修改，而不需要从零开始搭建。

如果将这种特性横向与 Excel 进行对比会发现，Excel 的函数公式具有"联动"特性。根据设定不同，可能用户在修改原始数据时单击了"计算"按钮，那么所有的结果就自动更新了。与此类似的还有数据透视表、图表模块也具备一定程度的联动特性。反观同样极为常用的菜单栏的命令操作，几乎所有的操作都不具备联动或记忆的特性，如将表格转置、筛选清除一部分数据、去重冗余的重复数据等。即便后来遇到了完全一模一样的问题，也需要重复操作。而人力毕竟是有限的，在数据量多、问题复杂度高、时限要求更紧张的场景，效率是无法保证的。

因此综合来看，Power Query 拥有一套完备的"历史过程记录体系"，这使其拥有"查询可复用"的特性，帮助用户节省了大量的时间。而 Excel 在这方面具备"局部"的联动特性，各模块之间的连续配合相对不足。

1.4.2　功能多而全

功能多而全，如字面意义，Power Query 关于数据获取和整理的功能丰富程度令人惊叹。为什么这么说呢？很多人在一开始了解 Power Query 时便会被其"加载项"的外表所迷惑，觉得它体量小，是附着在 Excel 这尊"庞然大物"之上的"小物件"。但实则不然，Power Query 不但在 Excel 和 Power BI Desktop 中都拥有独立的软件操作界面，即 Power Query 编辑器，而且拥有 5 个常驻的菜单选项卡，包含 200 多个命令，如图 1.20 所示。

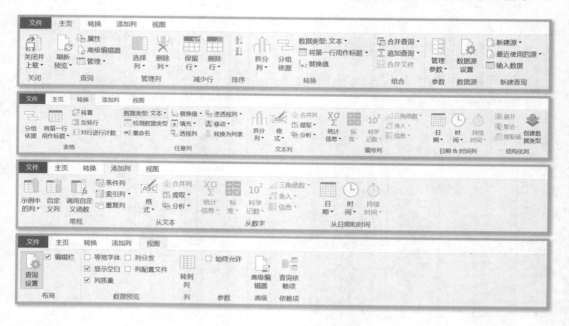

图 1.20　Power Query for Excel 菜单栏选项卡

这完全不像一个"小插件"的样子，更令人惊叹的是其还包含独立的函数语言"M 函数语言”，并为其提供了 4 类 700 多个功能函数（要知道作为“老大哥”的 Excel 也只提供了 400 多个工作表函数），如图 1.21 所示。

• 数据访问函数	• 错误处理	• 替换器函数
• 二进制函数	• 表达式函数	• 拆分器函数
• 组合器函数	• 函数值	• 表函数
• 比较器函数	• 列表函数	• 文本函数
• 日期函数	• 行函数	• 时间函数
• 日期/时间函数	• 逻辑函数	• 类型函数
• 日期/时间/时区函数	• 数字函数	• Uri 函数
• 持续时间函数	• 记录函数	• 值函数

图 1.21　Power Query 提供的 24 类 M 函数

说明： 我们的目的是重点讲解 Power Query 的使用，即 200 多个菜单命令或按钮的应用，M 函数语言涉及量很少。所以读者可以轻松掌握书中的所有知识点（需要多练习）。

综上所述，如果抛开 Excel 特有的数据透视表、图表、VBA 和加载项模块，从 Power Query 的功能和所支持的函数来看，其丰富程度与 Excel 不相上下。而这些丰富的功能将成为我们解决实际工作中的“疑难杂症”的利器。

1.4.3　处理大数据

一谈到大数据，可能很多读者有一连串的问题，比如数据达到多大才能算大数据？只要数据量够大就是大数据吗？到底什么样的数据是大数据？麦克斯也很想回答这些问题，但它们不是我们要介绍的重点，实际中对此也没有具体的标准，可能每个人心中的理解都有所差异。这里以业界公认的 IBM 公司对大数据的五维定义（5V 模型）为基础进行展开说明。

说明： 大数据 5V 模型由 IBM 公司提出的，其包含 5 项 V 开头的单词来描绘大数据应当具备的重要特征。它们分别是 Volume（数据量大）、Velocity（数据增长快/处理效率高）、Variety（数据多样性高）、Veracity（数据真实）、Value（具有价值）。如图 1.22 所示，是由 IBM 官方提供的关于 5V 模型的示意图，详细举例讲解了大数据的 5 个维度。

简单来说，在大数据的 5 个维度中：

（1）Volume 代表数据量大，拥有大量的数据可以帮助我们获得对所关注的事务更全面的了解，包括它的过去、现在，由此能更准确地预测它未来的发展方向。

（2）Velocity 代表数据增长迅速、更新迅速、分析迅速，这 3 个特征可以使得分析结果更贴近当前的真实情况。

（3）Variety 代表数据的多样性，除了常规的数字、文本数据外，越来越多的信息被存储为图像、音频、视频等更加丰富的形式，所以尽可能多地利用不同形式的数据信息才能称之为大数据。

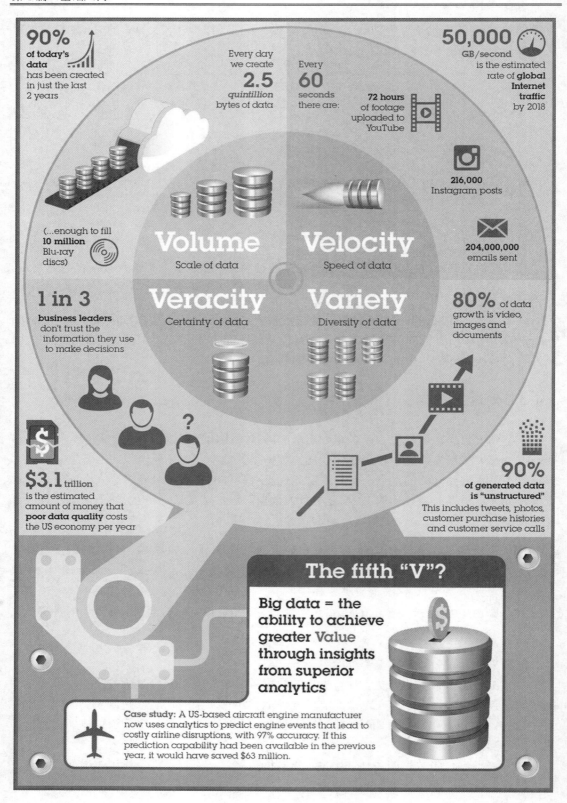

图 1.22　5V 模型示意

（4）Veracity 代表真实性、准确性，这也是进行数据分析的基石。与其说这是对大数据的要求，不如说是对所有数据的最基础的要求。不论数据大或是小都应该严格要求准确性，就好像我们在制作专业数据图标时，一定会标明使用数据的来源，与读者建立信任关系。

（5）Value 代表数据的价值。通过对真实、准确、来源丰富的大量数据进行高效整理、分析，获得常人难以觉察到的"洞见"，进而影响实际生产，产生价值。

以上就是对大数据 5V 模型的简单描述，在这里简单了解即可。本节会针对其中的两个方面 Volume（数据量）和 Velocity（数据处理效率）进行说明。这两个方面也是 Power Query 相比 Excel 在大数据方面有巨大提升的两个维度（Variety，即多样性也有所提升，在第 4 章中会详细说明）。

1. 数据获取、存储数量级提升

在数据获取、存储量级方面，Excel 从 2010 版本以后均以 ".xlsx" 文件形式存储，每张工作表最多支持 1 048 576 行、16 348 列的存储数据，如图 1.23 所示。这对于非专业数据分析的存储需求而言是非常充足的，但有时候得到的数据集会突破该上限，难以处理，在 Power Query 中这种限制是可以轻松突破的。

图 1.23　Excel 工作表的最大行数和列数展示

> 📖 **说明**：由于软件架构原因，在 Power BI Desktop 中允许读取的数据数量限制已经不再是表格数据的记录数量，而是"数据集所占空间大小"。另外，Power Query 本质上可以理解为只读取、整理数据但并不存储数据。

2. 数据分析效率提升

在数据分析方面，即便 Excel 允许存储百万量级的数据记录，但若使用函数进行分析，基本上在数据量达到数千量级时就会出现卡顿现象，在数万量级时便会严重卡顿，在数据量达到十万量级后便难以让人再有使用的欲望。而 Power Query 对成千上万量级的数据记录处理丝毫感受不到卡顿，其活跃的数据处理量在几十万到上百万的级别，如图 1.24 所示。

毫不夸张地说，Power Query 在数据整理的效率上比 Excel 函数提升了几十倍甚至上百倍。

图 1.24　Power Query 与 Excel 使用函数处理数据的量级对比

说明：在 Excel 中使用数据透视表和 VBA 都可以一定程度地提高数据分析的效率。

综上所述，Power Query 采用全新的计算方式和专用于数据整理的功能设计获得了高于 Excel 几十倍甚至百倍的数据整理效率，可以为我们处理更大数据量级的工作保驾护航。

1.4.4　学习成本低

关于学习成本低，可能有部分读者会说：这也能算是一大亮点吗？麦克斯的回答是：必须是。前面三大亮点凸显的是 Power Query 在硬核数据整理方面的强大（查询可复用、功能多而全、处理大数据），它们都非常吸引人，但学习成本也居高不下，所有优秀特性无法得以发挥也是没有意义的。因此强大的能力配合极低的学习成本才构成了 Power Query 的"学习成本性价比高"的特点。

它可以简单到什么程度呢？Excel 菜单栏的命令使用有多简单，Power Query 的命令使用就有多简单，甚至有过之而无不及。熟悉 Excel 的读者在了解 Power Query 的基础理论知识、功能运行逻辑后立即参与实际问题的解决完全不是问题。

如图 1.25 所示是 M Is for: Monkey A Guide to the M Language in Excel Power Query 一书的作者 Ken Puls 总结的 Excel 不同模块的学习成本及效果对比曲线，可以看到，相比于 Excel 函数公式和 VBA 编程，Power Query 能够在更短的时间内被掌握，用户可以获得更强大的数据整理能力，麦克斯的个人学习体验也是如此。

在图 1.25 中，Power Query 学习曲线中的圆圈部分为 M 函数语言学习的"平台阶段"。在此阶段前，Power Query 的学习曲线最陡峭，意味着只需要花费少量的时间投入就可以获得与 Excel 函数公式相媲美的数据汇总整理能力（不考虑 Power Query 的其他特性的加成）。

即使不深入学习 M 函数语言的应用，仅凭 Power Query 命令的组合使用也能够解决很多数据处理问题。反之，学习 M 函数语言虽然也需要花费一定的时间和精力，但总体上并不算高（M 函数语言不存在大量语法和复杂结构）。在完成学习后可以再次获得数据整理能力的爆发性提升（主要体现在解决疑难问题以及算法效率上）。

综上所述，Power Query 将数据处理工作常见的 200 多个功能全部封装为命令和按钮，并设计了一套过程记录系统将所有操作自动转换为 M 函数语言代码，从而完成数据的获取和整理工作。用户可以在编写任何代码的前提下完成复杂的数据整理任务，极大地降低了用户的学习成本。

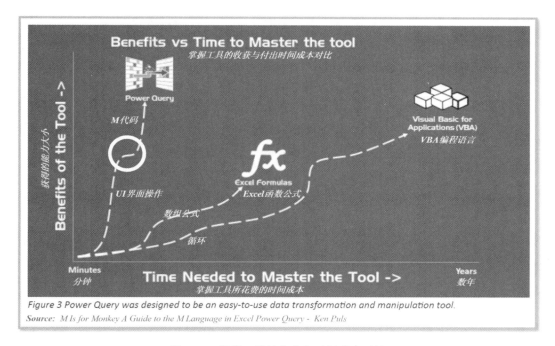

图 1.25　掌握工具的收获与时间成本对比

1.4.5　配套已完善

配套已完善相较于前面的四大特点，在目前阶段的重要性较低，但也不可忽视。通过 Power Query 和 Power BI 的发展历史我们知道，同 Power Query 一起成长的并不仅仅是 Power Query 自身，还有和它一直相伴的"同僚"，即 Power Pivot、Power View 和 Power Map。而它们被统一集成到了 Power BI Desktop 中，这意味着通过 Power Query 获取和整理好的数据可以直接进入 Power Pivot 中进行更复杂和高效的统计分析，并在最后使用 Power BI Desktop 的可视化报表模块输出数据中的重要信息。这个完整的数据获取、整理、统计、分析、可视化的一条龙服务，比每段任务使用一个相互之间配合并不融洽的独立软件的效率提升了很多。

综上所述，Power Query 本身所处的软件环境赋予了其成为数据分析工作链条一部分的机会，这样的特性也使得用户对数据的掌握得以深度拓展。

1.5　Power Query 的运行环境

Power Query 搭载于 Excel 和 Power BI Desktop 上，而上述两款软件均由微软开发，主要运行于 Windows 系统中。对于 macOS 系统而言，虽然已经逐步提升，但是存在众多的功能缺失。目前既无法支持完整版的 Power Query 也无法支持 Power BI Desktop 运行，短期内实现全面支持的可能性较低，建议采用虚拟机解决。

说明：macOS 系统用户可以采用"双系统 Windows + macOS 模式"使用 Power Query 和 Power BI Desktop，或通过安装"Windows 虚拟机"达成类似效果。两者区别在于前者更"重"后者更"轻"，双系统会占用硬件资源，性能较高，但启动烦琐；后者仅是临时借用系统资源，性能较低，但启动迅速，使用便利。

1.6　Power Query 的版本选择

Power Query 自 2013 年诞生后以加载项的形式搭载于 Excel 2013 上，后来因非常受欢迎又追加开发了兼容支持 Excel 2010 Professional Plus 版本的软件包。因此在上述两个版本中需要单独到微软官方网站下载安装包后安装使用，如图 1.26 所示。也可以直接到麦克斯威儿 Power Query 交流群（QQ 群号为 933620599，密码为 Maxwell）的群文件中下载。

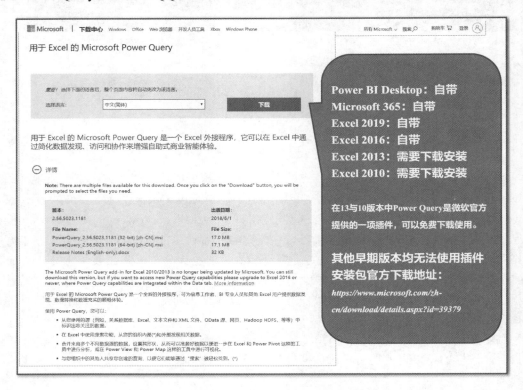

图 1.26　Power Query 插件安装包官方下载地址

Excel 2010 之前的所有 Excel 版本均不支持使用 Power Query，建议升级至 Excel 2016 版本及以上。因为从 Excel 2016 之后的所有版本（包括 Excel 2016）如 Excel 2019、Microsoft 365 版 Excel、Power BI Desktop 均自带 Power Query 模块可以直接使用，无须额外安装。

说明：书中的所有案例及讲解均基于 2021 版 Microsoft 365 Excel。

1.7　本 章 小 结

本章对 Power Query 的综合背景进行了介绍，首先介绍了 Power Query 的基本定义，让读者初步了解其作用；然后展示了一些具体的应用案例，让读者对其作用有更具体的理解；接着对 Power Query 及 Power BI 的发展历史进行了介绍，讲解了 Power Query 的五大特点；最后简单介绍了 Power Query 的计算机使用环境和版本选择。

通过本章的学习，相信读者已经对 Power Query 不再感到陌生了。第 2 章将介绍 Power Query 编辑器的工作流程。

第 2 章　Power Query 的工作流程

在第 1 章中，麦克斯带领读者认识了 Power Query，掌握了一些关于 Power Query 的知识。本章我们来看看它是如何工作的，整个工作流程分为哪些环节，这些环节在实际问题处理过程中对应哪些关键操作。

本章共分两部分讲解，第一部分介绍 Power Query 工作流程；第二部分以案例的形式介绍 Power Query 的工作流程。

本章涉及的知识点如下：

❑ Power Query 工作流程的 4 个步骤；

❑ 通过实例介绍 Power Query 的工作流程。

2.1　工作流程简介

在第 1 章中已经给出了 Power Query 的定义，它可以帮助用户把分布在不同地方的数据汇总，并且把这些结构和内容都杂乱无章的数据整理成用户想要的格式。

根据 Power Query 的定义，Power Query 的工作流程主要分为四个环节，分别是数据导入、数据整理、数据导出和数据更新，如图 2.1 所示，非常符合我们对数据获取和整理的预期。

图 2.1　Power Query 工作流程的四个环节

1. 数据导入

数据导入阶段的主要任务是将外部多种不同的数据源（如不同类型的数据库、网页、文件等）利用 Power Query 丰富的数据导入功能导入 Power Query 编辑器中进入"待整（等待整理）"状态。Power Query 能够读取的数据类型有很多，Power BI Desktop 更多，而且使用逻辑类似，较为简单。

数据导入环节的具体内容将在第 4 章详细讲解。

2. 数据整理

数据整理阶段的所有工作都会在 Power Query 编辑器内部完成，主要包括对数据的冗余部分进行清除、对错误部分进行修正和对数据结构进行调整等操作。数据经过整理阶段才可以达到用户的要求。同时因为操作功能数量庞大、细节繁多，也将作为本书学习的核心进行展开讲解。

数据整理环节的具体工作将会在介绍完数据导入、数据导出和查询管理的相关操作后重点讲解。

3．数据导出

数据整理完毕后，需要将数据输出，此时就进入工作流程的第三个阶段：数据导出。这个阶段的工作较为简单，Power Query 的导出方式有限，在 Excel 中可以选择将数据导出到工作表、数据透视图、数据透视表和仅作为连接 4 种模式；而在 Power BI Desktop 中，数据则作为查询表数据被导入 Power Pivot 中，然后使用 DAX 语言进行分析处理。

这个环节的具体工作将会在第 5 章重点讲解。

4．数据更新

导出数据后工作还没有结束，这是由 Power Query 的查询可复用特性决定的，如果原始数据增加、删除或修改了，通过刷新查询 Power Query 可以重新读取数据并按照预设的逻辑对数据进行再次处理。这个环节的工作将会在第 6 章进行讲解，并通过实例进行用演示。

以上便是 Power Query 工作流程的 4 个主要步骤，还挺好理解的不是吗？记不住也没关系，在后面内容中的所有例子都离不开这 4 步，我们还有很多机会熟悉它。如果将完整的数据分析流程视为一次精心的烹饪，那么数据获取和整理工作类似于配菜。数据导入类似于原材料采购；数据整理类似于洗菜、切菜；而数据导出则类似于将备好的材料装盘待用；最后的"刷新"功能就像你拥有了一个永不疲倦且效率超高的机器人备菜助手，它会记录下所有的处理过程，在下一次需要准备类似的配菜时自动执行。

2.2　Power Query 工作流程案例演示

本节以使用 Power Query 进行多工作簿的多张工作表数据汇总为例，具体展示 Power Query 的工作流程。

如图 2.2 和图 2.3 所示为待汇总的数据层级结构及其原始工作表，总体分为英国与西班牙两组，其中，英国文件夹下包含 3 支足球队近期比赛成绩的情况，西班牙文件夹中则包含一支足球队近期的比赛情况。汇总目标是无论"待汇总数据"文件夹中存在多少文件夹、子文件夹，其中包含多少工作簿、工作表，我们都应当将所有数据表一次性批量汇总在单一表格中。

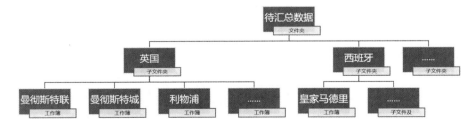

图 2.2　待汇总数据层级结构

图 2.3　待汇总原始工作表

要完成这样级别的汇总任务，即便数据量不再增加，单纯的复制粘贴也不再适用，因为会产生大量的重复工作，效率低下。而此类型的数据汇总问题在很多行业及工作场景中都会出现，所以麦克斯已经迫不及待想要用 Power Query 大展身手了。不过在此之前需要强调一下：在本案例中我们重点关注的是 Power Query 工作流程成的四个环节（在讲解的时候也会重点强调），而不是操作过程中某个功能的使用方法。若对某个功能产生了疑问，不用着急，在后续章节中会专门展开说明。本案例中涉及的"从文件夹中导入数据"功能会在第 4 章详细讲解。接下来就让我们一起进入操作环节吧！

1. 数据导入

Power Query 中的任何处理都离不开数据，而数据绝大多数都来自外部，所以我们第一步需要做的事情就是将数据从外部的数据源中导入 Power Query 编辑器中供后续汇总整理。剩余的一部分数据基本是利用 M 函数公式手动创建（情况较少，在本书中几乎不涉及）的。

首先建立空白工作簿，在菜单栏"数据"选项卡的"获取和转换数据"功能组中单击"获取数据"下拉按钮，在其下拉菜单中选择"从文件夹"命令，如图 2.4 所示。

📃**说明**：不同版本在界面上存在一点差异，但导入步骤相同。

如图 2.5 所示，启动"从文件夹"导入数据模式后要求提供目标文件夹地址，可以选择浏览或直接粘贴文件夹路径。此后系统会自动根据提供的地址读取该文件夹下的文件目录（可以看到，子文件夹内的所有工作簿均被检测出来）。因为案例中数据均存放于 Excel 工作簿内，较为统一，因此选择"组合"下的"合并并转换数据"这种自动化和更智能的数据汇总方式。

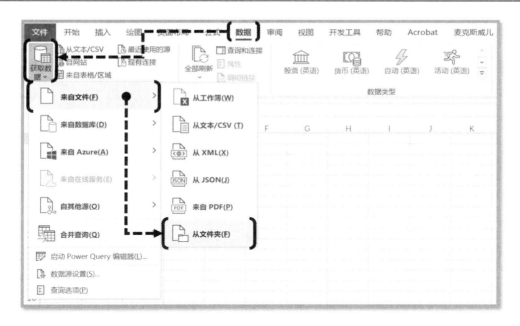

图 2.4　从文件夹中导入数据

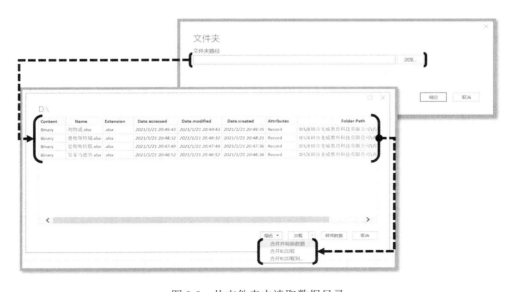

图 2.5　从文件夹中读取数据目录

　　如果读者纠结"组合"按钮下的各个功能是什么含义或"组合""加载""转换数据"有什么差异，麦克斯还是那句话：暂时不要纠结。

　　选择"合并并转换数据"命令后，系统会自动弹出"合并文件"对话框，如图 2.6 所示，在其中可以进行部分汇总参数设定，如选择汇总的模板表格。在本例中保持默认设置即可。

　　单击"确定"按钮后，文件夹检测目录中的所有文件均会按照上一步设定的表格模板进行导入和汇总。

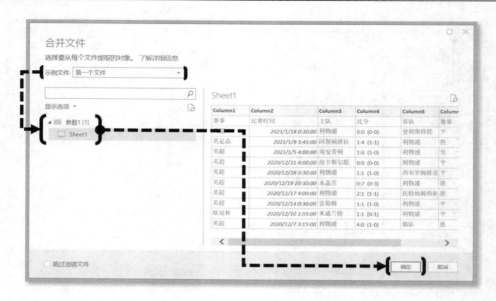

图 2.6　"合并文件"对话框

通过上述操作我们可以看到，数据导入环节的操作并不难。主要在于选择正确、符合需求的数据导入模式并设定参数即可。

2．数据整理

完成数据导入后，系统会自动启动 Power Query 编辑器，并呈现出数据的原始样貌。但因为从文件夹中导入数据的模式较为特别，系统会自动进行数据整理工作，因此在应用后会看到如图 2.7 所示的界面。

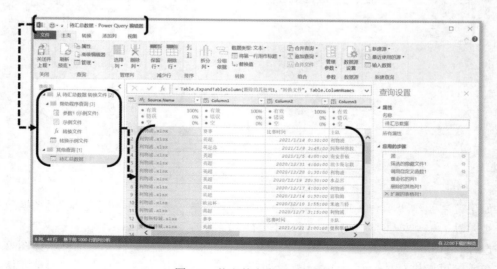

图 2.7　从文件夹中导入数据

可以看到，在数据表左侧存在一个内容繁杂、含义不明的列表，在这个列表中包含数据汇总需要的所有参数、函数等。目前阶段读者不需要理解其中的逻辑，可以简单视为系统智能地将目标文件夹下所有工作簿中的工作表数据都汇总到了"待汇总数据"查询文件中。

目前，在"待汇总数据"文件中自动汇总的结果并没有满足我们的要求。在最终的汇总结果中所有表格只是机械地被拼接在了一起，中间仍有重复的标题行，因此我们在此环节还需要对数据进行调整。例如，将不恰当的列名进行调整，双击首列标题或右击，在弹出的快捷菜单中选择"重命名"命令，如图 2.8 所示。

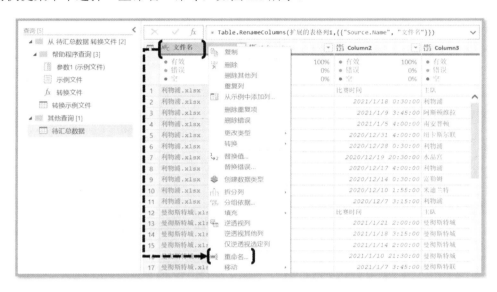

图 2.8　重命名"文件名"列

除了列名称外，我们还需要回到查询"转换示例文件"中提升首行为标题。操作方法是，先单击"转换示例文件"，可以看到其中仅包含在数据导入环节中所预设的模板表格数据，然后单击数据预览区域左上角的表格图标，选择"将第一行用作标题"命令，如图 2.9 所示，其中，大图是提升第一行为标题的效果，小图是提升前的效果。

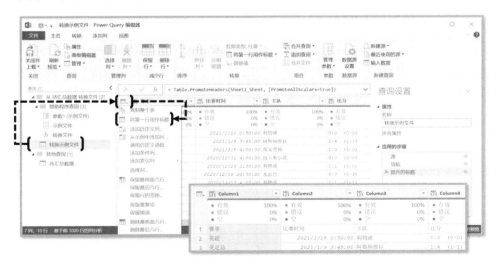

图 2.9　清除冗余标题行

通过上述操作，我们便完成了数据整理工作。回到"待汇总数据"查询文件中可以看到，数据被正确地汇总了，如图 2.10 所示。在这个环节中，对数据的整理操作一共有 3 步。第 1 步是选择组合模式，自动导入数据汇总查询文件，第 2 步是对不完美的"文件名"列进行重命名，第 3 步是对重复的标题行进行清除。

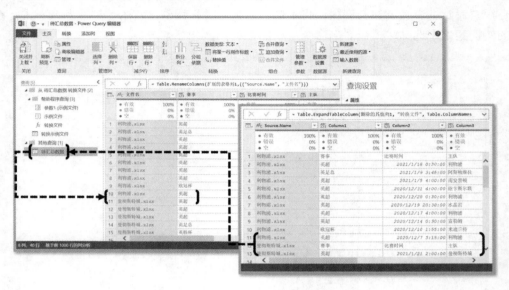

图 2.10 　清除冗余标题行效果对比

可能有的读者对第 3 步的实现逻辑有些不理解，为何调整一个模板表数据会影响最终的汇总数据？

读者可以暂时这样理解：Power Query 会将我们对模板表格做出的所有操作同步应用到每个工作簿文件中，最后再将处理结果合并。所以基于这个逻辑，我们将模板表的第一行提升为标题后，所有汇总在一起的内容就是纯数据部分，不再有重复标题的问题。这项特性也是该模式高级应用的核心所在，会在后续章节案例中体现。至于"组合"模式数据获取与"汇总"功能的其他组件如"参数 1""示例文件""转换文件"之间的逻辑关系及作用，我们会在第 4 章中详细讲解。

至此，我们完成了数据整理部分的工作。可以看到，整理部分是从数据结构和内容两个方面对数据进行调整的，而后面要介绍的绝大部分功能、技巧等也是围绕数据整理进行的。所以毫不夸张地说，数据整理是所有环节中最重要和复杂的一步。

3. 数据导出

数据导出是将已经整理完毕达到目标状态的数据导出进行后续的存储、分析或可视化。在 Excel 中，Power Query 默认的数据导出方案为"关闭并上载为工作表数据"，即以超级表的形式存储在工作表内。因此单击"主页"选项卡中"关闭并上载"功能按钮，可以将数据导出到工作表中进行存储，如图 2.11 所示。

📃 **说明**：其他导出方式将在第 5 章介绍。

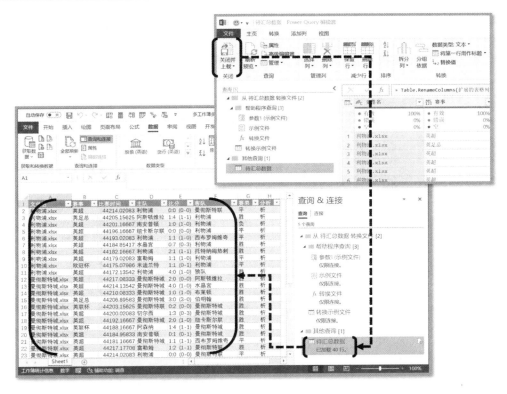

图 2.11　以"关闭并上载"模式导出数据

4．数据刷新

在很多场景中，完成数据的导入、整理、导出环节后即完成了 Power Query 的工作流程。但若类似的整理工作需要反复完成，则存在第 4 步"数据刷新"。如图 2.12 所示，原始数据发生了变更，新增了球队"国际米兰"近期赛事结果记录。现在要求重新对比赛结果文件夹下的所有赛事成绩数据进行汇总，从而得到最新的赛事信息。

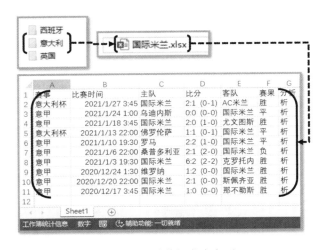

图 2.12　原始数据发生变更

因为对原始数据简单地进行增、删、改并没有影响汇总逻辑，所以依旧可以通过从文件夹中导入数据的模式读取进行数据汇总。因此仅需要在原始工作表中右击超级表区域，选择"刷新"，即可获得最新的汇总数据，如图 2.13 所示。

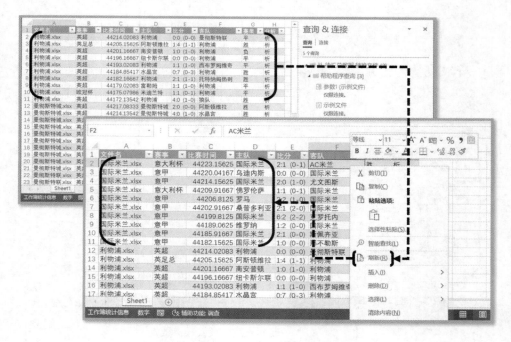

图 2.13　刷新数据获得最新的汇总结果

即使整理逻辑发生了改变，我们也可以返回 Power Query 编辑器中对个别步骤修改后再次汇总，减少重复的低效工作。如果使用"复制、粘贴"方式手动完成数据汇总，则需要继续手动添加汇总数据，如果原始数据修改较大，则可能需要"重做"，这在很多对工作时限有要求的场景中会变成不可能完成的任务。通过本节的案例让我们切实感受到了Power Query 带来的优势。

2.3　本章小结

本章对 Power Query 的工作流程进行了大致介绍，让读者初步了解每个环节的作用并通过案例加深读者对四个环节的意义。

通过本章内容的学习，相信读者已经了解了 Power Query 的工作模式。第 3 章将介绍Power Query 编辑器的界面布局，学习 Power Query 的使用。

第 3 章　Power Query 的操作界面

本章首先讲解 Power Query 编辑器的操作界面划分，为后续操作进行知识铺垫。除此之外，在章节的最后也会讲解视图选项卡下与软件界面布局有关的命令。

本章涉及的知识点如下：

❑ 菜单栏、数据预览区、公式编辑栏、查询设置栏等板块的功能；
❑ 如何自定义开启、关闭编辑栏及其他显示设置；
❑ 区分列质量、列分发、列配置文件的视图设置。

3.1　Power Query 的启动方式

本节首先介绍如何在 Power BI Desktop 和 Excel 中启动 Power Query 编辑器，然后介绍如何在 Power Query 操作界面中切换显示语言。

3.1.1　在 Excel 中启动 Power Query

因为 Excel 的版本众多，本节以最新版本为例进行介绍。其他版本的功能分组不会有较大差异，读者可以参考这里的介绍。自 Excel 2016 版本之后，微软官方便将 Power Query 组件内置于 Excel 菜单栏的"数据"选项卡中。在 Excel 2021 版本中，Power Query 位于"获取和转换数据"功能组中，如图 3.1 所示。

图 3.1　Excel 2021 菜单栏的"数据"选项卡（部分）

1. 通过"启动Power Query编辑器"命令启动Power Query

"获取数据"下拉菜单中包含所有 Power Query for Excel 可以识别并获取数据的接口，在其中选择"启动 Power Query 编辑器"命令，可以直接启动 Power Query 编辑器，如图 3.2 所示。

△注意：在前面的示例中，启动 Power Query 编辑器是在导入数据时自然开启的，而此处是通过启动命令打开的。这种启动方式即使在没有任何查询的前提下也可以随心

所欲地开启 Power Query 编辑器。此功能的优势是若后续需要对现有查询进行编辑，那么可以直接启动 Power Query 编辑器而不需要通过读取数据来启动，是极为常用的功能。

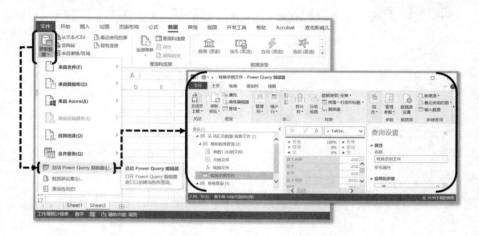

图 3.2　启动 Power Query 编辑器

技巧：出于实用性考虑，推荐将"启动 Power Query 编辑器"命令添加至 Excel 自定义功能区或者快速访问工具栏，以快速启动 Power Query 编辑器，具体设置方法如图 3.3 所示。

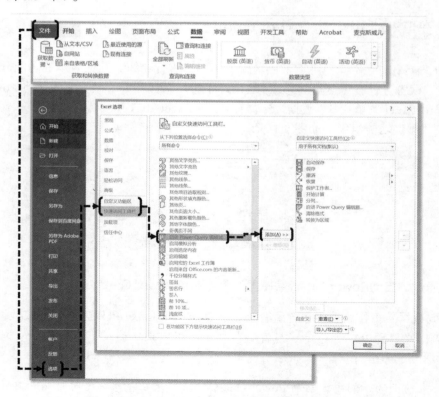

图 3.3　将"启动 Power Query 编辑器"命令添加至快速访问工具栏

选择菜单栏的"文件"选项卡，弹出"Excel 选项"对话框，选择"快速访问工具栏"，在左侧栏上方的下拉列表框中选择"所有命令"后，在其中查找"启动 Power Query 编辑器"命令并将其添加至右侧的列表框中（左侧列表框中的各项命令是按照拼音排序的，启动类的命令一般在图 3.3 所示的中部）。生效后的菜单栏如图 3.4 所示，通过常驻功能按钮可以直接打开 Power Query 编辑器对查询数据进行调整。

图 3.4　将命令添加至快速访问工具栏的效果

2．通过"查询&连接"面板启动Power Query

除了前面推荐的几种方式外，还可以通过"查询&连接"面板启动 Power Query 编辑器。具体方法是，在菜单栏"获取数据"选项卡中选择"查询和连接"功能组，打开"查询&连接"面板，然后直接双击查询目标即可启动 Power Query 编辑器，如图 3.5 所示。

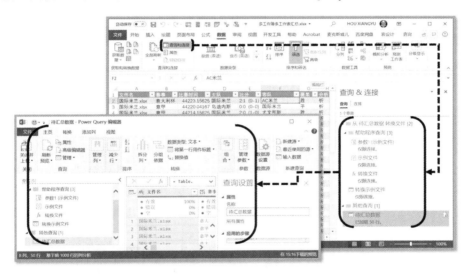

图 3.5　通过"查询&连接"面板启动 Power Query 编辑器

📄说明：关于"查询"面板的更多功能将在第 6 章中进一步说明。

3.1.2　在 Power BI Desktop 中启动 Power Query

与 Excel 类似，从 Excel 中独立出来的 Power BI Desktop 也可以使用 Power Query 编辑器，而且因为 Power BI Desktop 本身专注于商业数据的智能分析和可视化解决，在其工具栏的最显眼位置处就有可以快速启动 Power Query 编辑器的按钮，相比 Excel 更便捷。

1．通过"获取数据"下拉列表启动Power Query

在 Excel 中，当我们从外部将数据导入 Power Query 编辑器中时，不论选取的是何种方式都会自动启动 Power Query 编辑器。在 Power BI Desktop 中也一样，即便是空查询，也会启动 Power Query。因此在菜单栏"主页"选项卡的"获取数据"下拉列表中，通过任意模式均可启动 Power Query 编辑器，如图 3.6 所示。

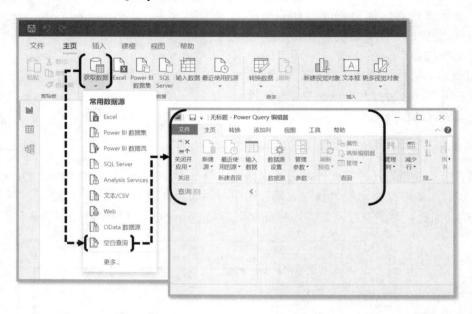

图 3.6　在 Power BI Desktop 中通过"获取数据"下拉列表启动 Power Query 编辑器

2. 通过"转换数据"命令启动Power Query

在 Power BI Desktop 中，与 Excel 中的"启动 Power Query 编辑器"命令类似的是"转换数据"命令。在菜单栏"主页"选项卡的"查询"功能组中单击"转换数据"下拉按钮，在其下拉菜单中选择"转换数据"命令即可启动 Power Query 编辑器，操作及效果如图 3.7 所示。

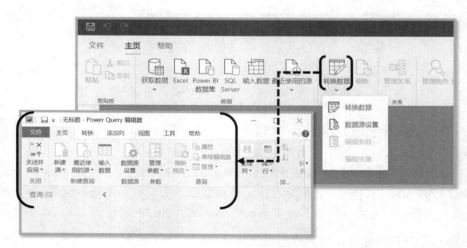

图 3.7　在 Power BI Desktop 中单击"转换数据"按钮启动 Power Query 编辑器

3.1.3　显示语言的切换

在使用 Power Query 时，因工作环境不同可能需要切换菜单的显示语言。其中最常见的为中英文切换，这项功能可以通过修改选项设置来完成。不过需要注意，虽然在 Power Query "文件"选项卡中的"查询设置"中也有"区域设置"选项，但是不能通过它来修改软件界面的显示语言，需要通过"Excel 选项"中的"语言"选项来设定。

如图 3.8 所示，左上角为 Power Query 编辑器后台的"查询选项"窗口，在"区域设置"中是无法完成 Power Query 编辑器显示语言的切换的。正确方法是返回到菜单栏"文件"选项卡中，在"Excel 选项"设置窗口的语言栏中将 Office 语言首选项切换为中文，然后重启 Excel 软件。

图 3.8　设置显示界面的切换语言

3.2　菜　单　栏

本节介绍 Power Query 编辑器的核心功能区菜单栏。首先介绍菜单栏的构成，如"文件"选项卡、"主页"选项卡等，然后介绍 Power Query 与 Excel 菜单栏的不同之处。

3.2.1　菜单栏概览

本书这里以 Power Query for Excel 进行演示，后面会对 Excel 和 Power BI Desktop 中的菜单栏差异进行对比。在此先给出结论：Excel 与 Power BI Desktop 中的 Power Query 编辑器的菜单栏命令大部分都相同，差异主要体现在按钮位置摆放、运算效率及高级别功能的数量上。

与 Excel 及微软的 Office 办公软件其他套件类似，Power Query 的软件界面同样采用了菜单栏选项卡的设计方式，可以方便用户快速根据分类找到目标按钮。如图 3.9 所示为 Power Query for Excel 的菜单栏选项卡。

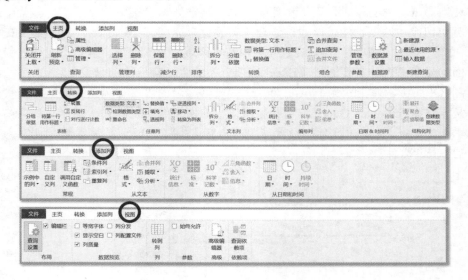

图 3.9　Power Query for Excel 菜单栏选项卡

因为采取了相同的设计方式，所以具体功能的使用可以参考 Excel 快速上手。在 Power Query 中，除了"文件"选项卡之外，还有 4 个选项卡，分别为"主页""转换""添加列""视图"。这 4 个选项卡包含绝大多数可以使用的功能（部分功能隐藏于右键快捷菜单和其他板块中），是 Power Query 的重要组成部分。

"主页"选项卡主要包含数据导出、行列调整和综合性功能；"转换"选项卡包含对数据结构和内容调整的丰富功能；"添加列"选项卡可以为数据添加内容；"视图"选项卡包含软件视图的设置功能。粗略估计，Power Query 中所有可用命令大概有 200 多个，随着其发展可能会逐步增多，后面的章节将会具体讲解。

说明：在日常数据获取与整理工作中频繁使用的为"转换"选项卡，其次为"添加列"选项卡，必然会使用到的是"主页"选项卡，偶尔使用的是"视图"选项卡（"文件"选项卡用于选项设置、数据导出等，因其不属于核心功能暂不展开介绍，待应用时补充讲解）。除了这 4 个，根据操作对象不同，在使用时也会触发临时选项卡。例如，列表工具、记录工具，只有当操作对象为列表或记录时该选项卡才会出现，因此这类命令也称为"灵动工具"，Excel 中也存在类似的设计。在后续学习中我们会看到此类工具的具体使用实例，这里不做专门讲解。

3.2.2　Power Query 与 Excel 菜单栏对比

Power BI Desktop 中也存在 Power Query 菜单栏，并且与 Excel 中的菜单栏存在部分差异。如图 3.10 所示为"主页""转换""添加列"选项卡对比。其中，上半部分为 Power BI Desktop 菜单栏，下半部分为 Excel 菜单栏，虚线部分为两者相同的命令选项。

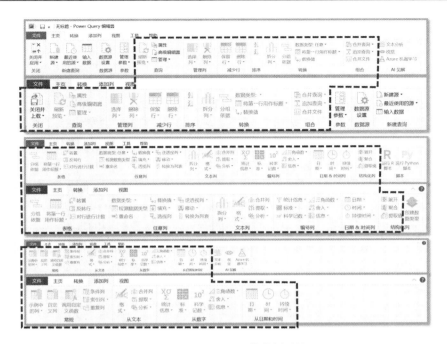

图 3.10　Power Query 菜单栏对比 1

通过上面的对比可以看出，对于核心功能部分，二者的差异不大，众多功能重叠的部分甚至核心功能按钮的摆放位置都没有发生变化。各选项卡中只有少部分命令存在差异，因此担心两个平台差异过大导致技能无法迁移的读者完全可以放心。

除了上述核心菜单外，"视图"选项卡基本一致。在 Power BI Desktop 中新增的"工具"选项卡和"帮助"选项卡属于附加功能，并不影响 Power Query 数据获取和整理等核心功能的使用，如图 3.11 所示。

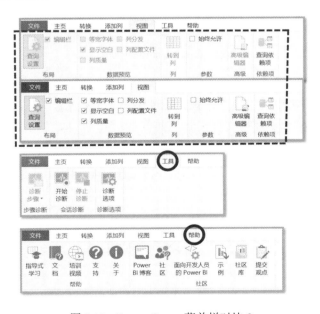

图 3.11　Power Query 菜单栏对比 2

3.3　查询管理栏

本节介绍在 Power Query 编辑器中用于管理查询的功能板块：查询管理栏。

虽然在第 2 章中我们通过实例演示了 Power Query 的使用。但是肯定还有读者疑惑"查询"代表的含义。要了解查询管理栏，就需要了解其组成元素"查询"。

"查询"可以简单地被理解为 Power Query 的文件形式，即 Power Query 的工作载体就是查询。在一个常规的查询中，一般包含两大信息：从哪里读取数据，以及对读取到的数据进行什么操作。换而言之，每当我们从外部将数据导入 Power Query 编辑器时，系统除了自动启动 Power Query 编辑器外，还会自动创建新的查询，并将数据源的地址和读取方式记录下来。如图 3.12 所示为系统自动创建的 Power Query 查询，其中，虚线框内即为各类综合查询。

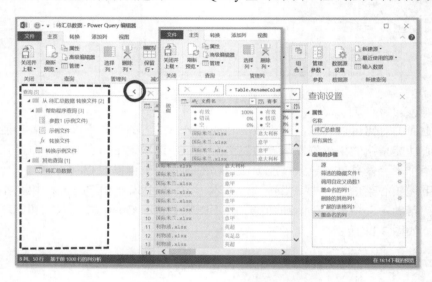

图 3.12　Power Query 的查询管理栏

如图 3.12 所示，用于存放和管理查询的左侧边栏称为查询管理栏。通过查询管理栏，我们可以轻松地在不同的查询之间切换，为每个查询单独命名，还可以对同类的查询进行分层次和分组管理（类似于使用文件夹管理文件资料），保证数据整理思路的清晰，从而快速找到查询目标。

> 📑 **说明**：图 3.12 所示的"<"与">"按钮可以隐藏和显示查询管理栏，图 3.12 小图所示为查询管理栏隐藏后的效果。

3.4　公式编辑区

本节介绍在 Power Query 编辑器中用于编辑 M 代码公式的功能板块：公式编辑区，首先介绍公式编辑栏的位置，如何关闭和显示公式编辑栏，然后介绍高级编辑器的使用。

3.4.1　公式编辑栏

Power Query 提供了 700 多个专用于数据获取和整理的 M 函数，功能极其强大。本节介绍的公式编辑栏的功能用于创建、修改 M 函数代码。

1. 什么是M函数语言

和 Excel 类似，Power Query 在开发的时候也提供了一套函数语言以提高使用者利用 Power Query 进行数据获取和整理的能力。但与 Excel 中没有特别名称的工作表函数不同，在 Power Query 中该函数语言被命名为 M，也称为"M 语言"或"M 函数"。

> 说明：M 语言与常规的各类编程语言（Programming Language）如 C、Java、Python 等不同，它是一种函数语言（Function Language）。它的特点是不接触比较深入的底层逻辑，仅通过大量已封装好的函数，按照特定语法编写，就可以实现更灵活和强大的功能。相比 Excel 工作表函数，M 语言兼具了编程语言和函数语言的特点。

2. 公式编辑栏的位置

虽然 M 语言并非我们学习的重点，但是增加一点对于 M 函数背景知识的了解可以有效提升我们使用命令整理数据的能力。即便没有手动输入任何 M 代码，当我们对数据进行任意操作时，其实系统已经自动根据我们的操作命令生成了对应的 M 函数代码，而公式编辑栏就是存储这些步骤代码的地方，如图 3.13 所示。

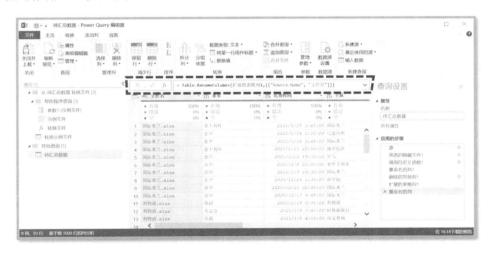

图 3.13　Power Query 界面之公式编辑栏

在虚线框内可以看到，在演示例子中并没有手动输入任何 M 代码，但是在对应查询步骤的公式编辑栏中可以看到与步骤匹配的 M 代码，这些代码即系统根据操作步骤自动创建的。

3. 公式编辑栏的显示与隐藏

选择"视图"选项卡的"布局"功能组中的"编辑栏"复选框，可以显示或隐藏公式编辑栏。如图 3.14 所示为操作方法及对应的效果，圆圈内为"编辑栏"复选框，虚线框内为公式编辑栏。

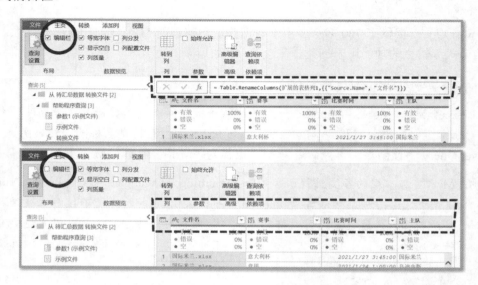

图 3.14　Power Query 公式编辑栏的显示与隐藏

虽然公式编辑栏可以隐藏，并且在初级阶段主要使用命令完成对数据的获取和整理工作，但是麦克斯依旧不建议读者隐藏公式编辑栏，原因如下：

❑ 在 Power Query 编辑器中进行数据整理的操作与 Excel 操作类似，但本质发生了改变。Power Query 中的所有操作步骤都会由系统自动记录，而记录的方式则是 M 代码。如果显示公式编辑栏，则可以通过查看其中的 M 代码准确地理解每一步的含义（有的命令相似度较高，难以区分，查看 M 代码可以轻松理解和区分）。

❑ 显示公式编辑栏查看对应步骤的 M 代码，有助于后续深入学习 M 函数公式。

❑ 即使在操作阶段，部分进阶功能需要使用公式编辑栏对系统自动生成的 M 代码进行简易修改才可以实现（这部分功能很重要，在实际工作中经常涉及）。

3.4.2　高级编辑器

前面提到 M 函数语言与 Excel 工作表函数非常相似，都是利用封装好的函数组合实现更为灵活和强大的功能。但是 M 函数语言更接近一般的编程语言，这一点可以从高级编辑器中体现。

在菜单栏"主页"选项卡的"查询"功能组中可以看到"高级编辑器"按钮，单击该按钮即可显示 M 函数代码高级编辑器，如图 3.15 所示。

如图 3.15 所示，在"高级编辑器"窗口中我们看到的 M 函数代码不再按照步骤单步呈现，而是按照查询条件，将单个查询中的所有 M 函数代码语句呈现在一个文本编辑框中，这是高级编辑器和公式编辑栏最大的区别。除此以外，高级编辑器还提供语法检测、显示行号、显示缩略图、显示空格、自动换行等功能，为 M 函数代码编辑提供了便利。

📑说明：高级编辑器在后面才会频繁使用，在此仅简单了解即可。

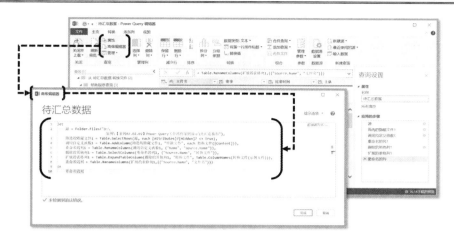

图 3.15 Power Query 的高级编辑器

3.5 查询设置栏

本节介绍在 Power Query 编辑器中用于步骤管理的功能板块：查询设置栏。

查询设置栏位于 Power Query 编辑器右侧，与查询管理栏相对。查询设置栏分为"属性"和"应用的步骤"两个选项区域，如图 3.16 所示。其中，"应用的步骤"选项区域在日常操作中经常使用。

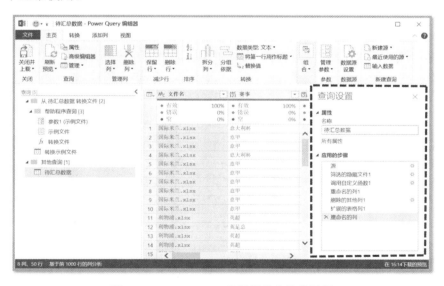

图 3.16 Power Query 编辑器的查询设置栏

3.5.1 属性

在"属性"选项区域中可以直接修改当前查询的名称，也可以双击或右击查询来修改名称，并且单击"所有属性"按钮，可以为当前查询进行详细的设置，如图 3.17 所示。

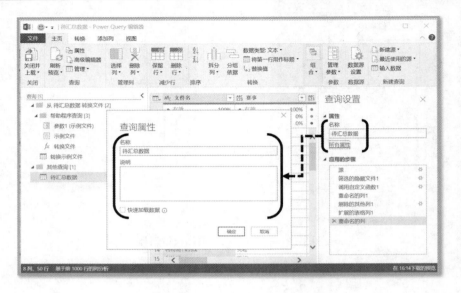

图 3.17　"属性"选项

📖 **说明**：勾选"快速加载数据"复选框后，加载的时间将会减少，但 Excel 可能会长时间无响应。

3.5.2　应用的步骤

在查询设置栏中重要的选项是"应用的步骤"。其中呈现了当前查询的所有操作步骤，我们可以利用该选项对步骤进行删除、修改和移动，如图 3.18 所示。

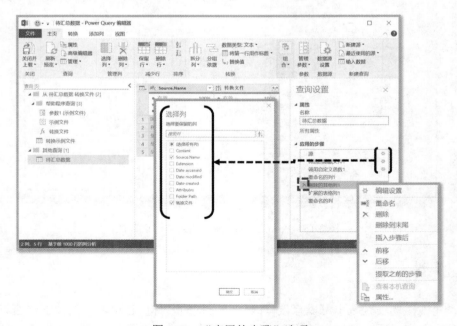

图 3.18　"应用的步骤"选项

　　首先介绍如何删除步骤。删除步骤是常用的一个操作，因为 Power Query 没有"撤销"操作，所有的"反悔"都需要通过"应用的步骤"选项来完成。具体操作方法为：将鼠标光标移动至"应用的步骤"下方的各步骤，对应步骤左侧会显示"×"号，单击即可删除。如果需要批量删除步骤，可以在选中的步骤上右击，然后在弹出的快捷菜单中选择"删除到末尾"命令，可以批量删除从当前步骤开始到结尾的所有步骤。

　　其次介绍步骤的修改操作。Power Query 中的部分功能在使用时需要提供参数，这部分功能创建后，在步骤右侧存在一个齿轮图标按钮。若觉得当前参数的应用效果不理想，需要对步骤的设定进行修改，则可以单击对应步骤的齿轮图标按钮，在功能参数设置弹窗中进行修改即可。

说明： 不同步骤的参数设置弹窗也不相同，因此图 3.18 仅为举例。并且并非所有功能均可以通过单击齿轮图标按钮来修改。如果必须要修改，只能够删除步骤，重新开始。

　　最后介绍步骤的移动。相比删除和修改步骤，移动步骤使用的场景较少。因为 Power Query 的数据获取和整理流程具有较强的前后逻辑关联性，因此大幅度地修改步骤的顺序很可能会引发不必要的错误（因前后步骤不衔接导致）。移动步骤的方法为单击目标步骤并将其拖动至目标位置即可，或右击目标步骤，在弹出的快捷菜单中选择"前移/后移"命令完成移动。

3.5.3　开始和关闭"查询设置"面板

　　单击查询设置栏右上角的关闭按钮可以将其关闭。同公式编辑栏一样，建议长期开启查询设置栏。若不小心关闭了查询设置栏，可以选择"视图"选项卡，在"布局"组中单击"查询设置"按钮将其开启，操作和效果如图 3.19 所示。

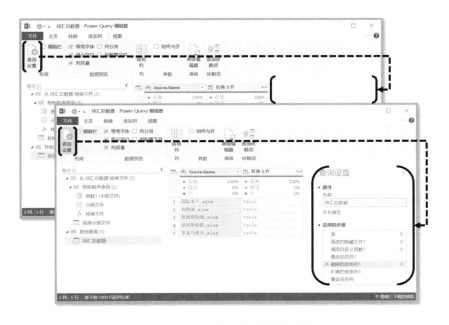

图 3.19　开启和关闭查询设置栏

3.6　数据预览区

本节介绍在 Power Query 编辑器中用于查看数据的功能板块：数据预览区。

3.6.1　数据预览区概览

数据预览区占据了 Power Query 编辑器正中间的黄金位置，也是操作结果可视化呈现的位置，非常重要。比较特殊的是，Power Query 的数据预览区并非单纯用作"预览"，它还是操作对象的选取区域和功能命令的应用区域。

如图 3.20 框选部分即为数据预览区，该区域通常以表格形式呈现从外部导入的数据以及通过 Power Query 数据整理功能处理后的数据。

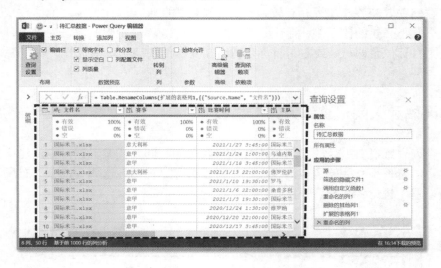

图 3.20　Power Query 编辑器的数据预览区

在 Power Query 编辑器中应用不同的数据整理功能，可以通过菜单栏中的菜单命令来实现，这也是常用的方式。除此之外，还有一种方式就是使用数据预览区中的各类菜单触发。这些菜单命令主要分为表格上下文菜单、数据类型转换菜单、筛选功能菜单和右键菜单。

1．表格上下文菜单

在数据预览区左上角，即标题行和列的交叉处有一个表格上下文菜单按钮。单击该按钮后可以看到在当前状态下能够对表格应用的各种命令，如图 3.21 所示。

表格上下文菜单提供的功能主要分为四大类，分别是添加列、保留行、删除行、合并查询和追加查询。虽然功能有限，但相比从 Power Query 菜单栏中查找功能命令，使用上下文菜单命令可以更快速地完成相应的功能。因此在日常操作中会优先使用上下文菜单命令，只有上下文菜单中无法提供的功能才到菜单栏中查找。

图 3.21　表格上下文菜单和数据类型转换菜单

2．数据类型转换菜单

如图 3.21 所示，在标题行中，每列数据名称的左侧均有一个特殊符号表示该列的数据类型。单击该符号即可开启数据类型转换菜单，选择对应的类型可以进行列数据类型切换。

说明：不同的数据类型有属于自己的符号，该功能无法批量修改多列类型。

3．筛选功能菜单

与 Excel 筛选功能类似，在 Power Query 编辑器的数据预览区中，标题行每列数据名称的右侧均提供有表示筛选功能的倒三角按钮，如图 3.22 所示。但不同的是，Power Query 编辑器数据预览区对所有表格数据默认开启了筛选功能并且无法关闭。

图 3.22　筛选功能菜单与右键菜单

4．右键菜单

如图 3.22 所示，在数据预览区标题行任意标题上右击，即可开启右键菜单功能。该菜单提供了大量关于"列"的数据整理命令，如删除列、拆分列、类型转换、逆透视列等。具体功能较为繁杂，读者可以在后续练习中逐步熟悉，此处仅需了解其存在与打开方式即可。

另外需要说明的是，右键菜单属于通用性命令菜单，其作用类似于表格上下文菜单。在 Power Query 操作界面的其他部分均可以使用右键菜单命令，如图 3.23 所示。

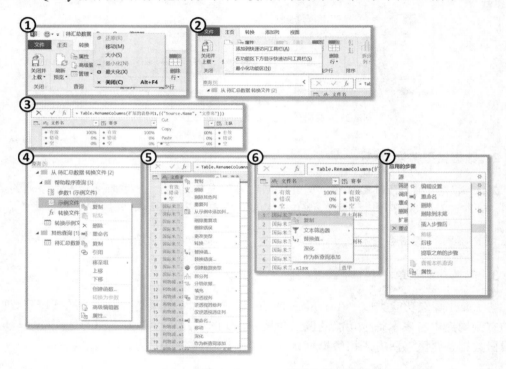

图 3.23　Power Query 编辑器的右键菜单命令

其中：图①为在 Power Query 窗口中右击后弹出的右键菜单；图②为菜单栏的右键菜单；图③为公式编辑栏的右键菜单；图④为查询管理栏右键菜单；图⑤为数据预览区列数据的右键菜单；图⑥为数据预览区单元格数据的右键菜单；图⑦为"应用的步骤"选项区域的右键菜单。

3.6.2　数据预览功能

在数据预览区除了可以进行数据查阅外，还提供了一项特殊的深层数据预览功能，可以帮助我们临时查看复杂数据容器内的数据。在 Power Query 中，典型的数据容器有表格（Table）、列表（List）、记录（Record），功能演示如图 3.24 所示。

若表格数据中存在上述数据容器，单击单元格中的空白部分即可触发数据预览功能，从而轻松查看该容器中的部分数据（约前 20 行）。

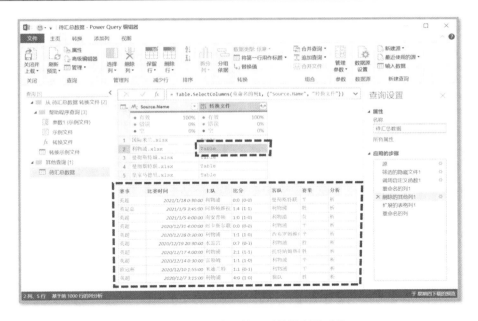

图 3.24　数据预览区的深层数据预览功能

使用时需要注意：务必单击单元格中的空白部分而非浅绿色字符，否则会触发深化钻取功能；预览功能仅用于数据预览，因此并未显示容器内的所有数据，切忌等同于所有数据，否则容易引发设计错误；"单值"单元格（不包含数据容器，只包含简单值的单元格）在单击后也会触发数据预览功能，但因为是单值可以直接阅读，所以实际意义不大。

3.7　软件状态栏

本节介绍在 Power Query 编辑器中用于查看软件状态的功能板块：软件状态栏。首先介绍顶部状态栏的组成，然后介绍底部状态栏的组成。

3.7.1　顶部状态栏

软件状态栏分为顶部和底部两个部分，都可以提供一些信息。先来看软件的顶部状态区。在默认情况下顶部状态区（即软件界面的第一行）包括：软件图标（①）、信息反馈（②）、快速访问工具栏（③）、当前查询名称和软件名称（④）、窗口控制按钮组（⑤），如图 3.25 所示。

关于顶部状态栏，有如下几点需要特别注意：

（1）软件图标会因使用 Power Query 的平台而发生改变。

（2）Power Query 编辑器在菜单栏的设计上大量参考了 Excel 等 Office 套件的界面，也一并保留了"快速访问工具栏"，可以将个人常用但难以找到的命令添加至快速访问工具栏，以提高使用效率。添加的操作很简单，选中任意命令后右击，在弹出的快捷菜单中选择"添加到快速访问工具栏"命令即可，如图 3.26 所示。

图 3.25　Power Query 编辑器的顶部状态栏

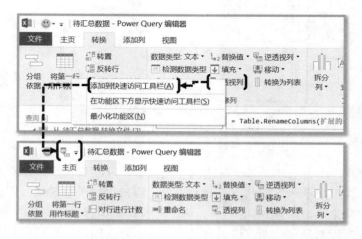

图 3.26　添加命令至快速访问工具栏

说明：取消方法类似，在目标按钮上右击，在弹出的快捷菜单中选择取消即可。

（3）还可以调整快速访问工具栏至菜单栏下方，在快速访问工具栏的下拉菜单中选择"在功能区下方显示"命令，即可完成调整，如图 3.27 所示。

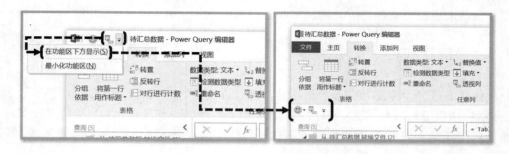

图 3.27　调整快速访问工具栏的位置

（4）查询名称会随查询的不同而发生变化。

（5）Power Query 窗口可以自由变化，但需要注意，进入 Power Query 编辑器状态后，Excel 窗口会进入锁定状态。在 Power Query 编辑器开启过程中无法进行操作，也不允许再开启新的工作簿。若需要对 Excel 文件进行修改，需要退出 Power Query 编辑器后再进行操作。

3.7.2　底部状态栏

底部状态栏主要提供三部分信息：当前查询表格的数据规模（①）、分析整理的数据量样本（②）、当前数据的获取时间（③），如图 3.28 所示。

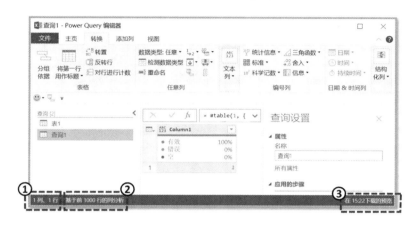

图 3.28　Power Query 编辑器的底部状态栏

关于底部状态栏，有如下几点需要特别注意：

（1）在数据量不大的情况下，数据规模部分会明确显示表格数据的行列数，一旦数据量达到千行或千列以上，会以"999+行"或"999+列"的方式显示，如图 3.29 所示。

（2）分析整理的数据量样本在默认状态下会显示"基于前 1000 行的列分析"，但这并不意味着只能预览前 1 000 行，也不代表在完成了整理工作后导出的数据只有前 1 000 行。其是指在分析列数据时采取的样本数量是顶部的前 1 000 条记录还是导入的整个数据集。在讲解"视图选项卡"列分析功能时会详细介绍，此处仅做了解。

列分析样本数据集的模式可以通过单击 Power Query 编辑器底部状态栏左侧进行切换，可选项有"基于前 1000 行的列分析"与"基于整个数据集的列分析"，如图 3.30 所示。

图 3.29　数据规模显示上限　　　　图 3.30　列分析数据样本量的切换

（3）当前数据的获取时间可用于确认数据的最新状态。

3.8　"视图"选项卡

通过前面的介绍，我们对 Power Query 编辑器有了深入的了解。相信读者对各个板块已经不陌生了，只要知道各板块的名称、分布和作用，就达到了为后续实战操作打下基础的目的。本节补充几个关于 Power Query 编辑器界面的设置操作，这些操作可以通过菜单栏的"视图"选项卡完成，如图 3.31 所示。

图 3.31　Power Query 编辑器的"视图"选项卡

除"查询设置"和"编辑栏"前面已经讲过了，本节将对"数据预览"功能组的 5 个选项进行逐个介绍，如图 3.31 所示。

🔔 **注意：** 列分发、列配置文件和列质量这 3 个功能目前仅在 Microsoft 365 版本及 Power BI Desktop 中的 Power Query 中有。Excel 2019 及更早版本的 Power Query 均没有这些功能。

3.8.1　等宽字体

根据维基百科的定义"等宽字体（Monospaced Font）是指字符宽度相同的计算机字体。与此相对，字符宽度不相同的计算机字体称为比例字体"。这个定义是很好理解的，但是为什么要在一个连字体设置都没有的软件中设置一个将数据预览区的字体转换为等宽字体的选项呢？

答案其实很简单，为了对齐。正常情况下为了保证字符、单词以及句子更好的可读性，在设计字体时，不论是东方或西方语言，都不会强制将字体中的字符宽度统一。举个简单的例子，如果英文字符"i"和"o"作为等宽字体进行设计再组合成单词后，会发现一胖一瘦占据了不同的宽度，进而单词间的留白就会不一致，导致美观度下降，如图 3.32 所示。

图 3.32　等宽字体和比例字体的对比

对于数据整理软件 Power Query 而言，我们的重心是调整数据结构和内容为正确和规范的状态，而非对数据格式、外观进行设定（在 Power Query 中没有字体设置和数据格式设置功能）。因此保证字符宽度一致才可以更好地对齐数据，更好地判断、发现数据中可能存在的问题。所以建议读者开启"等宽字体"设置，保证默认状态下所有字符均等宽，效果对比如图 3.33 所示。

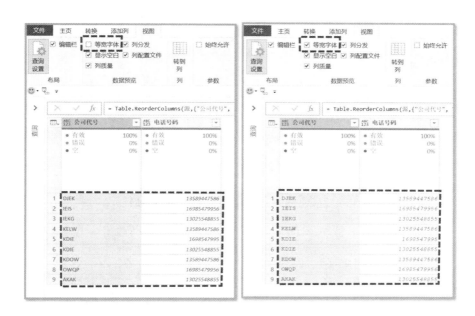

图 3.33　在 Power Query 编辑器中等宽字体开启与关闭的效果对比

3.8.2　显示空白

"显示空白"（Show Withspace）选项的含义通过其名称来理解较不准确。这里强调其含义并不是勾选该选项后才显示空格，不勾选则不显示数据中的空格。一定要注意此功能与空格完全无关，而是控制是否显示"制表符、换行符、回车"等特殊字符，开启前后的效果对比如图 3.34 所示，建议默认开启。

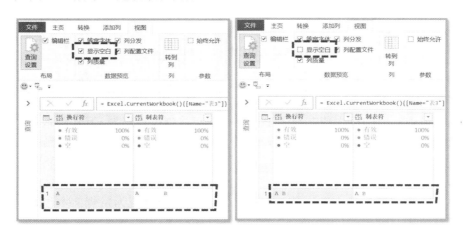

图 3.34　在 Power Query 编辑器中显示空白设置开启与关闭的效果对比

3.8.3　列质量

列分析视图设置选项（又名数据分析工具 Data Profiling Tools）分为"列质量""列分发""列配置文件"三项，从名称上非常难理解其具体含义。因此下面依次对其进行介绍。

1．列质量介绍

列质量（Column Quality）在三项列分析功能中较容易从名称上理解，它反映的是某列数据的质量情况，具体的衡量指标有三个，分别是"有效值（绿色）""错误值（红色）""空值（深灰色）"。勾选"列质量"复选框后可以在数据预览区的标题行下方看到系统自动进行的列质量指标统计结果（以列为单位），如图 3.35 所示。

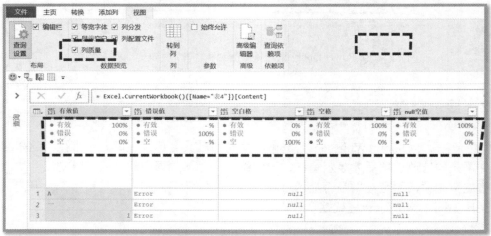

图 3.35　列质量指标统计结果

其中，上半部分为原始数据，下半部分为导入 Power Query 编辑器后启动列质量功能的分析结果。可以看到，常规字符如中文字符、英文字符和数字字符均被视为有效值统计；表格当中返回的错误值在导入 Power Query 后会被识别为 Error 错误值类型，进而被列质量纳入错误值进行统计；最后，空值的特殊情况最多，若原始数据为空白的单元格（无任何内容的单元格），则在导入后被自动识别为 null，从而纳入列质量的空值统计范围；若原始数据为空格单元格（虽然看起来是空白的单元格，但是实际是包含不可见字符的单元格，空格是其中的一种）或本身即为 null 值则视为常规文本，纳入列质量的有效值统计范围。

2．列质量的功能

通过上面的演示我们看到了列质量的作用是对各列数据中的有效值、错误值和空值进行归类并统计各自的占比。这部分信息属于"列数据的特征"。在数据量较少的情况下，数据的情况是一目了然的，可以通过观察来确认每列数据的状态。但一旦数据量上升到几百，甚至成千上万后，便超过了肉眼能够处理的极限。如果后续的数据整理工作仅依赖肉眼观察则是不可靠的，因此我们需要借助自动统计功能来了解数据的整体状态。

这里所说的自动统计功能就是指"列质量"等列分析功能。通过这些功能，我们可以快速获取列数据是否包含无效的空值、是否包含错误值、是否有重复值、唯一值是多少、分布情况如何等重要信息，有效提高数据整理结果的质量，因此在日常工作中建议开启。

3.8.4　列分发

列分发（Column Distribution）在实际运用中称为"列数据分布"。该功能开启后位于"数据预览"区的上方，如图 3.36 所示。也可以同时开启列质量功能。列分发主要用于自动统计各列的重复值情况与值种类的频数分布情况。

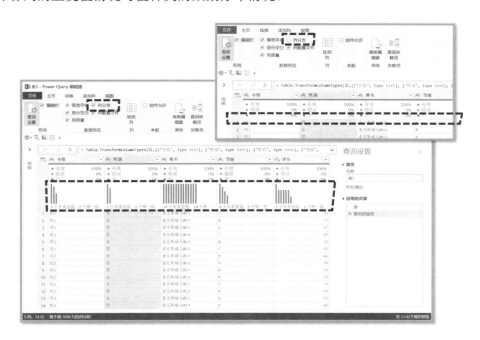

图 3.36　列数据分布

利用列分发功能，可以轻松获取每列数据中的非重复值数量和唯一值数量，判定是否存在重复情况以及重复程度，也可以通过种类频数分布柱形图快速了解列数据值种类的分布状况（系统会自动按照频数从高到低绘制频数直方图）。

注意：非重复值数量是指列数据值的种类，而唯一值数量是指仅出现过一次的值的数量。例如在数据集 1、1、0 中，非重复数为 2，唯一值为 1。

3.8.5 列配置文件

列配置文件（Column Profile）在实际运用中称为"列数据概况"。开启该功能后需要单击对应的列数据，便可以在数据预览区下方查看该列数据的概况信息，如图 3.37 所示。

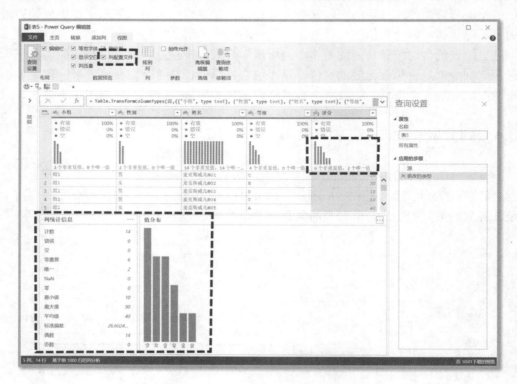

图 3.37 列分析功能之列配置文件

列配置文件信息包括两部分，其中，左侧为"列统计信息"，包括的指标有该列数据的计数、错误值数量、最小值、最大值、标准偏差等；右侧为"值分布"，类似于列分布直方图，但更为完善，可以查看该列数据的频数分布情况。

📓说明：值分布比列分布功能中的直方图提供了更多细节，如柱条代表的数据以横坐标形式呈现；第二，单击"列统计信息"右上角的省略号⋯按钮可以切换柱形图的绘制依据。

总体来说，相比列质量和列分发这两项列分析功能，列配置文件拥有更多指标和更大的呈现位置，可以更全面和细致地了解列数据的情况。换一种角度来理解，列配置文件是对单列数据的数据集进行自动化统计分析。同时因为其占据的显示位置较大，会影响数据的查看，因此建议仅在对大数据进行整理分析时开启该功能，在日常工作中可以关闭。

列质量、列分发和列配置文件这 3 种列分析功能的结果虽然呈现在各自特定的模块中，但是微软开发团队提供了读取数据的接口，将鼠标光标悬浮在各模块上方，单击浮窗中的省略号⋯按钮复制数据，即可将数据导出，如图 3.38 所示。

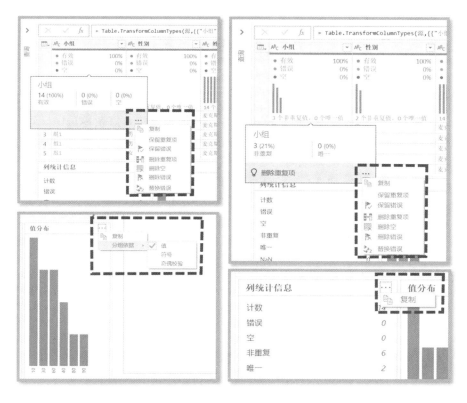

图 3.38　提取列分析的结果

导出效果如图 3.39 所示，只有在少数情况下才会使用，读者知悉即可。

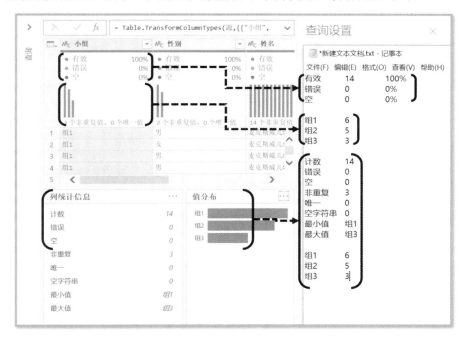

图 3.39　列分析数据导出效果

3.9　本　章　小　结

　　本章对 Power Query 编辑器的软件界面进行了介绍，依次介绍了 Power Query 编辑器的开启方式、菜单栏、查询管理栏、公式编辑栏、查询设置栏、数据预览区、软件状态栏，让读者初步了解界面中每个版块的功能，并通过对"视图选项卡"的讲解，介绍了列分析功能组的高级用法，提升了对大数据的整理能力。

　　通过本章的介绍，相信读者已经对 Power Query 的界面与各模块的功能有所了解。第 4 章将学习如何使用 Power Query 编辑器进行数据导入和汇总。

第 2 篇
数据传输

第 4 章　数 据 导 入

通过前几章的介绍，大家对 Power Query 有了初步的认识，知道了它的发展历史，了解了软件的安装和工作流程，熟悉了操作界面。从本章开始我们将正式进入数据处理环节，学习数据导入的相关知识。日常工作中常用的高效自动化数据汇总技巧也将在这一部分进行介绍。

本章涉及的知识点如下：

❑ 使用"来自表格/区域"模式导入工作表中的数据；

❑ 使用 Excel.CurrentWorkbook 函数导入数据、自工作簿中批量导入数据；

❑ 从文本/CSV、文件夹、数据库、Web 等多种方式中导入数据。

4.1　Power Query 支持的数据导入方式

通过前面的学习我们已经知道 Power Query 是一项数据获取和整理的技术，因此任何整理问题的第一步都离不开数据导入。因此本节首先简单介绍 Power Query 中丰富多样的数据导入功能，比如从工作簿、文件夹、CSV/TXT 文件、不同类型的数据库以及网页等来源中导入数据。

4.1.1　Power Query for Excel 的数据导入方式

Power Query 支持从哪些文件或来源中获取数据？这个问题的答案有两个版本：

首先是针对 Power Query for Excel（即在 Excel 当中使用的 Power Query），可以从工作簿、文件夹、CSV 文档、Web 网页等近 20 种模式中导入数据，如图 4.1 所示，可以在 Excel 菜单栏中选择"数据"选项卡，在"获取和转换数据"功能组的"获取数据"下拉菜单中查看。

直接应用对应的数据获取模块，提供必要的文件地址信息和验证信息（如果有）就可以连接对应的数据源。全程都是可视化的操作，通过导航栏选取目标数据，可以轻松地将想要的数据导入 Power Query 编辑器中进行数据清洗、整理工作。

4.1.2　Power Query for Power BI Desktop 的数据导入方式

在 Power BI Desktop 中提供了更加丰富的数据源获取渠道。在 Power BI Desktop 菜单栏中选择"主页"选项卡，在"数据"功能组的"获取数据"下拉菜单中选择"更多"命令可以查看数据导入模式，如图 4.2 所示。

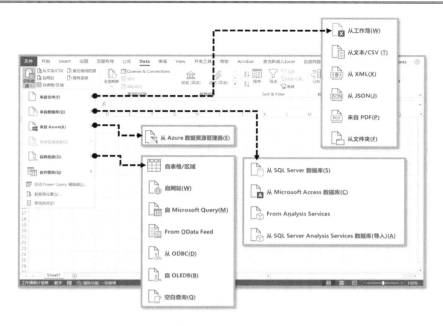

图 4.1　Power Query for Excel 数据导入模式

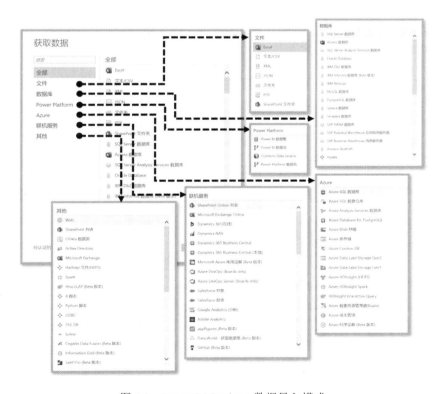

图 4.2　Power BI Desktop 数据导入模式

　　虽然对有多少种数据导入模式没有进行具体的统计，但是通过图 4.2 也已心中有数。在这里麦克斯想要重点提醒的是：虽然两个端口（Excel&Power BI Desktop）都提供了数十种数据获取渠道，同时获取数据也是 Power Query 技术非常重要的一个环节，但是没有必要第一时间全部掌握，只需要在实际碰到时再进行学习即可。

说明： 数据获取的功能模块目标仅是从不同来源中获取数据，不存在逻辑方面的困难，因此使用比较简单，在需要时现学现用完全是可行的。

后面的内容中会讲解 Power Query for Excel 中容易混淆和最常用的几种数据导入方式，包括"来自表格/区域""Excel.CurrentWorkbook 函数""从文本/CSV""自网站"等模式，以满足日常所需。

4.2　从表格/区域导入数据

4.2.1　来自表格/区域 1：导入超级表数据

如果按照数据从少到多、从小到大的顺序进行排序，在众多数据导入模式中首先要熟练掌握的就是"来自表格/区域"模式，此模式可以帮助我们导入 Excel 工作簿中的表格数据。

注意： 这里的表格是指"超级表（也称为智能表）"及"区域表（也称为名称表）"，本节将会演示"超级表"数据导入过程并会详细介绍二者的区别。

首先打开本节对应的案例文件，可以看到，在工作表 Sheet1 中存在一张数据表，该表格为超级表。如果需要将该表格导入 Power Query 编辑器中进行清洗、整理，那么只需要单击该表格的任意单元格，在菜单栏"数据"选项卡的"获取和转换数据"功能组中单击"来自表格/区域"按钮，系统会自动启动 Power Query 编辑器，对应的数据就以查询"表 1"的形式导入 Power Query 编辑器中，如图 4.3 所示。这种模式也是日常使用最频繁的一种数据导入方式，在后续的实例中也会多次使用。

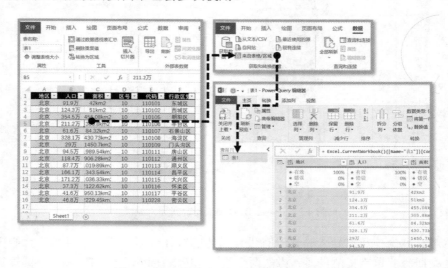

图 4.3　来自表格/区域 1：导入超级表数据

没错，就是这么简单。通过一个按钮就可以在不额外安装其他软件的情况下仅利用 Excel 将数据导入 Power Query 编辑器，获得 Power Query 中 200 多项高级的数据整理功能。有的读者会有疑问：到底什么是超级表？和我们看到的工作表有什么不同吗？这个问题其实非常重要，会影响后续几种类似的数据导入功能的理解，所以在此进行特别说明。

超级表也称为智能表，是在 Excel 工作表的基础上创建的特殊表格区域。区别于一般的单元格区域，超级表具有自动拓展行列范围、自带筛选、自动填充公式、可以套用表格格式和名称等多项附加功能，如图 4.3 左图所示。

选定单元格区域范围后，在菜单栏的"插入"选项卡下的表格组中应用"表格"功能，或使用快捷键 Ctrl+T 可以在工作表中创建超级表。

> 📑 **说明**：工作表是指 Worksheet，如工作簿 Excel 文件默认创建的 Sheet1、Sheet2、Sheet3 就是工作表，而超级表则是在工作表中通过插入表格功能创建的特殊单元格区域，两者存在巨大的差异，请务必严格区分。

4.2.2　来自表格/区域 2：导入区域表数据

与导入超级表类似，使用相同的模式和操作方法也可以导入区域表。

首先打开本节对应的案例文件，可以看到，在工作表 Sheet1 中存在一张数据表，与上一节不同的是，该表格为区域表。如果需要将该表格导入 Power Query 编辑器中进行数据清洗和整理，可以按照 4.2.1 节的方法进行操作，在此不再赘述，如图 4.4 所示。

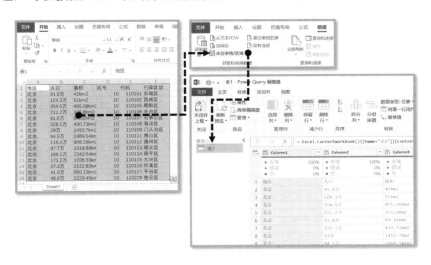

图 4.4　来自表格/区域 2：导入区域表数据

读者可能也发现了，这次导入的数据源形式上有所差异。因为此次并未提前将单元格区域转换为超级表，而是将数据区域定义为"表 1"，形成区域表。"区域表"同样是数据导入的重要概念，在此特别说明。

区域表也称为名称表。与超级表不同的是，区域表除了拥有自己的名称外，不具备任何附加功能，所以从表面上看其与工作表中的单元格区域没有任何区别。选择表格区域后，在菜单栏"公式"选项卡的"定义的名称"功能组中单击"定义名称"按钮，弹出"新建名称"对话框，在其中输入表格名称，如图 4.5 所示；或者在左边的公式编辑栏的"名称"框中输入名称后按 Enter 键可以为单元格区域命名。

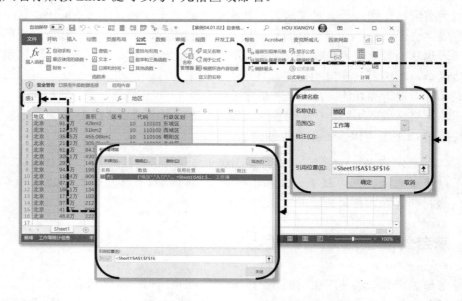

图 4.5　通过定义名称创建区域表

说明：如果想要确认当前工作簿的名称，可以在菜单栏"公式"选项卡的"定义的名称"功能组的"名称管理器"中查看已经定义好的名称（既包括区域表，又包括超级表，因为超级表的复合功能之一就是为表格命名）。

综上所述，工作表、超级表、区域表是存在巨大差异的，请务必严格区分。

在定义了名称后，可以在函数公式、条件格式、数据验证、数据透视表等功能模块中使用该名称，系统会自动导航至原始的数据区域。将数据导入 Power Query 编辑器中后，系统会自动识别该名称对应的数据并进行添加。在案例中可以看到，选中该表格任意单元格后，选择"来自表格/区域"模式可以自动导入整张表格的数据。

注意：当区域表导入 Power Query 时，默认全部为表格数据，不包含列标题；而超级表则不同，原表的标题在导入后依旧以标题形式显示在标题行，如图 4.6 所示。

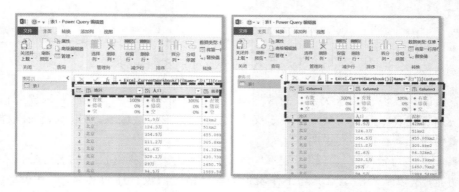

图 4.6　超级表与区域表导入 Power Query 编辑器后的效果对比

4.2.3　来自表格/区域 3：导入普通单元格区域数据

如果表格数据被简单地存放在单元格区域，没有做任何的预先处理（插入表格变为超级表或定义名称变为区域表），那么可以通过"来自表格/区域"模式将数据导入 Power Query 编辑器。操作方法同前面的操作一样，但是会增加一中间步骤，具体如图 4.7 所示。

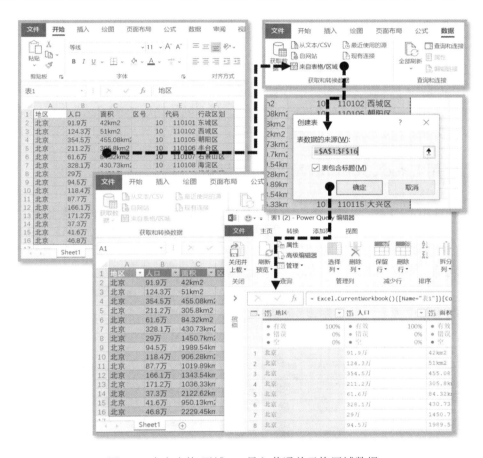

图 4.7　来自表格/区域 3：导入普通单元格区域数据

可以看到，普通单元格区域表格通过"来自表格/区域"模式导入 Power Query 编辑器时会弹出一个对话框，询问是否需要将所选范围创建表，单击"确定"按钮之后表格会顺利地导入 Power Query 编辑器。该对话框其实是系统自动触发了"插入超级表"命令，相当于先将普通单元格数据转换为超级表，然后以超级表的形式导入 Power Query 编辑器，后面的操作与直接导入超级表是一样的。

说明："创建表"对话框中，若原始数据区域有标题则可以勾选"表包含标题"复选框，若不包含标题则不勾选，系统会以默认列名"列 1、列 2、列 3……"自动创建标题行并导入 Power Query 编辑器。在实际操作中原数据标题有时也设置为表不包含标题，在后续的实例中可以看到这种应用。

至此，我们完整演示了使用"来自表格/区域"模式将数据导入 Power Query 编辑器中的三种典型场景。如果在后续的学习过程中对这三种表格形式没有做好区分，那么很容易在数据导入和汇总时出错。

4.3　从当前工作簿中导入数据

4.2 节学习了如何利用"来自表格/区域"模式将数据导入 Power Query 编辑器。如果打开的工作簿中有很多表格都需要通过 Power Query 进行处理，那么反复地打开和关闭 Power Query 编辑器来导入数据会比较烦琐。

本节将介绍一个函数，它可以轻松地将当前工作簿中的表格数据导入，效果类似于"来自表格/区域"模式，但它是将所有表格一次性导入，这个函数就是 Excel.CurrentWorkbook 函数。虽然这属于 M 函数知识的范围，但是使用该函数不需要任何参数，因此也非常适合初学者。

4.3.1　使用 Excel.CurrentWorkbook 函数

首先打开本节的案例文件，可以看到，在工作簿中存在一张工作表，其中有 3 张表格，它们的内容相同，分别对应超级表、区域表和普通单元格区域数据表。确认对象后，在菜单栏"数据"选项卡的"获取和转换数据"功能组中单击"获取数据"下拉按钮，在其下拉菜单中选择"自其他源"|"空白查询"命令。打开 Power Query 编辑器，在公式编辑栏中输入公式"=Excel.CurrentWorkbook()"，完成后即可在数据查看区域看到当前工作簿中的所有超级表和区域表，操作如图 4.8 所示。

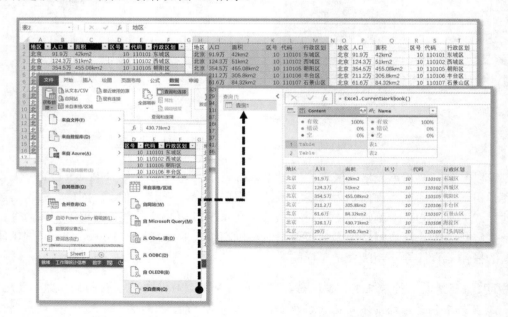

图 4.8　使用 Excel.CurrentWorkbook 函数自当前工作簿导入数据

🔔**注意**：Excel.CurrentWorkbook 函数必须按照上面所示的大小写格式书写，否则无法正确
识别，这是 Power Query 中 M 代码的统一要求。另外，为了便于书写，书中的函
数在叙述时没有加()，但是在公式中必须带()。

首先可以看到 Excel.CurrentWorkbook 函数返回了一张表格，其中，第一列 Content 的
元素都为 Table（前面提到的数据容器），而第二列 Name 对应写上了"表 1、表 2"。其实
在这个结果表中，每行记录就代表当前工作簿中的一张表格，表格的内容被存储在第一列，
名称被存储在第二列，单击 Table 单元格的空白部分就可以启动数据预览功能预览该表格
中的数据。

通过这种方法我们就一次性完成了对工作簿中所有表格的获取，如果只想要其中的一
张表格数据，可以直接单击表格行中的浅绿色 Table 标识获取数据。

以上就是 Excel.CurrentWorkbook 函数的基本使用，是不是非常简单、方便？不需要频
繁打开和关闭 Power Query 编辑器，只需要输入上述公式即可一次性获取当前工作簿中的
所有"超级表"和"区域表"。注意类型是"超级表"和"区域表"，普通的单元格区域是
无法被识别到的、工作表 Worksheet 也是无法被识别到的。如果表格内容是单元格区域，
则不推荐使用这种方法。如果实际需要导入的数据并非超级表或区域表，那么可以采取 4.4
节中介绍的"从工作簿"模式进行批量读取。

📑**说明**：在工作簿中临时创建的表格，即便文件未保存，Excel.CurrentWorkbook 函数也会
识别并读取到 Power Query 编辑器中。如果仔细观察就会发现，使用"来自表格/
区域"模式将数据导入 Power Query 编辑器中时，其查询代码使用的函数也是
Excel.CurrentWorkbook，只是它进行了深化和封装，但直接应用该函数将所有表
格一次性展现出来。

4.3.2　使用 Excel.CurrentWorkbook 函数汇总表格数据

本节以一个数据汇总的案例帮助读者加深对 Excel.CurrentWorkbook 函数的理解。

首先打开本节的示例文件，可以看到在工作表 Sheet1 中包含 4 张超级表，分别存储了
北京、天津、上海、重庆 4 个直辖市的基础信息。现在需要将这 4 张表格合并为一张表格，
便于后续进行统计分析，操作如图 4.9 所示。

在 Excel 中新建空白查询，然后在公式编辑栏中输入公式"=Excel.CurrentWorkbook()"
即可看到如图 4.9 右下部分所示的工作簿表格清单。

（1）单击 Name 列标题将其拖动至首列位置，完成列顺序的调整。

（2）筛选表格名称列，要求表格名称不等于查询 1，如图 4.10 所示。此步骤的目的是
防止汇总结果即"查询 1"从 Power Query 中被导出为工作簿中的表格后，再次参与汇总
运算，形成循环引用问题，因此提前进行筛选、清除，防止汇总时出错。

🔔**注意**：循环引用是使用 Excel.CurrentWorkbook 函数汇总数据时的一个典型问题，常用的
规避办法是"查询结果输出后不能再次作为查询的输入"。因为当前查询名称为
"查询 1"，因此此处筛选条件设置为"表名称不等于查询 1"。

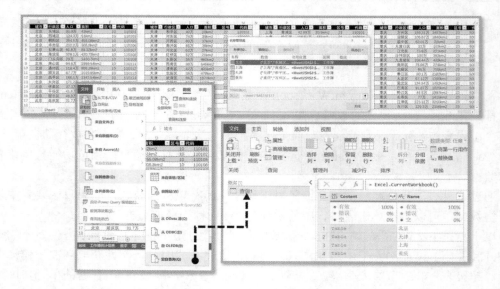

图 4.9　使用 Excel.CurrentWorkbook 函数汇总表格数据：获取数据

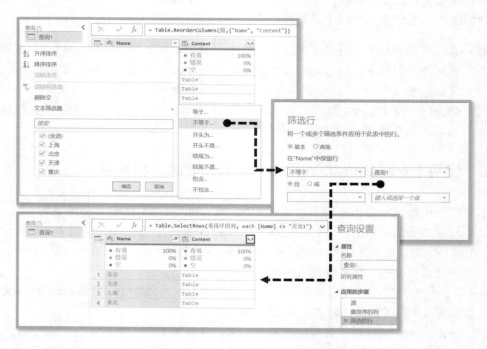

图 4.10　使用 Excel.CurrentWorkbook 函数汇总表格数据：排序和筛选

（3）单击 Content 列标题右侧的箭头按钮，在弹出的对话框中取消勾选"使用原始列名作为前缀"，单击"确定"按钮，将该列的所有表格平铺，然后删除多余的 Name 列完成数据汇总，如图 4.11 所示。

最后关闭并上载数据至新工作表中，完成任务。

以上是汇总表格数据的基本操作流程，其中还有几个比较难理解的问题在此展开说明。

第 1 个问题：在第（2）中进行了一项不等于"查询 1"的表格筛选（要根据当前查询

的名称确定条件，因为默认的查询名称为"查询 1"，所以此处筛选掉"查询 1"，若对查询改名，相应条件也要同步更新）。这项操作表面上看是没有任何效果的，但是可以预防当前查询导入 Excel 成为新的"超级表"后被重新作为 Excel.CurrentWorkbook 的数据源参与汇总，形成"循环引用"的问题，导致数据在刷新过程中不断倍增。

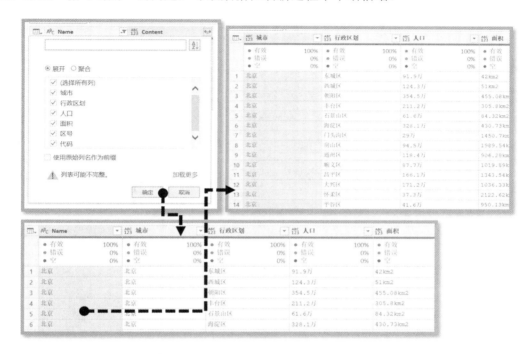

图 4.11　使用 Excel.CurrentWorkbook 函数汇总表格数据：展开

对这个问题感兴趣的读者可以去掉此步骤完成汇总，观察最终循环引用的效果。

第 2 个问题：如案例中所示，汇总的表格存在 Name 姓名列，而原始数据表中已经有地区列表达相同的含义，为什么我们不提前将 Name 姓名列删除呢？在实际操作中可以直接删除，本例中作为重点提示因此保留了。这个问题本质上是一类"背景信息"问题，在进行多表格数据汇总最容易遇到，因此我们需要为每张不同来源的表格标记其来源，否则汇总的数据无法区分彼此，比如说表格 A 是来自北京表、表格 B 是来自天津表……

在本例中因为数据源已经是超级表并且已正确地为表格命名，因此当使用 Excel.CurrentWorkbook 函数获取当前工作簿表格清单时就可以正确地读取表格的名称并存储在 Name 名称列中，用于标记来源。同时，表格数据本身就存在"地区列"，也起到类似表格名称的作用，因此任选其一保留即可。在实际操作中可能数据源质量并不好，应对策略就是有什么用什么，哪个方便用哪个，如果完全没有提供背景信息则需要手动添加，否则来源不同的数据混为一谈，无法进行后续的数据整理和分析。

第 3 个问题：在第（3）步中运用的展开按钮可能在初期会令人疑惑。Power Query 与 Excel 不同，Excel 单元格中只能存储单个数值，而 Power Query 可以存储更复杂的整张表格，用 Table 标记，代表在这个单元格下存在一张表格（数据容器支持多层嵌套）。如果希望外层的数据和内层的表格数据在"同一层/同一张表格"中显示，则需要将表格列展开，类似于将所有数据平铺。展开的基本操作如图 4.12 所示，表格内的数据被平铺，表格外的数据被复制。

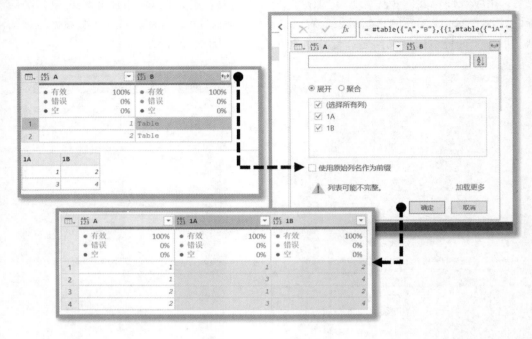

图 4.12　展开命令演示

4.3.3　小结

至此，我们已经完成了对"来自表格/区域"数据导入模式的学习。因为涉及非常多的细节，所以读者可以对其中几个重要的知识点和问题自己做一个总结：

- ❑ 区分工作簿、工作表、超级表、区域表、普通单元格区域数据表。
- ❑ 如何将超级表、区域表、普通单元格区域数据表数据导入 Power Query 编辑器。
- ❑ "来自表格/区域"模式的本质是调用 Excel.CurrentWorkbook 函数，该函数能够批量获取当前工作簿中的所有超级表和区域表。

在深入了解了"来自表格/区域"数据导入模式的强大功能后，它的不足之处也显露出来：可以识别的表格种类较少；要求严格，比如极为重要的工作表 Worksheet 无法识别。而这个问题可以通过从工作簿导入数据模式来解决。

4.4　从工作簿中导入数据

"从工作簿导入数据"是非常重要且日常高频使用的数据导入模式。使用该模式可以轻松获取特定地址下工作簿内的所有表格数据，不仅包含超级表、区域表，也包括工作表 Worksheet。本节介绍如何使用该模式以及如何利用该模式完成工作簿中任意多张工作表数据的自动汇总。

4.4.1　使用"从工作簿"模式导入表格数据

如图 4.13 所示为待导入的原始数据，共分为三张工作表，用于存储不同形式的数据。

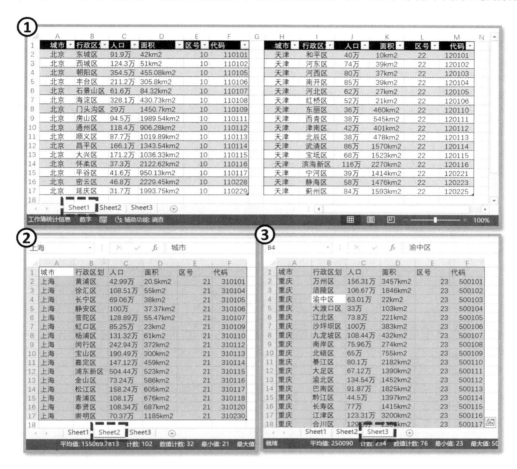

图 4.13　使用"从工作簿"模式导入表格数据：原始数据

其中，Sheet1 存放了两张名为"北京"和"天津"的超级表；Sheet2 存放了一张名为"上海"的区域表；而 Sheet3 中则是普通的单元格区域数据表。接下来我们的目标就是将这 4 张表格中的数据全部导入 Power Query 编辑器中。前面学习的"来自表格/区域"模式虽然可以将 4 张表格都导入，但是需要反复操作 4 次，因此比较烦琐。而使用类似的 Excel.CurrentWorkbook 函数虽然能够批量导入表格数据，但是工作表 Sheet3 中的数据无法被识别导入。这两种方法都存在缺陷，不能满足当前的需求。因此我们使用"从工作簿"模式完成导入，在导入的过程中体会其使用方法及需要注意的细节。

1．确定目标工作簿地址

首先需要启动"从工作簿"数据导入功能。在菜单栏"数据"选项卡的"获取和转换数据"功能组中单击"获取数据"下拉按钮，在其下拉菜单中选择"来自文件"|"从工作

簿"命令，如图 4.14 所示。

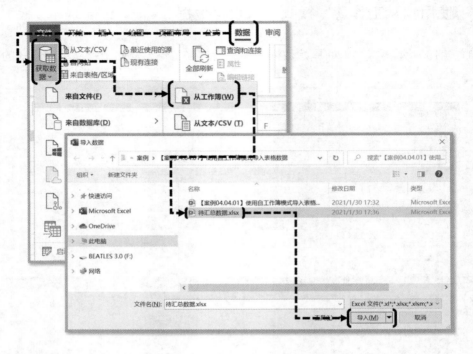

图 4.14　启用"从工作簿"数据导入模式并设定文件地址

在弹出的"导入数据"对话框中找到对应文件后单击"导入"按钮，弹出"导航器"对话框，如图 4.15 所示。

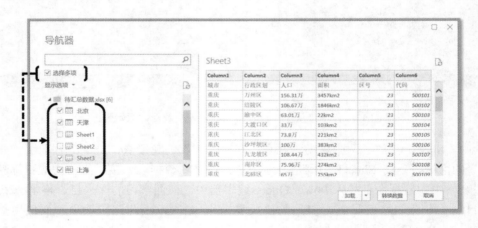

图 4.15　从工作簿中导入数据："导航器"对话框

📖 **说明**：为了叙述方便，后面将"导航器"对话框简称为导航器。

2. 选择导入数据表

导航器分为左右两部分，左侧为表格选择区域，右侧为数据预览区域。其中包含的表格有 Sheet1 中的"北京表"和"天津表"、Sheet2 中的"上海表"、Sheet3 中的"重庆表",结构如图 4.16 所示,单击对应表格后,可在导航器右侧区域预览表格数据。

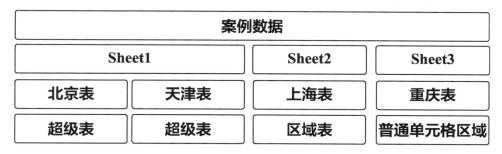

图 4.16　从工作簿中导入数据:案例数据结构

但在导航器中并没有按照上述结构进行呈现,而是将 6 张表格平铺以列表的形式呈现。这里还涉及一项关键问题:为什么是这 6 张表格,而不是 Sheet1、Sheet2、Sheet3 这 3 张表格?或是北京、天津、上海这 3 张表格?这是因为"从工作簿"导入模式不仅能够探测到工作簿中所有的超级表和区域表,工作表 Worksheet 也会一并识别(因为示例中重庆表没有命名,所以未被识别到,但是该数据存储在 Sheet3 中,可以通过导入 Sheet3 导入重庆表)。

注意:此处最容易忽视和犯错的地方是表格的重叠。因为"从工作簿"模式同时识别了上述三大类表格,而超级表和区域表本身就存储于工作表中,因此在选择导入数据时很容易同时选中目标数据所在的工作表和超级表,造成数据冗余。例如本例中上海表包含的数据与 Sheet2 包含的数据是一样的,因此任选其一导入即可。

除此以外导航器还提供了"选择多项"表格的功能,以降低多表格数据的重复导入次数。勾选导航器左上方的"选择多项"复选框后,可以在左侧表格清单各表名称的左侧创建新的复选框,根据需要勾选目标表格后,单击"转换数据"按钮,即可将所选数据导入 Power Query 编辑器中进行后续数据整理和分析。

说明:若数据已经达标,只想通过"从工作簿"模式批量导入数据至 Excel,那么可以单击"加载"按钮,直接将数据加载至 Excel 工作表;若需要利用 Power Query 编辑器进行结构和内容的调整,则需要勾选"转换数据"复选框,多数情况下会使用后者。

3. 数据导入结果

在本例中选取"北京""天津""上海""Sheet3" 4 张数据表导入,最终结果如图 4.17 所示。可以看到 Power Query 编辑器自动为上述表格创建了独立且同名的查询,并成对应数据的导入。

需要注意的是,使用工作簿模式与前面介绍的"来自表格/区域"及函数模式的核心差异为能否读取到工作表。

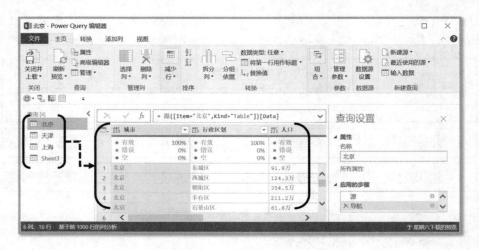

图 4.17 使用工作簿模式导入数据结果

4.4.2 案例：使用"从工作簿"模式汇总单工作簿中的多个工作表数据

本节我们将以一个使用"从工作簿"模式导入数据的经典案例（汇总单工作簿的多工作表数据），演示此模式的应用。原始数据与 4.4.1 节类似，但为了反映实际情况，此处做了微调。所有原始表格均未进行任何表格化处理，全部存放于工作表中。目标效果为将同一工作簿下的若干表格纵向拼接汇总并且不能包含冗余标题，如图 4.18 所示。

图 4.18 原始数据

1. 使用"从工作簿"模式导入数据

根据前面介绍的操作，新建工作簿，在菜单栏中选择"数据"选项卡的"从工作簿"模式，在弹出的导入数据对话框中确认待汇总数据后，弹出数据导航器，如图 4.19 所示。

在数据导航器的左侧可以看到待汇总数据工作簿中各表格的清单，选择其中任意一张表格后单击"转换数据"按钮进入下一步。注意，此处和前面有所差异，并不勾选"选择多项"复选框进行多工作表的批量导入。这么做的原因是多项表格导入会同步创建多个查询，不利于后续的批量汇总，同时，手动选择也无法自动汇总任意多个工作簿表格数据。

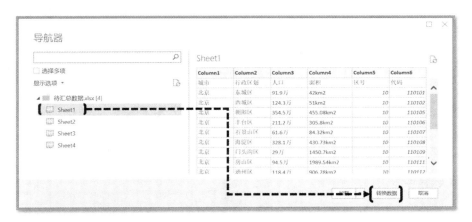

图 4.19 数据导入

2. 获取工作簿表格数据清单

进入 Power Query 编辑器后，可以看到所选的 Sheet1 表格数据以查询"Sheet1"的形式存在于 Power Query 编辑器中。在查询设置栏的"应用的步骤"中，删除自动生成的第 2 步"导航"，即可获取工作簿表格数据清单，如图 4.20 所示。

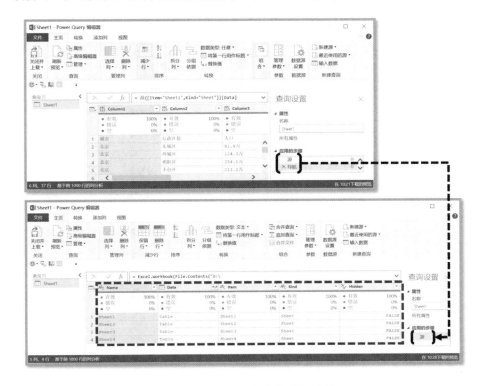

图 4.20 获取工作簿表格数据清单

虽然在导航器中仅选择了目标工作簿中的一张表格进行数据导入，但是通过对"导航"步骤的删除，同样可以在一个查询下获取工作簿中的所有工作表数据。这是为什么呢？

因为即使在导航器中勾选"选择多项"复选框，以多个查询的形式导入多张数据表格，每个查询的本质只有两步：

第一步是读取目标工作簿中的所有收据（即获取工作簿表格数据清单，如图 4.20 下表所示）。第二步是导航至目标表格（前面删除的那一步）。如果勾选"选择多项"复选框导入数据反而增加了很多冗余运算，导入任意工作表后删除第二步可以完成类似的效果。

如图 4.20 所示，获取到的工作簿表格数据清单默认存在 5 列数据，分别为姓名列（Name）、数据列（Data）、项目列（Item）、类型列（Kind）和隐藏列（Hidden）。其中，姓名列代表表格的名称，数据列用于存放目标数据，其他列为一些表格的属性信息。

3．汇总整理数据

获取工作簿所有表格数据清单后还无法直接使用，需要对数据进行整理操作，如删除冗余列信息、展开平铺数据、清除冗余标题行等。

（1）删除无关数据列。因为表格数据均存储于 Data 列的 Table 表格容器中，所以选中 Data 数据列后右击，在弹出的快捷菜单中选择"删除其他列"命令，仅保留目标的 Data 列、操作及效果如图 4.21 所示。

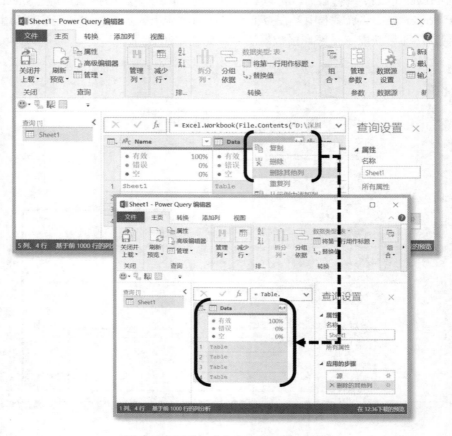

图 4.21　删除冗余信息保留目标列数据

技巧：在本例中，每张表格均包含"地区"列，用来说明当前表格的数据来源，但在实际操作中经常出现数据来源信息存放于工作表名称内的情况。如果遇到此类情况，可以连同 Name 名称列一并保留，操作方法为按住 Ctrl 键，选择姓名列和数据列后选择"删除其他列"命令，删除其他列。

（2）平铺展开数据。清除冗余列信息后，所有数据都聚集在数据容器中，因此这一步需要释放容器中的数据。单击 Data 数据列标题右侧的箭头按钮，在弹出的对话框中全选所有列，然后取消"使用原始列名作为前缀"复选框，单击"确定"按钮，完成数据展开，如图 4.22 所示。此步骤与前面使用 Excel.CurrentWorkbook 函数汇总数据类似。

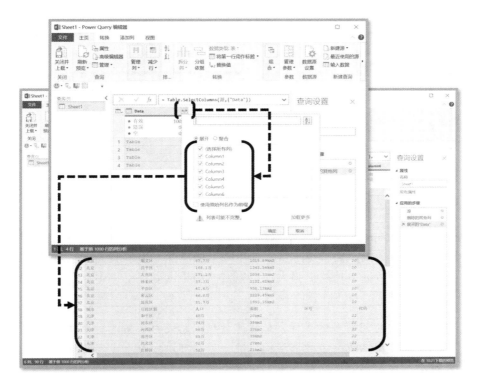

图 4.22　展开平铺表格数据列

（3）筛选并清除冗余标题。表格数据展开后即完成多表格数据的汇总，这个过程是机械地拼接，最终的数据会形成多组标题，所以需要利用筛选功能清除冗余的标题行。首先单击数据预览区左上角的表格下拉菜单，选择"将第一行用作标题"命令，然后选择首列，单击标题行右侧的下拉按钮开启筛选菜单，取消勾选"城市"复选框（相当于清除所有姓名列等于城市的记录），完成对冗余标题行的清除，操作及效果如图 4.23 所示。

（4）关闭上载数据至工作表功能，在数据变更时刷新查询即可自动完成后续汇总工作。

通过上述 4 步就可以轻松完成对单个工作簿中的多项工作表数据进行汇总（前提是表格结构相同，各列的名称也一致）。如果在原始表格中新增表格、删除表格、修改表格的数据内容，都可以通过对 Power Query 查询刷新进行自动更新，不需要任何额外的操作就可以获得最新的结果。

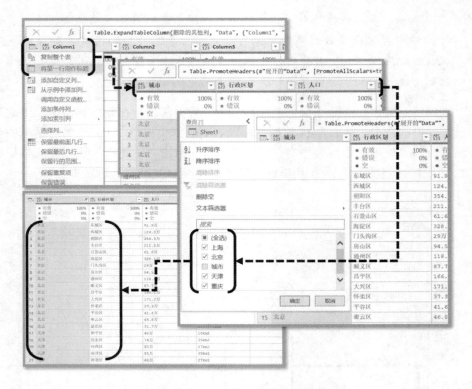

图 4.23　提升首行为标题并清除冗余标题行

对比使用 Excel.CurrentWorkbook 函数汇总工作簿中的表格数据，"从工作簿"模式可以获取到"工作表"数据，类型更丰富。使用本节中删除导航步骤的方法可以自适应地汇总任意数量的工作表数据，功能更强大、更丰富。如果读者在工作中存在汇总工作簿表格数据的需求，推荐使用"从工作簿"模式。

📖**说明**：实际操作中的问题多种多样，工作簿数据汇总还存在若干种变体，其中比较典型的有表格类型不统一、数据结构不统一等，可以按照上述思路结合数据整理功能来解决，在后面的实际操作案例中也会举例讲解。

4.5　从文本/CSV 文件中导入数据

CSV 文件（Comma-Separated Values）中文为逗号分隔值文件或符号分隔值文件，是一种以纯文本形式存储表格数据的文件。该文件由任意数量的记录组成，每一行记录由某种换行符进行分隔；每条记录由字段组成，字段间的分隔符是其他字符，最常见的是逗号和制表符。目前 CSV 文件因其通用、相对简单的文件格式，在商业和科研领域广泛应用。很多公司和企业信息化系统如 OA、ERP、CRM 等均默认将业务数据以 CSV 文件的形式导出，因此获取该类文件中的信息也是必要的。

Power Query 便提供了导入 CSV 文件数据的功能，可以直接应用，该功能为"从文本/CSV"，既可以从 CSV 文件中获取数据，也可以从文本文档（TXT）中导入数据。

4.5.1　从 CSV 文件中导入数据

"从文本/CSV"模式导入数据的基本操作与"从工作簿"模式类似，同样分为确定地址、导航器、创建查询存放数据三个阶段。我们先演示 CSV 文件的数据导入，原始数据如图 4.24 所示。

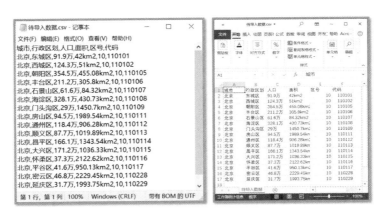

图 4.24　原始数据

说明：CSV 文件可以直接使用记事本（图 4.24 左图）或 Excel（图 4.24 右图）打开查看。

1. 确定目标CSV文件的地址

首先要启动"从文本/CSV"数据导入功能。在菜单栏"数据"选项卡的"获取和转换数据"功能组中单击"获取数据"下拉按钮，在其下拉菜单中选择"来自文件"|"从文本/CSV"命令，弹出"导入数据"对话框，如图 4.25 所示。

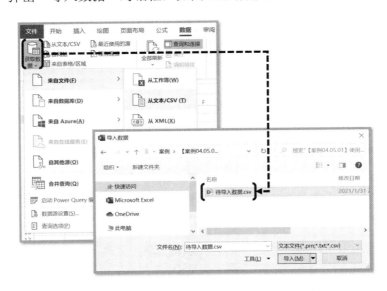

图 4.25　从 CSV 文件中导入数据

2．设置数据导入参数

确定导入的 CSV 文件后，单击"导入"按钮，弹出"待导入数据.csv"对话框，如图 4.26 所示。此步骤与"从工作簿"模式导入数据有巨大区别。因为不论是 CSV 文件还是 TXT 文本文档，都不具备类似 Excel 工作簿文件的多层次结构（工作簿到工作表，工作表到超级表），它们都是将数据单层平铺在文件中，因此不会弹出导航器。

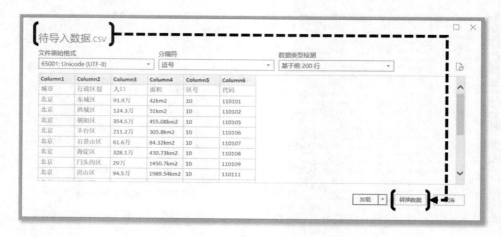

图 4.26　"待导入数据.csv"对话框

参数设置将会影响导入结果的正确性，因此需要谨慎选择。如图 4.26 所示，可以看到，"待导入数据.csv"对话框分为上半部分的参数设置区和下半部分的数据预览区域，所有对参数的修改可以直接在数据预览区域看到。

允许设置的参数有 3 个，分别为文件原始格式、分隔符和数据类型检测，具体的选项设置如图 4.27 所示。

"文件原始格式"选项用于选择原始文件的编码方式，相当于为文件选择匹配的解码方式。如何理解呢？因为全世界的语言种类繁多，所以在计算机中拥有多种对字符的编码方式。当读取不同编码方式的数据时，只有选择正确的解码方式才可以获得"可理解"的数据，否则会产生乱码现象，数据无法使用。综上所述，第一参数的选取要匹配原始文件的编码方式。

在多数情况下，系统会自动检测原始数据并选取恰当的解码方式，完成对原始收据的翻译，但在特殊情况下系统的判定可能会出错，需要手动选择匹配。对于中文而言，常见的编码和解码方式有两类：第一类编码采用 UTF-8，解码则对应选取"65001：Unicode（UTF-8）"；第二类编码采用 ANSI，解码则对应选取"GB2312"。

技巧：原始文件的编码方式可以使用记事本打开 CSV 或 TXT 文件，然后通过右下角的编码方式查看，也可以在另存为 TXT 文档时修改文件的编码方式。

"分隔符"选项用于选择原始文件中的分隔符。与"文件原始格式"类似，系统也会自动进行判定，最常用的为逗号分隔符。在导入 CSV 文件时，可能会出现更多种类的分隔符，如制表符、空格等，若系统判定错误，手动选取或设置自定义分隔符即可。

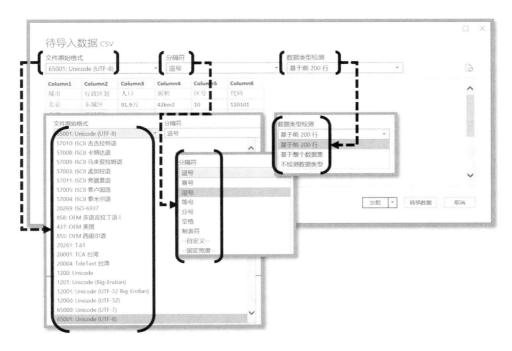

图 4.27　数据导入参数设置

"数据类型检测"选项默认是基于原始数据的前 200 行内容对数据类型进行判定,其余可选项有"基于整个数据集"和"不检测数据类型"。

3. 查看数据导入结果

在所有参数设定完毕,检查预览数据没有问题后,单击"转换数据"按钮,弹出 Power Query 编辑器,从中即可看到对应数据按照预览的形式已被导入与文件同名的查询中,如图 4.28 所示。

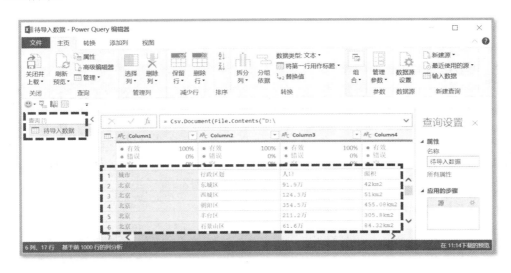

图 4.28　数据导入结果

4.5.2　从文本文件中导入数据

导入文本数据与导入 CSV 文件的操作大致相同。为了差异化这个过程，本节会将相同的案例数据另存为 ANSI 编码的文本文件（TXT）进行演示。

1．确定目标TXT文件的地址

在菜单栏"数据"选项卡的"获取和转换数据"功能组中单击"获取数据"下拉按钮，在其下拉菜单中选择"来自文件"|"从文本/CSV"命令，弹出"导入数据"对话框，如图 4.29 所示。

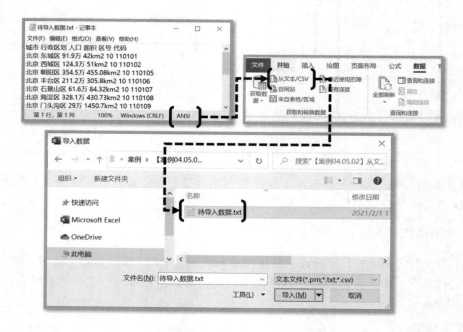

图 4.29　确定目标 TXT 文件的地址

2．设置数据导入参数

确定导入的 TXT 文件后，单击"导入"按钮，弹出"待导入数据.txt"对话框，如图 4.30 所示。可以看到此设置弹窗与此前的 CSV 文件导入设置弹窗没有区别。同时系统会自动对数据源的情况进行识别：即使修改了原始数据中原有的逗号分隔符为空格分隔符，系统也会自动正确识别并完成对数据的分列；即使原始数据的字符编码转变为 ANSI，系统也会自动为其设置正确的解码方式"936：简体中文（GB2312）"。

3．查看数据导入结果

在所有参数设定完毕，检查预览数据没有问题后，单击"转换数据"按钮，打开 Power Query 编辑器，从中即可看到对应数据按照此前预览的形式被导入到与文件同名的查询中，如图 4.30 所示。

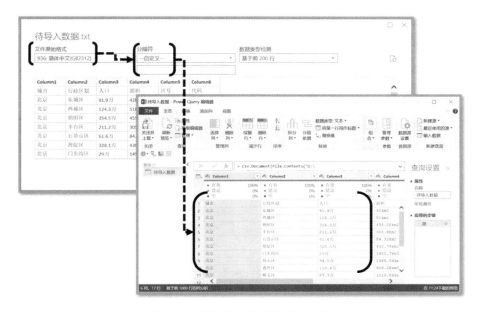

图 4.30　数据导入设置及导入结果

4.5.3　导入 CSV 文件可能出现的问题及其解决方法

常规的导入按照前两节的方法如法炮制即可完成，本节重点讲解一类在老版本中导入 CSV 文件可能会出现的错误及其解决方法。

若原始 CSV 文件并不是纯表格数据（对应字段、对应记录数据），而是包含特殊的独立表头，如在基础数据表上方的首行首列位置添加了对应的表格名称。此时直接导入 CSV 文件的结果是可能只有首列数据，其他列数据并没有被成功导入，原始数据与错误结果如图 4.31 所示。

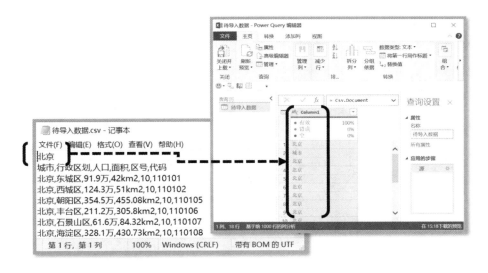

图 4.31　独立表头问题：原始数据与错误结果

　　如果读者在导入数据的过程中遇到上述问题，不用慌张，也不需要重新导入数据，可以在"待导入数据"窗口中单击"应用的步骤"下"源"右侧的齿轮按钮，在弹出的对话框中对导入参数进行调整。此处可以设置的导入参数和数据导入时允许设置的参数不一样，如图 4.32 所示。

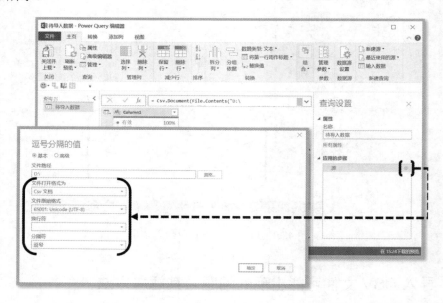

图 4.32　导入数据设置

　　在"逗号分隔的值"对话框中将"文件打开格式为"设置成"文本文件"，即可完整导入数据。但是此时数据是作为纯文本导入的，并没有进行拆分，因此还需要在 Power Query 编辑器中单击"转换"选项卡下"文本列"功能组中的"拆分列"下拉按钮，然后设置以逗号为分隔符对数据进行拆分，操作如图 4.33 所示。

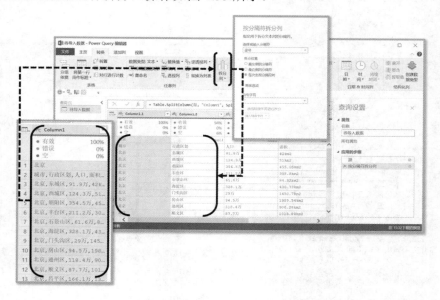

图 4.33　切换读取模式后手动拆分数据

4.6　从文件夹中导入数据

到目前为止，我们已经学习了 4 种导入模式，本节要介绍"从文件夹"导入数据模式，它具备非常强的批量数据汇总能力，分为两个模式，即组合模式和转换模式，涉及内容较多、细节较多。

4.6.1　组合模式

本节还是以具体的数据汇总案例为基础进行说明。这里采用的原始数据结构与原始工作表如图 4.34 和图 4.35 所示。

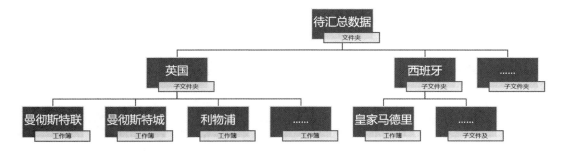

图 4.34　待汇总的数据层级结构

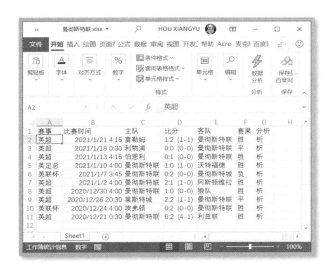

图 4.35　待汇总的原始工作表

1．确定目标文件夹地址

首先还是要启动"从文件夹"数据导入功能（所有模式的启动操作基本上都是类似的）。

在菜单栏"数据"选项卡的"获取和转换数据"功能组中单击"获取数据"按钮，在其下拉菜单中选择"来自文件"|"从文件夹"命令，在弹出的"浏览"对话框中选择目标汇总文件夹，如图4.36所示。

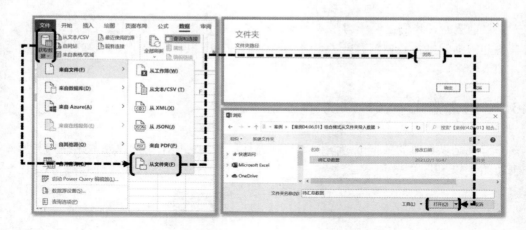

图4.36　确定目标文件夹地址

2．选择数据汇总模式

"从文件夹"数据导入功能启动后，弹出文件清单预览对话框，如图4.37所示。在其中可以看到目标文件夹及其下属子文件夹内的所有文件清单及文件属性。

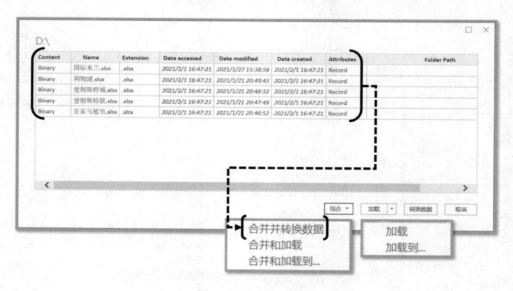

图4.37　选择汇总模式

📑说明："从文件夹"导入模式有两大特点，第一，目标文件夹下的所有子文件夹都属于其数据获取范围；第二，文件清单中不只包含工作簿文档，其他类型的文件如".doc"和".txt"等也会被探测并显示在文件清单预览窗口中。

通过文件清单预览可以看到目标汇总文件夹下的所有工作簿文件及相关属性（案例中仅有工作簿文件）。在对话框右下角提供了"组合""加载""转换数据""取消" 4 个功能按钮。接下来逐一说明各按钮的作用。

- ❑ 组合：即本次合并数据会使用的模式，其包含 3 个选项，分别是"合并并转换数据""合并和加载""合并和加载到"。其中最常用的是"合并并转换数据"，在该模式下系统会自动创建组合模式所需的所有查询、参数、自定义函数等组件对目标文件夹下的所有工作簿文件进行汇总（这部分操作称为合并），并自动进入 Power Query 编辑器，用户可以进一步进行自定义设置（这部分操作称为转换数据），如图 4.38 所示。

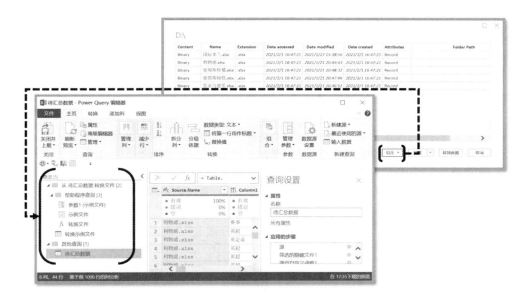

图 4.38　合并并转换数据模式

"合并和加载"与"合并和加载到"模式本质上只有合并功能而不提供转换数据功能。系统会自动按照既定逻辑合并数据并以默认方式加载到工作表中（"合并和加载"模式），或按照指定方式加载到 Excel 文件中（"合并和加载到"模式）。

⌂注意：实际问题通常更复杂，几乎都需要在 Power Query 编辑器中对系统创建的组合查询部分进行细微调整以满足所需。因此主要使用的模式为第一项，后两项使用频次较低。

- ❑ 加载：即直接将当前文件清单信息加载至工作表（"加载"模式）或 Excel 文件（"加载到"模式）中。使用"从文件夹"模式提取的文件夹文件清单也属于信息，若目标为文件清单，那么可以直接加载使用，如图 4.39 所示。

☞技巧：通常以"加载"模式进行文件夹文件清单的提取。

- ❑ 转换数据：即将当前文件清单信息表导入 Power Query 编辑器中，进行后续的自定义整理和分析，如图 4.40 所示。

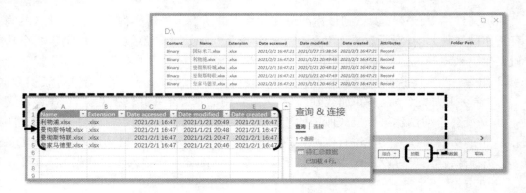

图 4.39　加载目标文件夹文件清单信息效果

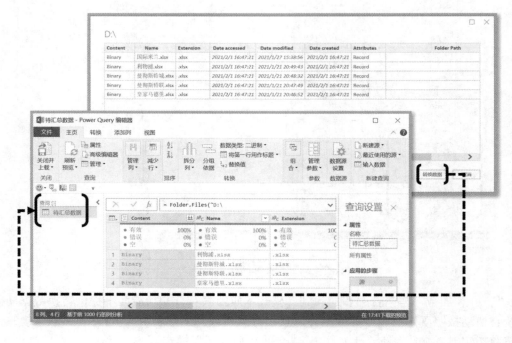

图 4.40　转换数据模式

如果综合看 3 种模式的差异,"加载"模式不对文件清单信息表的数据做任何处理;"转换数据"模式可以对文件清单信息表进行整理,因此将数据导入 Power Query 编辑器中;"转换数据"模式则是处理深度最大的选项,而且系统自动化创建了一系列用于数据合并的查询组件。

对于完成任务而言,使用"转换数据"或"组合"模式都是可行的。本节演示"组合"模式的操作及各个查询组件之间的逻辑关系。因此在"组合"下拉菜单中选择"合并并转换数据"命令。

3. 合并并转换数据

选择"合并并转换数据"命令后,系统会弹出模板选择窗口,要求用户选择目标文件夹中某个文件的某张表格为模板进行后续的组合处理，如图 4.41 所示。本例采用默认的第一个文件中的 Sheet1 为模板表格。

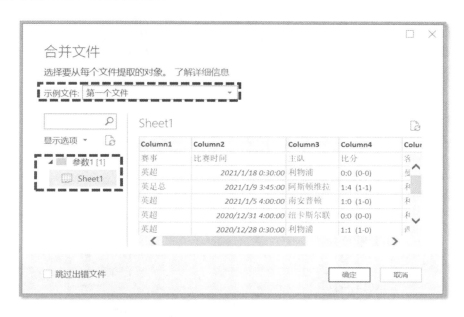

图 4.41　选择合并的文件

说明：后面进行数据转换时的操作对象为此步骤选择的模板文件。Power Query 会自动按照模板文件的处理方式处理其他非模板文件。此处可以选择某个工作表为模板（单击左侧表格"参数 1"文件夹中的任意列，选中后右侧有对应的表格预览），也可以直接选择某个工作簿为模板（单击左侧表格中的文件夹图标，选中后右侧不会出现表格预览）。

选择某个工作簿或某个工作表为模板文件后单击"确定"按钮，系统会自动将数据导入 Power Query 编辑器并创建一系列组合合并数据的查询组件，如"参数 1（示例文件）""示例文件""转换文件""转换示例文件""待汇总数据"等，如图 4.42 所示。

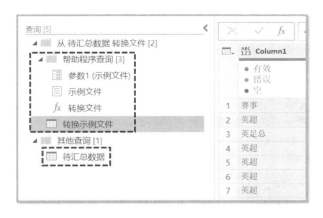

图 4.42　合并数据查询组件

组件的数量较多，并且存在相互嵌套的工作逻辑。为了便于读者理解其工作逻辑，下面先简单介绍各组件的大致作用，再对组件间的相互作用进行说明。

- □ 待汇总数据：即最终数据汇总呈现的查询结果。可以看到所有自动生成的组合查询组件被分为了两组，分别是"帮助程序查询"和"其他查询"。位于"其他查询"组中的"待汇总数据"查询是以目标汇总文件夹命名的用于盛放汇总数据的查询，如图 4.43 所示。

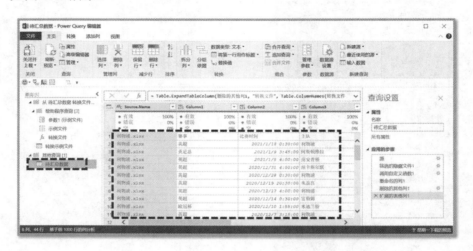

图 4.43　组合合并数据查询组件：待汇总数据查询

- □ 转换示例文件：即选定的模板工作簿或模板工作表。其被称为"转换示例文件"是因为在该查询下我们可以对模板示例文件进行自定义整理（允许应用 Power Query 提供的任何数据整理功能），如图 4.44 所示。

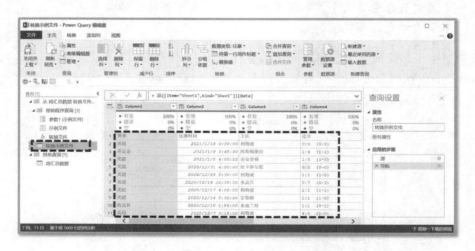

图 4.44　组合合并数据查询组件：转换示例文件

- □ 转换文件：是一项记录目标表转换过程的自定义查询函数，如图 4.45 所示。在"转换示例"文件中对模板文件所做的任何操作除了会被"转换示例文件"本身记录外，也会被"转换文件"所记录。对应的代码也会被提取到"转换文件"中，然后被定义为自定义函数，用于后续对其他非模板文件进行批量处理（类似于用摄像机记录操作过程，当后续还需要做相同操作时就根据记录的影片进行操作）。

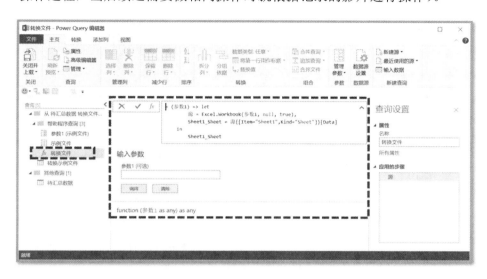

图 4.45　组合合并数据查询组件：转换文件

说明： 自定义函数是一项在 Power Query 中很重要的功能，它代表某一段可以重复应用的处理过程（代码），由用户自定义。在使用时，提供所需参数后系统便会按照既定逻辑对数据进行处理。相较于普通的单个 M 函数而言，它支持任意多个步骤，灵活性更高。在后面的章节中会进行更细致的讲解。

□ 示例文件：即前面选中的模板工作簿文件，如图 4.46 所示。在模板文件设置窗口选中的文件会经过参数 1 被导入"示例文件"中并作为"转换示例文件"的数据源，用于后续处理。

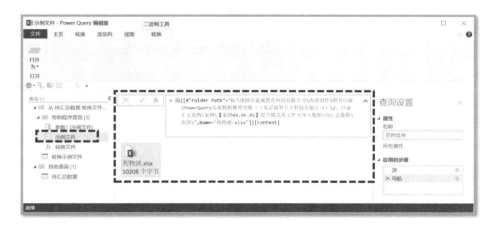

图 4.46　组合合并数据查询组件：示例文件

□ 参数 1（示例文件）：自定义的参数，其值为"示例文件"，如图 4.47 所示。该参数引用的模板文件在转换示例文件中会作为数据源使用。

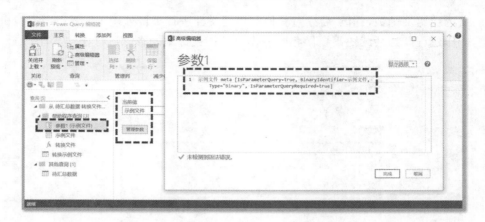

图 4.47　组合合并数据查询组件：参数 1（示例文件）

为了让读者清楚组合模式的工作原理，接下来给出从文件夹数据汇总的完整工作流程，如图 4.48 所示。

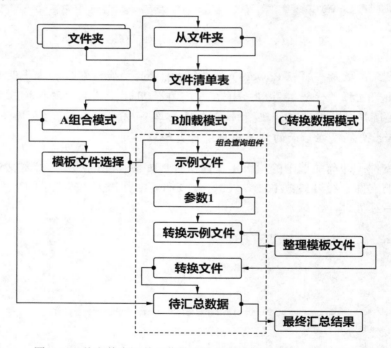

图 4.48　从文件夹汇总工作簿表格数据的工作流程：组合模式

首先重点来看"组合查询组件"部分。如图 4.48 所示，可以看到，5 项组件基本遵循从上至下顺序执行的工作逻辑：

❑ 从上一步选择确认好模板文件后，将模板文件以查询的形式引入 Power Query 编辑器并命名为"示例文件"形成 1 号组件。

❑ 创建 2 号组件"参数 1"，并将其值设置为准备好的"示例文件"。

❑ 将参数 1 引用的模板文件作为"转换示例文件"的数据源。

❑ 在 3 号组件"转换示例文件"中用户可以自定义地对单个模板文件进行数据整理。

❑ 在 3 号组件"转换示例文件"中的所有整理操作均会被系统自动记录在 4 号组件"转换文件"自定义函数当中。使用时只需要替换模板文件即可对不同的工作簿进行整理操作。

至此，我们通过上述工作流程和 4 项辅助查询组件完成了准备工作，下面将正式进入第二阶段，进行真正的数据汇总。在第二阶段中只有一个"待汇总数据"的查询，该查询由系统自动创建并包含若干关键步骤，如图 4.49 所示。

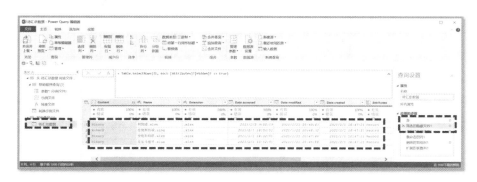

图 4.49　组合模式汇总结果：待汇总数据

（1）引用"文件清单信息表"作为原始数据。

（2）利用筛选功能清除其中隐藏的表格记录（清除文件清单表 Attribute 属性列中对应记录 Hidden 属性字段为真的记录）。

（3）对文件清单信息表预处理后，调用在第一阶段利用多项辅助组件创建的自定义函数，对文件清单中的所有工作簿文件进行批量处理，其处理逻辑正是我们在"转换示例文件"中提前设置好的。相当于第一阶段搭建工厂流水线，第二阶段输入原料并使用流水线进行批量处理，如图 4.50 所示。

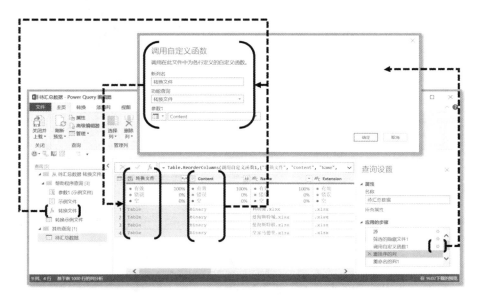

图 4.50　组合模式汇总结果：调用自定义函数批量处理文件

从"调用自定义函数"对话框中可以看到调用的自定义函数名称为"转换文件"，输入的参数为 Content 列，输出列为"转换文件"列。这里需要注意：我们的输入文件都是二进制形式读取到的工作簿文件，输出都是处理好的表格数据。

注意：正常情况下，调用自定义函数的结果列默认均添加在末尾，但为了便于对比查看输入列数据和输出列数据，图 4.50 中将"自定义函数"列临时移动至首列。

（4）保留文件名称列和自定义函数调用结果列，删除其他冗余信息列，同时重命名原有"Name 姓名列"为"Source.Name 数据源名称列"，如图 4.51 所示。

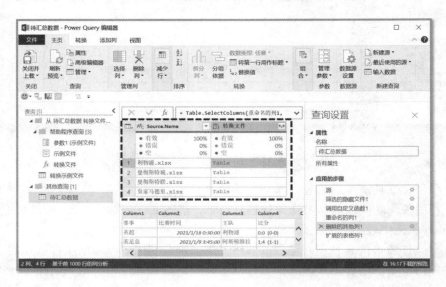

图 4.51　组合模式汇总结果：保留文件名称列和自定义函数调用结果列

（5）展开自定义函数调用结果列，平铺表格数据，最终结果如图 4.52 所示。展开数据的操作想必读者应当不再陌生，不再赘述。但此处的展开并非常规意义上的展开，而是以动态标题的形式展开。

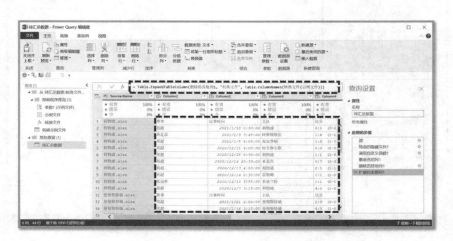

图 4.52　组合模式汇总结果：展开自定义函数调用结果列

系统生成的最后一步"扩展的表格列 1"对应的 M 函数代码可以在该步骤的公式编辑栏中查看，公式为"= Table.ExpandTableColumn(删除的其他列 1, "转换文件", Table.ColumnNames(转换文件(示例文件)))"。该步骤包含两个 M 函数的嵌套：

外层的 Table.ExpandTableColumn 函数用于展开表格列（列中的所有单元格均为表格数据容器），共有 3 个参数：第一个参数"删除的其他列 1"为上一步的结果，作为当前步骤的输入数据；第二个参数"转换文件"列作为目标需要展开的表格列；最后一个参数用于限定展开后的各列名称，提供了哪些列名称才会展开哪些列，对于未提供的名称不展开。此处以内层的嵌套函数返回的结果为准。

内层的嵌套函数 Table.ColumnNames 用于提取某个表格的标题行数据并作为列表返回。这里的"某个表格"即其参数所提供的表格，上面的公式就是示例文件经过"转换文件自定义函数"处理后得到的表格标题。是否不好理解？其实就是"转换示例文件"组件查询结果的表格标题。因此与常规操作直接单击左右箭头按钮机械地展开，列名称在展开的一瞬间就固定为具体的列不同，此处展开的结果是随第一阶段对模板文件处理的方法而变化的，总体上来说适应性更强，直接展开与动态展开对比如图 4.53 所示。

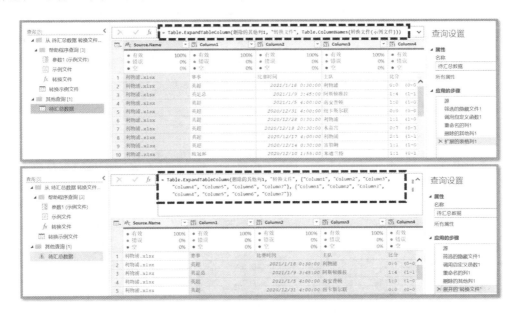

图 4.53 直接展开与动态引用标题展开后的 M 函数公式对比

综上所述，结合列展开和列名称两个函数一起理解：该步骤是根据模板文件处理结果表的标题行对上一步的表格列进行展开的。因为这一小段内容涉及 M 函数的阅读理解，同时目前在初学阶段的各位同学对于 Power Query 的熟悉程度也较低。如果对这些细节有些不好理解也没有关系，理解这段代码的目的即可。

（6）由用户定义的后续数据整理操作。在本例中，因为原始数据表格均包含标题行，所以若在"转换示例文件"查询中没有进行任何特殊处理，那么在最终的汇总结果查询中必然会将各工作簿表格中的标题行汇总，从而产生冗余标题行。

这个问题在前面的数据汇总案例中已经遇到过，所以在此不再进行额外说明，留作思考题给读者，最终答案可以对照本节案例文件演示进行查询。小提示：两种方法，既可以通过"转换示例文件"查询解决，也可以通过"最终汇总结果"查询解决。同时理解两种方法的处理逻辑，就会理解组合模式汇总的工作逻辑。

说明：在使用案例文件时，部分案例的原始数据是从外部地址导入的，因此可能在下载时无法获取数据。读者可以通过替换查询中"源"步骤公式代码中的地址为本地地址解决。

至此，通过上述的 5 大组件的讲解和 6 个小步骤的说明，我们就完成了使用"从文件夹"组合模式汇总数据的介绍。虽然提供的案例较简单，但是麦克斯希望通过以上深入讲解，可以提高读者的理解深度，在实际操作中遇到问题时可以结合所学举一反三灵活处理。

4.6.2 转换模式

本节重点介绍从文件夹导入数据的另一种模式——转换模式的使用。相较于组合模式，转换模式仅是将文件夹中的文件数据利用"从文件夹"模式导入，后续的汇总工作更多的是利用 Power Query 中的数据整理功能，因此总体复杂度显著降低。鉴于数据汇总前半段的操作均与组合模式完全一样，这里便不再赘述，本节将会从"模式的选择"开始讲解，原始数据及案例的其他相关背景信息与 4.6.1 节一致，如图 4.54 所示。

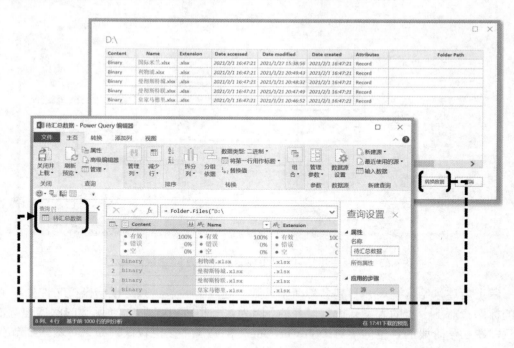

图 4.54　从文件清单信息对话框中选择数据转换模式

1. 翻译二进制工作簿文件数据

进入 Power Query 编辑器后，你会发现遇到了一个非常棘手的问题：在文件清单明细表的所有列中没有看到想要的目标原始数据表格。这完全是正常的，因为涉及的知识点"超纲"了，来看看麦克斯是如何解决的。

首先要明确理解一个点：当从文件夹模式读取目标地址下的所有文件时，是以二进制文件的形式进行读取的。正因为如此，虽然文件清单信息表中的每一行代表的是一份工作簿文件，但是在其对应的 Content 列中却全部显示为 Binary，而其他列全部为改文件的附加属性。

了解了这一点，我们就知道其实想要的目标数据藏在了 Content 列的二进制数据中，需要找一个"翻译官"将里面的数据信息读取出来。这个翻译官就是 Excel.Workbook 函数，它可以出色地完成二进制工作簿文件信息的读取。

注意：Excel.Workbook 与此前学习的 Excel.CurrentWorkbook 函数是不同的。

使用方法是：在 Power Query 编辑器菜单栏的"添加列"选项卡下，单击"常规功能组"中的"自定义列"按钮，弹出"自定义列"对话框。在其中依次输入新列名和 M 函数公式"=Excel.Workbook([Content])"即可，操作和效果如图 4.55 所示。

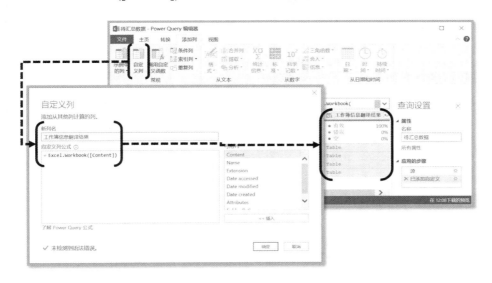

图 4.55　将二进制工作簿文件数据翻译为表格

说明：函数 Excel.Workbook 需要提供的参数为二进制工作簿文件，返回的结果为工作表清单信息。案例中的 Content 列存储的正是二进制工作簿文件，因此作为输入数据。如果有观察细致的读者，可能会发现该函数也被用于"从工作簿"导入数据模式中。

2．删除冗余信息列

数据翻译完成后，按住 Ctrl 键，依次选择 Name 列和自定义列然后右击，在弹出的快捷菜单中选择"删除其他列"命令，将冗余信息列清除，如图 4.56 所示。

技巧：当连续选择多列时，可按住 Shift 键然后单击首列和尾列，当多列离散选取时，可按住 Ctrl 键然后依次单击各列。选取的顺序会决定最终表格的列顺序。

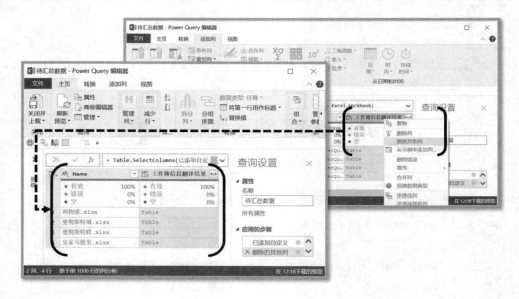

图 4.56　删除冗余信息列

3. 依次展开表格数据至工作表级别

如果读者提前通过数据预览功能查看过翻译结果列中的表格数据，那么可能会觉得诧异。因为结果并不是想象中那样"干净"的数据，甚至连表格都没有看到，如图 4.57 所示。

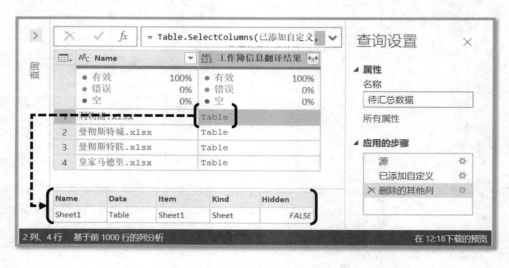

图 4.57　工作簿信息翻译结果数据预览

能看到的只是和文件清单表类似的包含多种属性字段的信息表。这是为什么呢？因为工作簿文件和文件夹一样也是有层级划分的。文件夹的各层级通过"从文件夹"获取数据功能，在读取的时候已经被"抹平"以文件清单的形式呈现。但工作簿并没有，因此利用 Excel.Workbook 函数翻译工作簿二进制文件得到的结果实际上仍为工作簿，而非工作表数据。想要到达最底层，需要经过两次展开操作，第一次完成从工作簿级别到工作表级别的展开，第二次完成从工作表信息级别到表格数据的展开。

（1）单击自定义列标题右侧左右箭头按钮，全选所有列，取消勾选"使用原始列名作为前缀"复选框，单击"确定"按钮完成第一次展开操作，如图 4.58 所示。

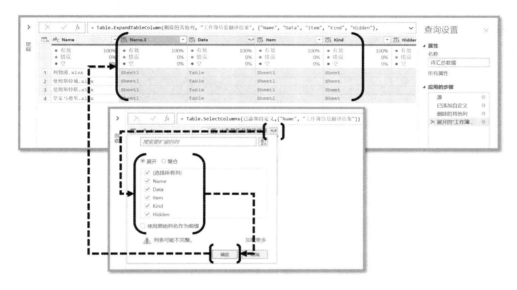

图 4.58　第一次展开：从工作簿级别到工作表级别

（2）第二次展开操作与第一次类似，可以优先选中 Name 列和 Data 列，删除其他冗余信息列后再进行展开操作，如图 4.59 所示。

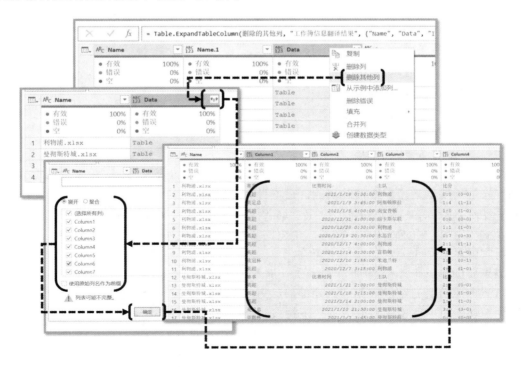

图 4.59　清除冗余信息列完成第二次展开操作

4．提升标题和清除冗余标题行

完成汇总工作后，存在默认标题和冗余数据的问题。此问题可以提升首行为标题并利用筛选功能来解决，前面已经举过相关例子，这里不再赘述。清理完成后的最终效果如图 4.60 所示。

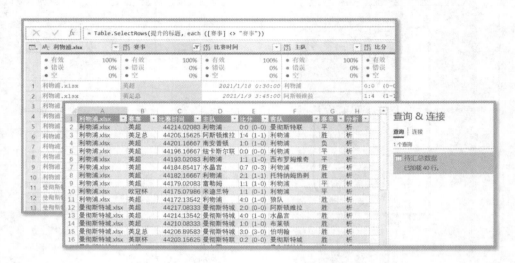

图 4.60　使用"从文件夹"转换模式汇总工作簿表格的结果

4.7　空　查　询

到目前为止我们已经学习了日常使用 Power Query 常用的 5 种数据导入方式。本节介绍一种特殊的数据来源"空查询"。

4.7.1　什么是空查询

虽然"空查询"被 Excel 和 Power BI 列为了获取数据的来源之一，但是严格地说"空查询"只是一项创建空白查询的功能，它本身并不包含任何数据（可以利用空查询构建 M 代码手动录入数据）。我们创建一个空查询就像在 Windows 文件资源管理器中创建一个空白的 TXT 文档或空的文件夹一样，这个空的 TXT 文档或空的文件夹可以存储任何数据，但目前它就是一个空壳，这就是空查询。

如果要创建一个"空查询"，则有如下几种方法：

（1）按照前面介绍的数据导入功能启动方法，在菜单栏"数据"选项卡的"获取和转换数据"功能组中单击"获取数据"下拉按钮，在其下拉菜单中选择"自其他源"|"空白查询"命令，如图 4.61 所示。

（2）如果是位于 Power Query 编辑器内，那么可以直接在查询管理栏内的空白处右击，在弹出的快捷菜单中选择"新建源"|"其他源"|"空查询"命令，创建空白查询；或者在

菜单栏"主页"选项卡的"查询"功能组中选择"新建查询"|"其他源"|"空查询"命令，如图 4.61 所示。

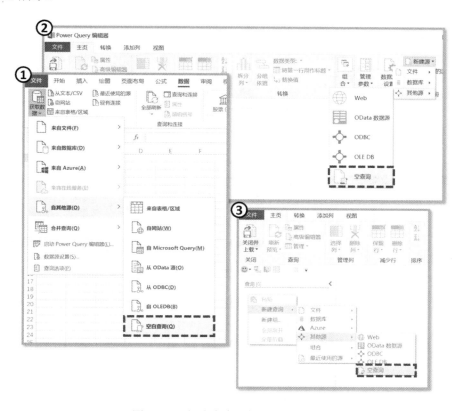

图 4.61　新建查询源的 3 种常规方式

说明：上述 3 种新建源的方式是通用的，不只限于空白查询的创建。

　　总体上来说，空白查询也是一类使用频次较高、比较重要的功能。虽然它"一无所有"，但是可以演变的可能性非常多，如手动进行数据的录入、进行 M 函数代码测试、获取 M 函数帮助文档、获取 Power Query 当中所有的 M 函数清单等。在初期阶段其使用频率不高，在学习 M 函数代码后会更频繁使用。

4.7.2　使用空查询功能获取 M 函数的帮助

　　空查询的一种典型应用为"获取 M 函数的帮助文档"。以 Excel.CurrentWorkbook 函数为例，如果在想要使用该函数时忘记了一些细节，如作用、参数等，则可以在查询管理栏新建空白查询，然后输入公式"=Excel.CurrentWorkbook"即可获得该函数内置的中文帮助文档，如图 4.62 所示。

注意：在输入的时候直接输入函数名称并在前方加上等于号"="即可，不需要为函数添加参数括号"( )"。此外，要严格按照函数名称的大小写进行输入，否则无法识别。

图 4.62　使用空查询功能获取 M 函数帮助文档

如图 4.62 所示，通过空查询功能就可以实现对 M 函数的快速查询。

4.7.3　使用空查询功能获取所有的 M 函数清单

除了可以查询单个函数的帮助信息外，空白查询功能还可以快速获取 Power Query 支持的所有 M 函数的清单。新建空白查询后，在公式编辑栏输入"=#shared"即可，如图 4.63 所示。

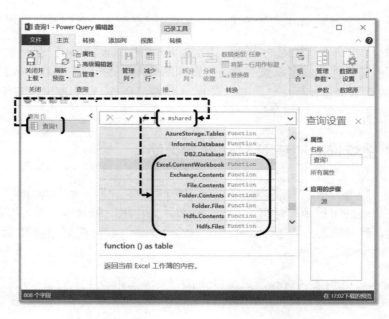

图 4.63　使用空查询功能获取所有的 M 函数清单

4.8　从网站导入数据

从网站导入数据的模式也称为"自 Web"模式，它可以实现网页数据的获取导入。一方面它建立了外部数据源和 Power Query 的固定连接，方便用户定期刷新和抓取网页数据；另一方面它的批量处理特性可以帮助非专业的"爬虫"用户批量读取多网站页面的数据。

4.8.1　目标网页包含标记表

单张网页数据的获取通常会遇到两种情况：目标网页包含标记表；目标网页不包含标记表。这是什么意思呢？一般在进行网页设计时，若是需要存放表格类数据，会在编写时就以数据表标签的形式规范地呈现和标记。若目标网页具备该标记，利用"自网站"导入数据时便可以直接提取网页中的表格数据（一般目标数据都在表格中）。反之，如果没有对表格进行标记或者想要抓取的目标数据不位于表格内，自网站模式则无法直接识别数据，需要用户根据原网页的 HTML 结构依次钻取获得目标数据。本节介绍目标网页包含标记表的情况。

如图 4.64 所示为一个典型的静态网页，包含表格数据且被标记。下面以获取此网页中的表格数据为例，演示"自网页"模式导入数据的使用方法。

图 4.64　静态网页

说明：静态网页是指页面中的所有信息和数据均是固定的，而动态页面则是指根据用户给出的条件，在服务器数据库中查询并将结果返回给用户所呈现的页面。常见的各类搜索页面为典型的动态页面。

1.　启动自网页数据获取功能

与其他获取数据功能的启动方式类似，在菜单栏"数据"选项卡的"获取和转换数据"功能组中单击"获取数据"下拉按钮，在其下拉菜单中选择"自其他源"|"自网站"即可启动自网页数据获取功能，如图 4.65 所示。

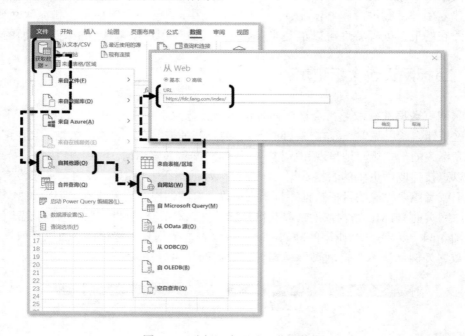

图 4.65　选择"自网站"获取数据

然后会要求用户提供目标网站地址来数据获取。

2.　通过导航器选取目标数据

确认网页地址后，等待网站服务器响应，根据网站和网络情况等，响应时长也有所区别。在成功建立与目标地址服务器的连接后，系统会弹出数据导航器，如图 4.66 所示。

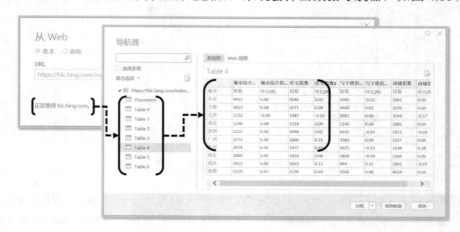

图 4.66　数据导航器

　　数据导航器左侧为表格清单，右侧为表格数据预览区域。若目标网页中标记的表格数量较多，系统会自动为识别到的表格按照"Table 0"的格式进行命名，比如本例中的网页识别到了 7 张表格，因此便被依次命名为 Table 0 到 Table 6。除了识别到的标记规范的表格数据外，网页本身的信息也会被存储在名为 Document 的查询中。

📋说明：在数据导航器中除了可以使用"表视图"方式查看数据外，还提供了"Web 视图"
　　　　方式方便用户以网页视角查看目标数据，单击相应的选项即可切换。

3．导入目标表格至Power Query编辑器

　　打开数据导航器后，可以逐一查看标记表中的数据，选择目标表格后，单击导航器下方的"转换数据"按钮即可将数据导入 Power Query 编辑器进行后续的整理分析，如图 4.67所示。

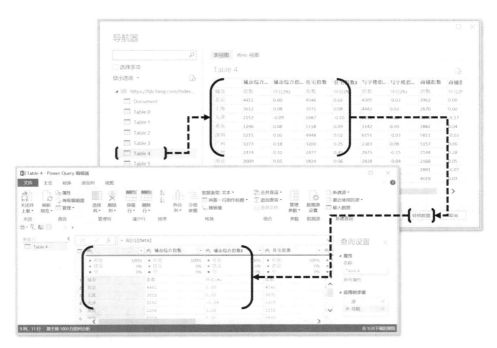

图 4.67　导入目标表格至 Power Query 编辑器

4.8.2　目标网页不包含标记表

　　若是网页中的表格数据未被标记，则"Web 视图"模式无法直接提取表格数据。网页中的信息会在读取后全部以结构化的形式存放在一个名为 Document 的查询中。

　　因此，如果目标数据表没有被标记或是目标数据存在于网页信息中，我们就需要根据网页结构从 Document 查询中搜寻目标数据，完成导入。

　　本节以有道在线词典对英文单词 excel 的翻译结果页面为例，提取最终的翻译结果，原始页面如图 4.68 所示。

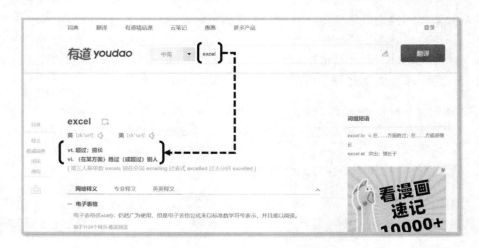

图 4.68　使用有道在线词典对 excel 进行翻译

1．导入查询网页数据

按照 4.8.1 节的步骤启动自网页数据导入功能，然后在导航器中选取网页结构化信息查询表 Document 导入 Power Query 中，如图 4.69 所示。

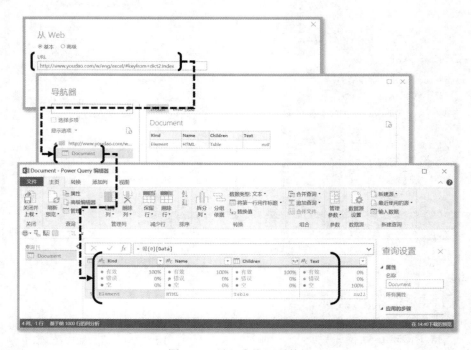

图 4.69　导入查询网页数据

2．参考网页源代码以确认目标数据的位置

在浏览器中打开网页并在网页空白处右击，在弹出的快捷菜单中选择"审查元素"命令，可以查看源代码与目标信息之间的关系，并利用代码层级关系确定目标数据的位置，

如图 4.70 所示。

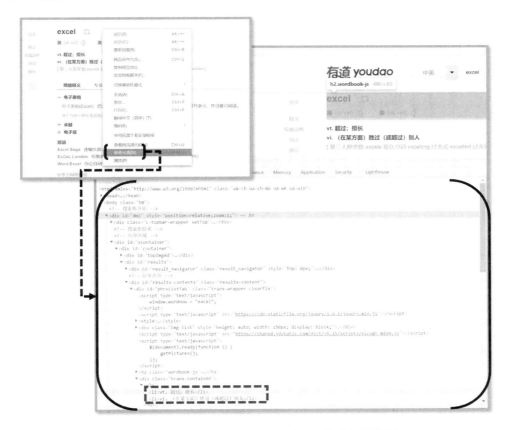

图 4.70　查看目标网页源代码以确认目标数据的位置

注意：在右键快捷菜单中选择"查看网页源代码"命令，也可以看到网页的源代码，但是无法展开层级，并且难以匹配与页面元素的对应关系，因此不建议使用。

此时将会弹出"审查元素"窗口，在左下方可以看到网页源代码，在上方可以看到原始的网页。当鼠标光标悬停到对应的代码块上时对应模块会在原网页中"深色显示"，如图 4.70 所示。

利用上述"深色显示"功能和代码的层级展开，可以快速定位到目标值所对应的代码，并记录代码层级展开的路径。在本例中为"html/body/divid="doc"/divid="scontainer"/divid="conctainer"/divid="result"/divid="results-contents"/divid="phrsListTab"/divclass="trans-container"/ul/li"。

3．根据目标数据位置和代码依次钻取数据结果

在获取了代码位置信息后，即可返回 Power Query 查询中，根据目标数据的层级位置依次展开、钻取目标数据，具体操作如图 4.71 所示。

说明：钻取功能是指深入数据容器并获取其中的信息的操作，在所有包含数据容器如表格、列表和记录的单元格中，单击浅绿色容器标签即可完成钻取任务。

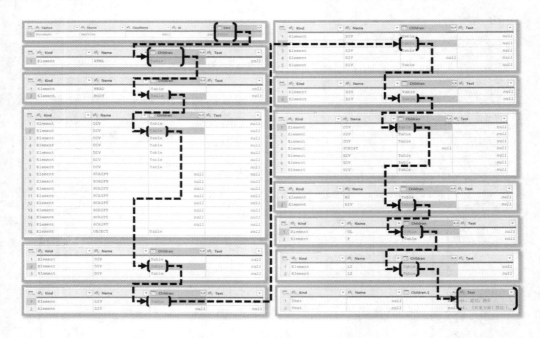

图 4.71　根据目标数据位置和代码依次钻取数据结果

按照图 4.71 所示，在各层级依次单击数据容器 Table，进入下层数据界面，直至最终获取到目标数据。

技巧：在进行多层级钻取的过程中，难免会遇到错误需要回退到上一级的情况。有的使用者直接将右侧因钻取产生的"导航"步骤删除来返回上一级。但实际上该导航步骤包括所有连续的钻取操作，直接删除会回到原始状态，因此需要单击"导航"步骤右侧的小齿轮按钮，然后选择对应层级进行回退，如图 4.72 所示。

图 4.72　使用导航设置功能完成钻取的回退

通过上述案例，相信读者也感受到了层级显示的网页数据总体上并不友好，想要获取目标数据需要耗费不少精力去找到对应层级并依次准确地在 Power Query 中展开。因此，麦克斯建议使用 Power BI Desktop 中的"使用示例添加表"功能来完成上述任务。

4.8.3 "使用示例添加表"功能获取网页中的数据

通过前面两节的介绍，我们学习了"自网页"模式导入数据的方法。了解了常见的两种问题的处理办法，但是也认识到了对于数据表标记不完善的网站页面，想要使用"自网页"模式提取数据，需要花费大量的时间来确定信息层级位置，复杂度较高。那么有没有什么办法来解决这个问题呢？答案是有的，微软的 Power BI Desktop 开发团队也发现了这个问题，并为此开发了一项新的功能，即"使用示例添加表"。

🔔**注意**：Power Query for Excel 目前暂未提供该功能。

本节将使用 Power BI Desktop 中的"使用示例添加表"功能，快速地获取翻译结果。

1. 启动Power BI Desktop从Web中导入数据功能

虽然 Power BI Desktop 的操作界面与 Excel 有所区别，但是在 Power BI Desktop 中新建查询的逻辑基本是一致的。首先开启 Power BI Desktop，然后在菜单栏"主页"选项卡的"数据"功能组中单击"获取数据"按钮，在其下拉菜单中选择"Web"命令，在弹出的"从 Web"窗口中输入目标结果地址，如图 4.73 所示。

图 4.73　启动 Power BI Desktop 从 Web 中导入数据功能

2. 在导航器中启动"使用示例添加表"功能

输入网址并与网站服务器建立连接后，系统会自启动数据导航器，如图 4.74 所示。

可以看到，即便都是从网页中读取数据信息，但在 Excel 和在 Power BI Desktop 中的表现也是完全不同的。例如，获取到的信息在 Excel 中以结构化数据的形式呈现较为完善但难以定位，而在 Power BI Desktop 中则能够更加智能化地探测到更多表格，并且支持"使用示例添加表"功能。

在本例中，虽然 Power BI Desktop 提高了对表格数据的识别能力，但是识别到的 7 张表格均没有包含目标信息，因此在导航器中启动"使用示例添加表"功能。

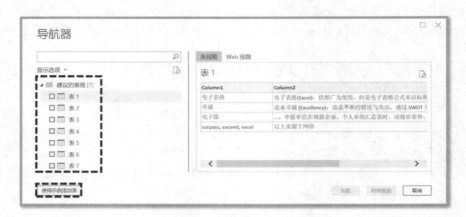

图 4.74　数据导航器

"使用示例添加表"功能开启后会弹出"使用示例添加表"对话框，如图 4.75 所示。该对话框分为上下两个部分，其中，上半部分为原始网页预览区域，方便对应目标内容；下半部分为示例数据添加区域，专用于样本数据的录入。

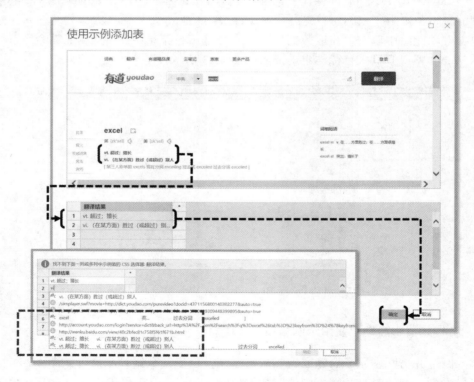

图 4.75　启动"使用示例添加表"功能获取数据

要完成提取操作，只需要在下半部分的单元格内依次手动选择目标数据即可。在本例中输入单词 excel 的中文翻译"vt. 超过；擅长"和"vi.（在某方面）胜过（或超过）别人"。通过提供范例数据表，系统会自动识别输入信息所在的位置，并在下次查询时自动提取相同位置的数据内容。整个过程相当于根据范例数据来定位目标值的位置，而不是通过网页源代码查找目标信息位置并手动展开 Power Query 的获取结果，自动化程度提高了。最后单击"确定"按钮返回数据导航器，如图 4.76 所示。

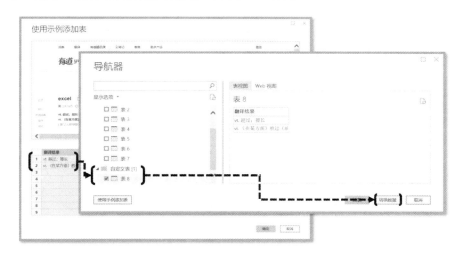

图 4.76　"使用示例添加表"功能获取数据：查询结果

技巧：录入时系统会提供一些预测值，可以直接选取，提高输入效率和准确性。

3. 导入自定义示例表至Power Query编辑器

再次返回到数据导航器中后，可以看到，在左侧的表格清单中新增了"自定义表"分组，并添加了新的"表 8"查询，包含上一步在"使用示例添加表"中自定义的表格数据。

最后选中"表 8"查询，单击导航器下方的"转换数据"按钮，即可将自定义表格添加到 Power Query for Power BI Desktop 编辑器中，如图 4.77 所示。

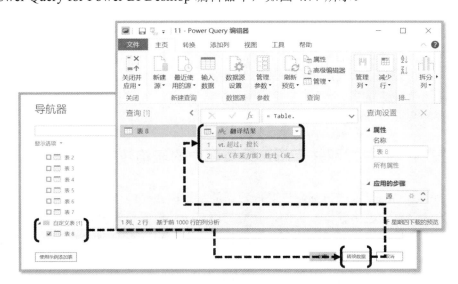

图 4.77　导入自定义示例表至 Power Query 编辑器

4．修改查询词替换源步骤中的目标地址

到目前为止，读者感受到的"使用示例添加表"功能的强大之处是使用"示例值"替代繁杂的多层级定位，这确实是该功能的优势所在，但是有读者可能会问：既然手动添加了，那么该功能的意义在哪里？其实这里没有给出完整的流程，在正式使用时会以构建的范例来提取新的信息，比如可以替换目标查找词，生成新的目标网页地址，以替换现有的"查询 8"中的源网页地址，因为数据结果的位置是一样的，所以也可以正确提取。

综上所述，这一步我们将原有的查询词 excel 替换为 query，获取新的网页地址，然后进入"查询 8"源步骤，在公式编辑栏中替换目标网址，如图 4.78 所示。

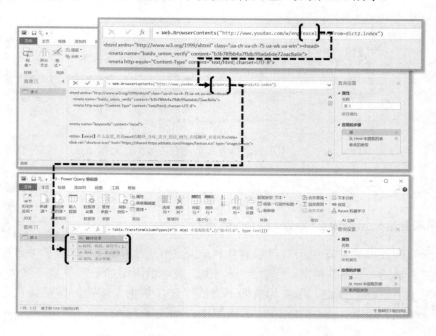

图 4.78　修改查询词替换源步骤中的目标地址

可以看到，即便最终的翻译结果中存在多项释义，Power Query 也自动完成了正确提取的任务。这也说明了"使用示例添加表"功能具备一定的自适应能力。同时，利用该功能，将单词翻译的过程"打包"为自定义函数后，也可以轻松构建单词列表自动翻译应用。此部分内容将会在后面展开介绍。

4.8.4　案例：批量提取并汇总连续页面中的表格数据

关于 Power Query 中"自网站"获取数据的基本模式已经讲解完毕。本节以"批量提取并汇总连续网页的表格数据"为例，介绍"自网站"数据导入模式的经典应用。

目标网页数据如图 4.79 所示，是从某银行信息查询网站查询到的天津市工商银行的所有网点信息明细表。对于此类已标记的网页表格数据，可以使用"自网站"模式建立连接，轻松获取。但问题在于单页面仅包含 13 条数据记录，完整的数据集要遍历汇总 25 个页面的查询结果，简单应用"自网站"模式无法完成。

图 4.79　原始数据

要完成此任务的具体操作如下：

1. 使用"自网站"模式获取首页数据表

获取单页面的数据操作过程前面已经介绍过，因此不再赘述，操作过程如图 4.80 所示。

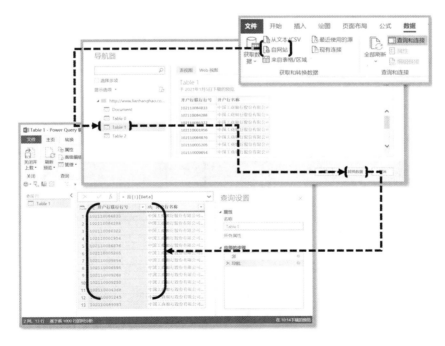

图 4.80　使用"自网站"模式获取首页数据表

2．将单页面查询步骤合二为一

选中首页数据查询，可以看到，在右侧"应用的步骤"栏中存在"源"和"导航"两个步骤。单击"导航"步骤，可以看到公式编辑栏显示为"= 源{1}[Data]"，复制"源"字后的代码并删除"导航"步骤。最后将复制的代码粘贴到"源"步骤中完成步骤合并，结果如图 4.81 所示。

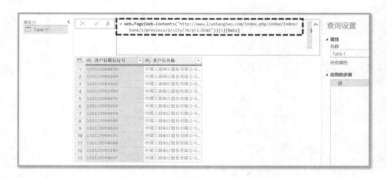

图 4.81　将单页面查询步骤合并

可以看到，虽然将"导航"步骤删除了，但是因为将关键信息复制到了第一步中，所以最终的效果和合并步骤前是一样的。其原理是通过"源"步骤获取网页表格数据，通过"导航"步骤从网页表格数据中选择目标表格（复制的代码含义为提取 Data 列中第 2 行的内容），合并之后则两步变为一步，方便后续批量获取时进行复用。

3．构造页面序列

新建空查询并在公式编辑栏中输入代码"={1..25}"，其含义为构造一列以 1 为起点、1 为步长、25 为终点的等差序列，如图 4.82 左侧所示。此步骤的目的是批量创建 25 个页码，准备批量构建目标地址。

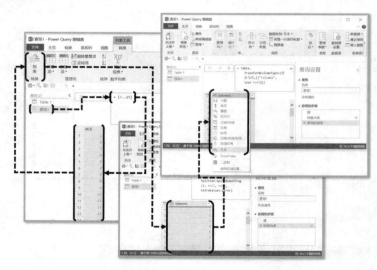

图 4.82　构造页面序列

构造完毕后，选择"列表工具转换"选项卡中的"到表"命令，将列表数据转换为表格形式。然后单击列标题左侧的数据类型转换按钮，将列类型转换为"文本"，便于后续批量构造目标页面，如图 4.82 所示。

4. 添加自定义列批量读取目标网页信息

准备工作完成后，首先复制单页查询中"源"步骤中的公式代码。返回序列表后，在菜单栏"添加列"选项卡下"常规"功能组中单击"自定义列"命令，弹出"自定义列"对话框，如图 4.83 所示。

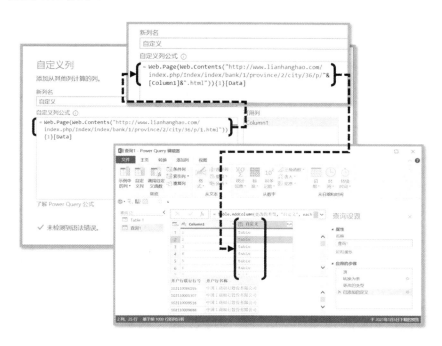

图 4.83　添加自定义列批量读取目标网页信息

在"自定义列"对话框中粘贴已复制的代码，此时直接单击"确定"按钮读取数据系统也不会报错。但是此时的效果为添加一个自定义列，该列中的每一行均会提取目标网站的首页数据并存放在单元格中。这并不满足要求，我们添加的页码序号也没有发挥作用，因此需要对公式进行修改。

原始公式为：

= Web.Page(Web.Contents(

"http://www.lianhanghao.com/index.php/Index/index/

bank/1/province/2/city/36/p/1.html")){1}[Data]

修改公式为：

= Web.Page(Web.Contents(

"http://www.lianhanghao.com/index.php/Index/index/

bank/1/province/2/city/36/p/"

&[Column1]&

".html")){1}[Data]

公式的主体部分未发生重大变化，唯一的操作是将目标网址中代表页码的数字替换为此前创建的自定义列 Column1。修改时需要注意，前半段网址和后半段网址均需要以双引号对完整地包裹住，并且三段相连时应当以文本连接符"&"进行连接，否则无法正确识别。修改过程类似于从"网页地址"到"前半段地址"&[页码列]&"后半段地址"。

如此一来，经过修改的公式就将自定义的页码融入到网址中，并使用从单网页查询中获取的逻辑批量地完成数据的获取和选择。最终结果如图 4.84 所示，展开即可获得 25 页完整的数据记录清单。

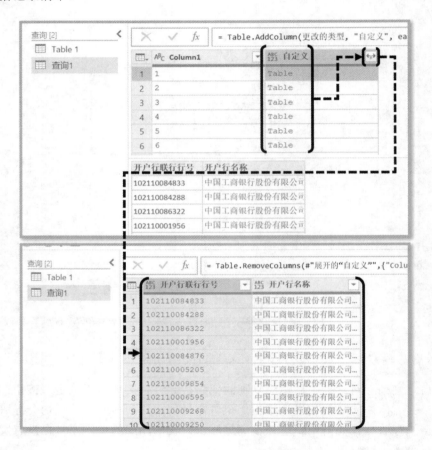

图 4.84　连续页面表格数据批量提取汇总结果

4.9　从 JSON 和 XML 文件中导入数据

JSON 和 XML 文件或代码是在计算机中经常用于数据传递的两大类文件形式。但因其存储的是代码，因此即便信息存储在相应的文件内，也不便于直接通过代码获取信息。因此需要按照相应的规则进行翻译。在 Power Query 中就内置了对应的翻译功能，可以正确识别并导入 JSON 及 XML 格式的文件数据。

4.9.1　从 JSON 文件中导入数据

JSON 的全称为 JavaScript Object Notation，即 JS 对象标记，是一种轻量级的数据交换格式，它可以将 JavaScript 中的数据转换为字符串，然后在网络或者程序之间轻松地传递这个字符串，并在需要的时候将它还原为各种编程语言支持的数据格式。若需要导入 JSON 文件中的数据，在 Power Query 中可以选择"从 JSON"导入数据模式，操作如下。

1．选择"从JSON"导入数据模式

与其他导入模式类似，在菜单栏"数据"选项卡的"获取和转换数据"功能组中单击"获取数据"按钮，在其下拉菜单中选择"来自文件"|"从 JSON"命令，启动从 JSON 文件中导入数据功能。在弹出的"导入数据"对话框中确定目标 JSON 文件，单击"导入"按钮完成导入，如图 4.85 所示。

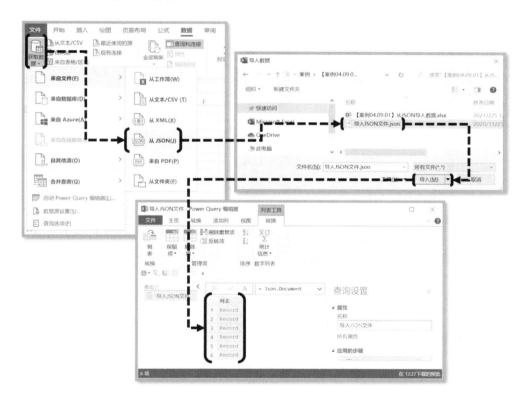

图 4.85　从 JSON 文件中导入数据

2．展开并整理导入的数据

数据导入后可以看到默认为列表形式，因此需要先将其转换为表格形式，然后将其中的各项记录展开才可以正常使用数据。首先选择"列表工具"|"转换"选项卡下的"列表转换"功能，弹出"到表"对话框，单击"确定"按钮将列表转换为表格，然后单击首列

标题右侧的左右箭头按钮，将数据展开，操作过程及最终效果如图 4.86 所示。

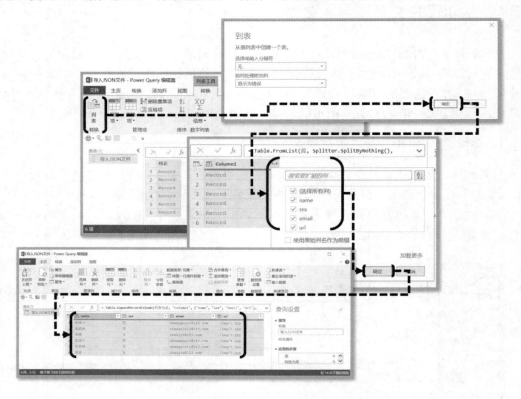

图 4.86　JSON 数据导入后整理并转换为常规的表格数据

4.9.2　从 XML 文件中导入数据

XML（Extensible Markup Language，可扩展标记语言）是各种应用程序之间进行数据传输最常用的工具，并且在信息存储和描述领域变得越来越流行。因为其设计宗旨是传输数据而不是显示数据。所以直接查阅存在阅读困难，需要经过软件程序翻译才可以正常使用。若需要导入 XML 文件中的数据，在 Power Query 中可以选择"从 XML"导入数据模式，操作如下（与 JSON 大体相同）。

1．选择"从XML"导入数据模式

与其他导入模式类似，在菜单栏"数据"选项卡的"获取和转换数据"功能组中单击"获取数据"按钮，在其下拉菜单中选择"来自文件"|"从 XML"命令，启动从 XML 文件中导入数据功能。在弹出的"导入数据"对话框中确定目标 XML 文件，单击"导入"按钮完成导入，如图 4.87 所示。

2．获取数据导入结果

与 JSON 文件不同的是，XML 文件的数据读取更便捷。因此在"数据导航器"中选择

对应表格后单击"转换数据"按钮，进入 Power Query 编辑器后即可看到最终需要的表格呈现在数据预览区，如图 4.88 所示。

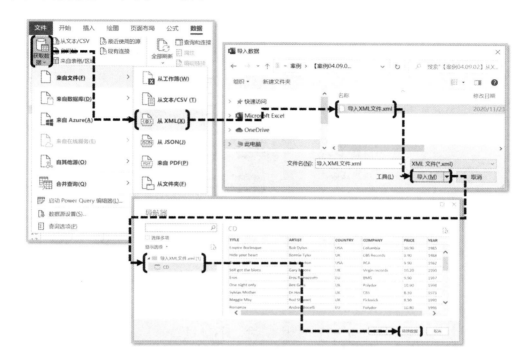

图 4.87　从 XML 文件中导入数据

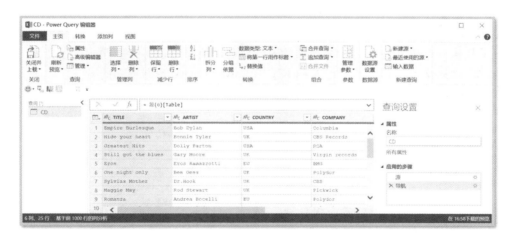

图 4.88　获取数据导入结果

说明：前面导入的 JSON 和 XML 均为文件形式，其文件后缀分别为".json"和".xml"。这两种文件均可以由记事本以文本文档的形式打开，如图 4.89 所示。但若数据源并非上述两种类型，只是 JSON 或 XML 代码需要翻译和分析，那么可以直接使用 Power Query 提供的"分析列"功能，具体将会在后续章节中讲解。

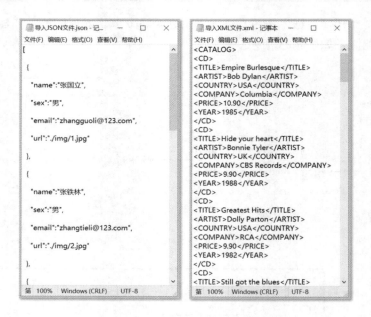

图 4.89　以文本文档形式查看 JSON 和 XML 文件

4.10　本 章 小 结

本章我们对 Power Query 编辑器的数据导入功能进行了深入学习,依次介绍了自表格/区域、从当前工作簿、从工作簿、从文本/CSV、从文件夹、空查询、自网站、从 JSON 和 XML 9 种 Power Query 常用的数据导入方式。除了进行功能讲解外,对较复杂的模式还深入讲解了其执行逻辑,并以实际案例进行辅助说明,还原其在实际中的应用场景。

通过本章的学习,相信读者已经基本掌握 Power Query 数据导入的方法了。下一章将学习 Power Query 数据导出的相关知识。

第5章 数据导出

在第 4 章中麦克斯和大家一起学习了 Power Query 中的 9 种数据导入模式。本章将介绍数据导出的相关知识。

本章首先介绍 Power Query for Excel 中四大基础数据导出方式（包括默认模式的设置），然后介绍 Power BI Desktop 数据导出模式。

本章涉及的知识点如下：

❑ 如何将数据导出到工作簿中；

❑ 数据导出的四大基础模式；

❑ 如何设置默认的数据导出方式；

❑ Excel 和 Power BI Desktop 中的 Power Query 数据导出差异。

5.1 关闭并上载模式

不论我们通过何种模式将数据导入 Power Query 中，并对这些导入的数据做了何种处理，下一步都是使用 Power Query 将处理好的数据导出来。只有将数据导出，才可以配合其他组件或软件完成更加复杂的数据分析和可视化任务。

5.1.1 默认的数据导出模式

在 Power Query 中，使用菜单栏"主页"选项卡"关闭"功能组中的"关闭并上载"命令即可触发默认的数据导出模式，将查询结果导出为工作表中的超级表，如图 5.1 所示。

图 5.1 关闭并上载：应用默认的数据导出方式

这里我们假设：新建的工作簿中有一张名为"表 1"的超级表，使用"来自表格/区域"模式将其导入 Power Query 编辑器后不做任何整理操作，直接选择"关闭并上载"命令启动默认的数据导出方式，如图 5.2 所示。

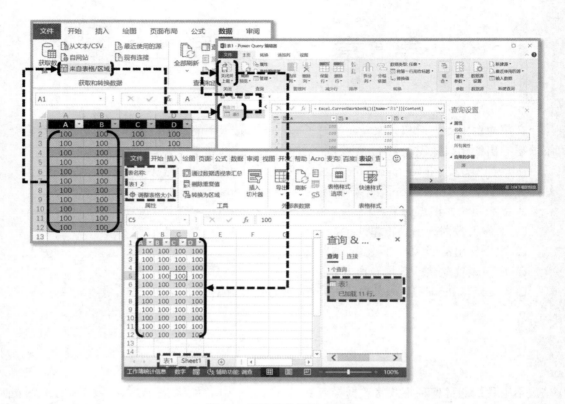

图 5.2　默认的数据导出效果

📖 **说明：** "上载"原文为"Load 载入"，可以简单理解为数据导出。如此翻译是因为 Power Query 视为一种"自助式 ETL 工具"，其中，E 代表 Extract、T 代表 Transform、L 代表 Load，分别表示获取、转换和加载，对应工作流中的导入、整理和导出。

通过图 5.2 可以看到，选择"关闭并上载"命令后执行了两个步骤：第一步是关闭 Power Query 编辑器；第二步是将新建的"表 1"查询数据表自动添加到一张新建的与其同名的"表 1"工作表中，并以同名超级表的形式呈现。

📖 **说明：** 在导出结果中，从右侧的"查询&连接"面板中可以看到，查询清单显示"表 1"查询的状态为"已加载 11 行"，说明已完成数据导出。案例中因原表名为"表 1"，因此导出的超级表根据 Excel 表格命名规则自动重命名为"表 1_2"。

5.1.2　通过关闭 Power Query 编辑器触发数据导出功能

我们可以直接关闭 Power Query 编辑器，触发数据导出功能。

在对 Power Query 编辑器的内容做出修改后，如果直接关闭编辑器，会自动弹出提示框，询问是否需要保留更改，如图 5.3 所示。单击"保留"按钮，则会自动触发默认的数据导出模式，效果等同于使用"关闭并上载"模式。

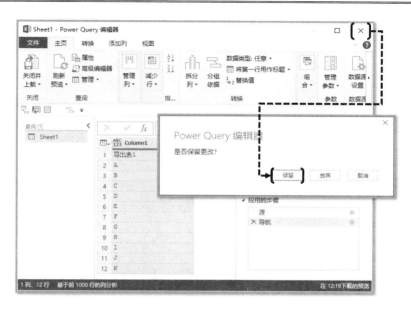

图 5.3　通过关闭 Power Query 编辑器触发数据导出功能

5.2　关闭并上载至模式

与"关闭并上载"模式类似，在"关闭并上载"的下拉菜单中还可以选择"关闭并上载至"命令来导出数据。该模式提供了比默认模式更多、更丰富的导出选项，如图 5.4 所示。

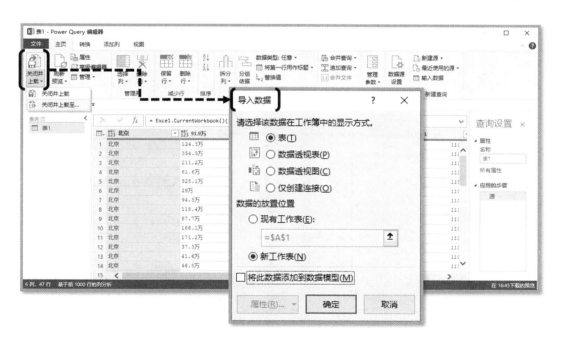

图 5.4　关闭并上载至数据导出模式选择项

5.2.1　导出至工作表

可以看到，在菜单栏"主页"选项卡中选择"关闭并上载"下拉菜单中的"关闭并上载至"命令后，将会自动关闭 Power Query 编辑器，并弹出如图 5.4 所示的数据导出模式选择对话框。该对话框分为上下两部分：上半部分是 4 种可选的导出方式，分别为"表""数据透视表""数据透视图""仅创建连接"；下半部分用于控制数据或图表最终的存储位置，比如可以将数据导出到新的工作表中，也可以将其存放于现有工作表的特定位置。

默认的数据导出方式是"新工作表"。若不再进行后续设置，则导出效果与"关闭并上载"模式相同。但使用"关闭并上载至"模式有一个好处，就是可以自由控制目标表的生成位置。

📃说明：数据导出模式选择对话框的名称为"导入数据"，而非"导出数据"，可以理解为对于 Power Query 编辑器而言是数据导出，而对 Excel 而言就变为了数据导入。

5.2.2　导出至数据透视表/图

"数据透视表"和"数据透视图"这两种模式的相似度比较高，因此一起介绍。在"关闭并上载至"数据导出模式对话框中选择"数据透视表"或"数据透视图"并设定好目标存放位置，即可将数据导出为上述两种形式，如图 5.5 所示。

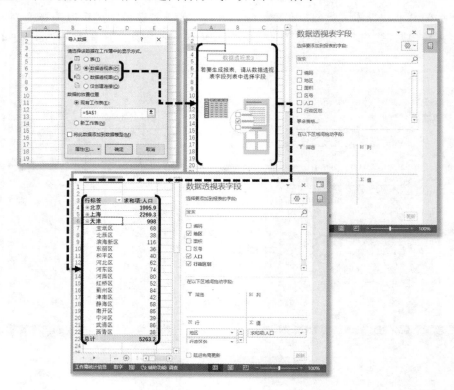

图 5.5　"关闭并上载至"模式：数据透视表

数据导出后可能读者对没有看到任何表格数据就可以构建数据透视表感到疑惑。这是由 Power Query 的特殊性决定的，因为查询本身可以和工作表中的表格一样作为数据透视表的数据源使用。

利用导出至数据透视表模式可以直接从外部获取大型数据集，直接对数据源进行分析，而不需要存放工作表，节约了空间的同时突破了工作表百万行数据记录的上限，是非常有特色的一种模式。

说明：部分读者可能会对模式选择窗口底部的"将此数据添加到数据模型"复选框的功能有所疑惑。如果在关闭并上载数据时勾选复选框，那么导出数据时会将查询结果一并添加至"数据模型"中，在数据模型内的所有表格数据会自动依据字段值建立关系，这样可以获得更加强大的联动分析特性。比如表 1 为销售明细表、表 2 为客户信息表，若两表均处于数据模型内，则不需要额外建立两表的关系，系统会自动依据两表的共有字段"客户 ID"建立关联并进行联动分析。如果想对数据模型有更加深入的了解，那么可以学习 Power Pivot 组件。

"数据透视图"模式与透视表类似，因为在 Excel 中创建数据透视图的基础是拥有数据透视表，其他操作与"数据透视表"一致，不再展开说明。

5.2.3　仅创建连接

"仅创建连接"是最简单、最常用的一种数据导出模式。经过该模式导出的 Power Query 查询数据不会存在任何"实体"，既没有表格数据，也没有作为数据透视表或数据透视图的源存在，而是"只保留了连接"，效果如图 5.6 所示。

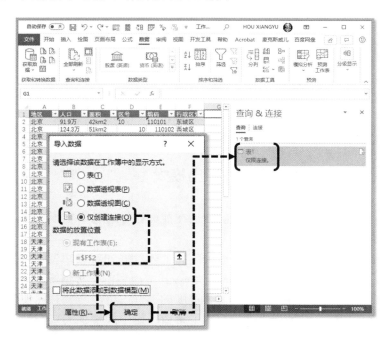

图 5.6　"关闭并上载至"模式：仅创建连接

如图 5.6 所示，可以看到，选择"仅创建连接"模式导出数据后，查询本身被保留了下来，可以在"查询&连接"右侧看到，并且附注有"仅限连接"字样。

技巧：若希望将查询导出为"仅创建连接"模式，但认为上面介绍的操作方法比较烦琐，那么可以直接单击"导入数据"对话框的关闭按钮，当用户没有进行模式选择和确认时，系统默认会将其保存为连接模式。

连接模式到底保留了什么呢？它以连接的形式保留了查询本身。只要查询本身存在，我们就可以在 Excel 的"查询&连接"面板中看到该查询，并且可以随时将其打开进行编辑。当有实际需要的时候可以根据情况重新加载，使用更加灵活，更能够满足实际需求。因此，如果换一种方式来理解，可以认为"仅创建连接"的加载方式为分段加载，第一次仅加载为连接，第二次则可以有方向性地加载为表格或作为数据透视表的源。

说明：关于如何进行二次加载、如何开启和关闭"查询&连接"面板等操作，将会在第6 章介绍。同时需要注意，Power Query 的多种数据导出方式仅支持同时只生效一种模式，比如将数据导出为超级表后，在切换作为数据透视表的源后会自动删除原来的导出表，如图 5.7 所示。

图 5.7　导出模式的切换

5.3　修改默认的"关闭并上载"模式

根据使用经验，很多情况下我们希望的数据导出方式和默认提供的数据导出方式并不匹配，造成删除数据表或对数据表移动的冗余操作。麦克斯给出的建议是，将 Power Query 编辑器默认的数据上载方式调整为"仅创建连接"，当需要时再有目的地进行加载。

5.3.1　为什么要修改默认的数据导出模式

修改默认的数据导出模式的原因其实我们在前面已经进行了初步说明。本节详细说一下，主要原因有如下几点：

❑ 实际中遇到的问题种类多，单纯地关闭并上载数据到新工作表中很多时候并不能满足要求，因此会导致冗余操作，降低效率。其中典型的一种情况是在后续使用 Power Query 的过程中，随着问题复杂度和难度的提升，可能需要共同使用多个查询来完成一个任务。在这种情况下，我们并不希望作为中间步骤的查询结果也自动被导出到新建工作表中。

□ 出于使用灵活度方面考虑，导出为"仅创建连接"模式可以获得最大的使用灵活度，从而应对不同的情况。导出为表、数据透视表或数据透视图与默认模式一样，都会产生一定量的实体对象。在很多场景下，查询中的数据并非在一开始就能够确定最终的使用方式，因此"仅创建连接"模式拥有更好的适应性。

□ "仅创建连接"模式占用的资源少。在大量数据场景下，任何实体操作都会带来资源消耗，错误的操作也会带来大量冗余的处理工作。因此在使用时调用，不使用时仅保留连接来记录数据源的位置和处理过程，极大地节约了运算和存储资源。

5.3.2　如何修改默认的数据导出模式

"关闭并上载"命令的默认数据导出方式可以通过 Power Query 编辑器的查询设置窗口进行设置。将默认上载方式设定为"仅创建连接"的操作是：首先选择菜单栏"文件"选项卡的"选项和设置"|"查询选项"命令，弹出"查询选项"对话框，在"数据加载"栏中将"默认查询加载设置"从"使用标准加载设置"选项切换至"指定自定义默认加载设置"选项，复选框不勾选，如图 5.8 所示。

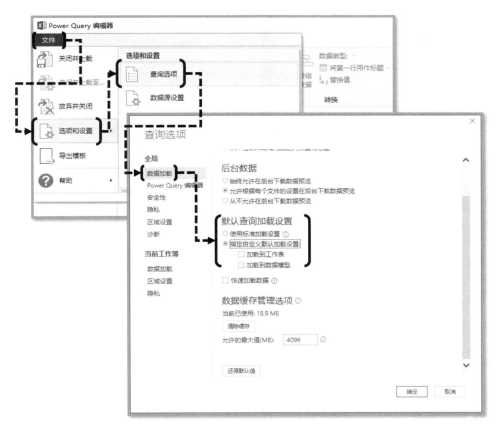

图 5.8　指定自定义默认加载设置

设定完成后，再次选择"关闭并上载"功能即可生效，默认会将所有查询均加载为连接模式。

⌂注意：在 Power Query 的"查询选项"设置对话框中，各项设置通常被分为"全局"和
　　　"当前工作簿"两大类，而"数据加载""隐私""区域设置"这 3 项是其共有项，
　　　但作用范围不同，因此在设置时要确保选择了正确的范围。

5.4　Power BI Desktop 中的数据上载

与 Excel 类似，Power BI Desktop 中的数据也通过类似的功能按钮完成上载，但在名称
上有些许差异，如图 5.9 所示。

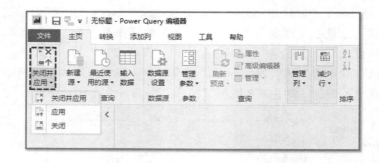

图 5.9　Power BI Desktop 中的数据上载按钮

可以看到，按钮位置没有发生变化，但名称由 Excel 当中的"关闭并上载"变为"关
闭并应用"。"关闭并应用"下拉菜单提供的选项也发生了变化，分为"关闭并应用""应用"
"关闭"，分别用于关闭 Power Query 编辑器以及将数据导出并建立模型。

为什么会出现这样的变化呢？这是因为 Power BI Desktop 并不像 Excel 一样用工作表
视图来存放数据，也没有如数据透视表一样的功能组可以进行数据分析。Power Query 获
取和整理的所有数据都会在完成后导出到后续的 Power Pivot 中进行建模分析。因此我们才
会看到导出的选项里只有"应用"的相关选项。

5.5　本 章 小 结

本章对 Power Query 编辑器的数据导出相关模式进行了深入讲解，并依次介绍了导出
至工作表、数据透视表/图以及仅创建连接等 Power Query 常用的数据导出方式。除此以外
还介绍了默认导出方式的修改方法，并对比了 Excel 和 Power BI Desktop 中数据导出功能
的差异。

通过本章的学习，读者已经基本掌握了在 Power Query 中导出数据的方法。下一章将
学习 Power Query 查询管理的相关功能。

第6章 查询管理

本章将介绍 Power Query 中查询管理的相关功能。虽然这些功能比较简单，但它们是保障后续数据整理过程顺利执行的基础。

本章共分为两部分讲解，第一部分介绍 Power Query 编辑器内部的查询管理功能，第二部分介绍 Excel 中"查询&连接"面板的外部查询管理功能。

本章涉及的知识点如下：

❑ 复制和引用查询及它们的区别；
❑ 如何对查询进行分组管理并移动它们；
❑ 如何对查询进行重命名、重新加载和重新编辑；
❑ 查询的导入导出和不同端口的移动等。

6.1 内部查询管理

根据查询清单所在的位置，查询管理功能分为内部和外部两部分。内部查询管理是指在 Power Query 编辑器的查询管理栏的相关功能。

6.1.1 复制和引用查询

"复制和引用"查询的使用频率很高，很多人在学习 Power Query 时没有厘清它们之间功能的区别，所以最先讲解。"复制和引用"查询是两个独立的功能，它们可以完成对原始查询的复制和引用。

1. 查询复制

复制是指以目标查询为基础，创建目标查询的副本，操作方法如图 6.1 所示。

选定目标查询后，右击查询名称，在弹出的快捷菜单中选择第二个"复制"命令，单击应用即可。这里一定要注意，在查询管理右键菜单中，"复制"命令有两个，二者在功能上是存在区别的，与"引用"功能对应的是第二个"复制"命令。

🔔注意：第一个"复制"命令可以对查询进行复制，但不会生成查询副本，需要粘贴后才会生成副本；第二个"复制"命令在应用的一瞬间就会产生新的"查询副本"。因此可以将第一个"复制"命令理解为复制和粘贴分步执行，将第二个"复制"命令理解为复制和粘贴一步完成。

如果仔细观察复制前后的查询，可以看到两个查询完全是一样的。不仅最终的表格数据一样，而且查询中的各个步骤及其中的 M 代码公式均保持一致，这就是查询复制功能。

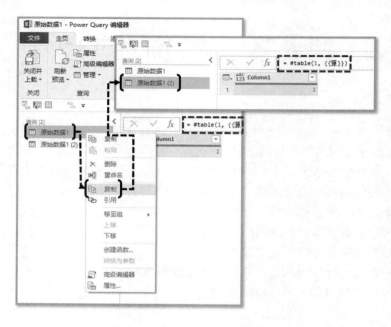

图 6.1　内部查询管理：查询复制

2．查询引用

与复制功能对应，在查询的右键快捷菜单中也存在对查询的引用功能。该功能可以将目标查询的数据结果引用到新的查询中，操作方法如图 6.2 所示。

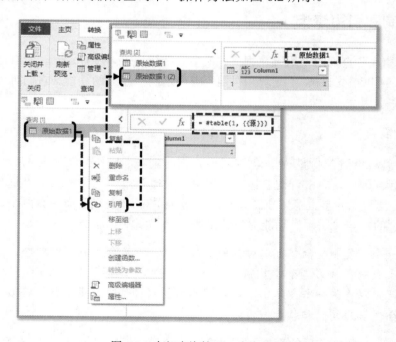

图 6.2　内部查询管理：查询引用

选定目标查询后，右击查询名称，在弹出的快捷菜单中选择"引用"命令，单击应用即可完成对目标查询的引用。引用后系统会自动创建新的查询，并在原查询后添加数字序号以区分，最终，原查询中的数据会被"引用"至新查询中。

3．复制和引用查询的区别

从表面上看，引用查询所获得的表格与使用复制命令的表格相同，显示的均是目标查询中的表格数据。因此会得到两个功能和效果完全相同的结论，这也是很多人在实际操作中将两项功能不加区分、混合使用的原因。

但这么做是错误的，如果仔细观察结果表中的 M 代码公式，会发现复制得到的表格和原表一样，而引用结果表中的 M 代码则显示为"=原始数据 1"，相当于将原始表格的数据联动到当前查询中。这便是二者的区别，可以理解为复制是"完全一样的镜像"，而引用则是"对原查询最终结果的引用"，保留了联动的特性。若后续对目标查询进行数据整理工作，那么复制得到的副本不会发生任何变化，但引用表格会随原始查询的变化而更新，数据更新对比情况如图 6.3 所示。

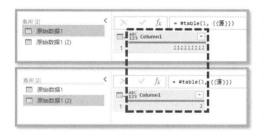 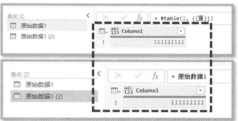

图 6.3 复制与引用查询结果在原查询数据更新时的效果对比

如图 6.3 所示，左图为复制查询结果，原始数据由"1"变为"111111111"后，复制查询结果不会发生改变；右图为引用查询结果，原始数据变化后，结果表数据联动发生了变化。

建议读者在使用时确认自己的使用目的，再有选择性地应用"复制"或"引用"命令获取原查询表格数据。常见的复制查询的场景有：测试某些数据整理的效果而不影响原始查询；需要以新的思路完成数据整理。常见的引用查询的场景有：当分多个步骤完成复杂的综合数据整理任务时，每个步骤的衔接使用引用命令；如果要保障原始数据不被污染，那么可以使用"引用"命令建立连接并隔离。

6.1.2 查询分组管理和移动

查询分组管理功能可以帮助我们创建多层级自定义的查询分组，并将查询按照类别进行划分和存储，提高复杂查询的结构化程度，更利于我们查找、定位和使用查询。它类似于 Windows 系统中的文件资源管理器，利用多层次文件夹对文件进行管理，我们在前面讲解从文件夹中导入数据并汇总的组合模式案例中已经见过查询分组管理的应用，如图 6.4 所示。

如图 6.4 所示，可以看到，在使用组合模式汇总多工作簿数据时，系统自动创建的辅助查询数量众多，因此使用了分组功能进行管理。所有辅助查询均被归置在一个名为"帮助程序查询"的分组中，使复杂查询整体上看起来一目了然，最终的汇总数据单独存放也有利于定位结果。

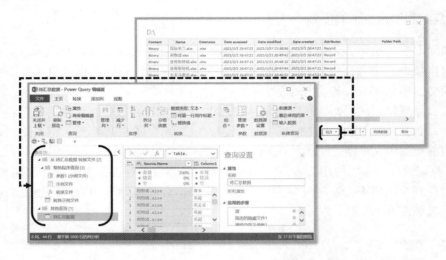

图 6.4　查询分组管理示例（从文件夹中导入数据并汇总的组合模式）

1. 创建查询分组

查询分组的使用非常简便。在查询管理栏的空白处右击，在弹出的快捷菜单中选择"新建组"命令，如图 6.5 所示。

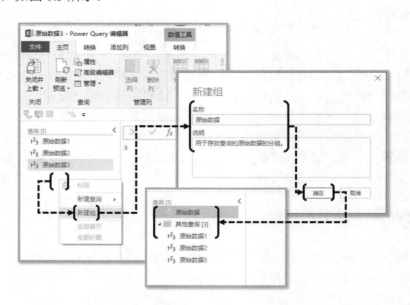

图 6.5　创建查询分组

在弹出的"新建组"对话框中可以自定义分组名称和分组说明，设定完毕后单击"确定"按钮即可创建查询分组。需要注意的是，查询分组在开始创建时并不包含任何查询，需要手动将其他查询移进分组，而所有暂时未分组的查询会被归类为自动创建的"其他查询"分组下。

📑说明：查询分组支持多级，在文件夹分组级别上右击"新建组"，可以创建多级分组。

2．删除查询分组

分组的删除同样可以通过右键菜单命令来完成，操作方法类似，不再赘述。但有一点需要注意，若删除的分组中已存在查询，则在删除分组的同时，组内的所有查询也会被一并删除，如图 6.6 所示。

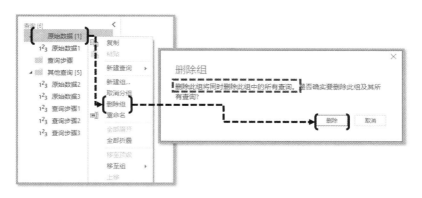

图 6.6　删除查询分组（分组内含查询）

3．查询的移动

创建完分组后需要根据查询内容将不同的查询分门别类地进行整理，这需要用到移动查询功能。查询的移动一般分为两大类，即跨分组之间的移动和同分组内的上下移动。两类移动都可以通过右键菜单命令或拖动的方式完成。

图 6.7 所示为使用右键菜单命令将多个目标查询批量移动至其他分组的操作。

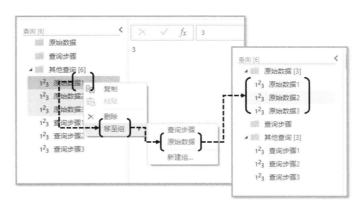

图 6.7　使用右键菜单命令批量移动查询

如图 6.7 所示，按住 Shift 或 Ctrl 键完成对查询的多选后右击，选择快捷菜单中的"移至组"命令可以批量将查询移动到目标分组中。

虽然这种移动查询的方法可以批量工作，操作也简便，但是在实际操作中更常用的方法是直接拖动查询。比如在上述情况中，可以在多选查询后单击，然后将选中的查询拖动到目标文件夹中，完成对查询的移动，如图 6.8 所示。

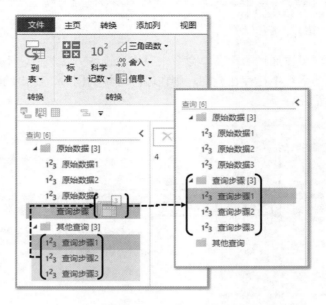

图 6.8 直接拖动查询来批量移动查询

📑说明：上移和下移操作类似，也可以使用右键菜单命令或拖动的办法，日常操作中常用的是直接拖动法。需要注意的是，通过右键菜单实现查询的上下移动无法批量操作。

6.1.3 查询重命名

在查询的内部管理中，除了复制引用和分组移动外，最常用的功能就是对查询进行重命名。操作也非常简单，选中目标查询后右击，在弹出的快捷菜单中选择"重命名"命令后修改名称即可，与对文件重命名的操作是一样的。但这里告诉读者两个更便捷、更常用的操作技巧：双击查询直接重命名；直接在右侧的查询设置栏中修改名称。

再次强调，双击名称可以重命名。在 Power Query 编辑器中不论对查询的重命名，还是对列标题的重命名，都可以使用双击来完成。

📑说明：内部查询管理功能还有"展开折叠""移动至顶级""属性"等，操作较简单，不再特别说明，感兴趣的读者可以自行通过右键菜单命令进行尝试。

6.2 外部查询管理

除了在 Power Query 编辑器内部可以进行查询管理工作外，在关闭并上载数据至 Excel 之后，我们也可以通过"查询&连接"面板进一步对查询进行管理。常用的一些管理功能介绍如下。

6.2.1 "查询&连接"面板

通常在默认状态下，完成数据的关闭并上载操作返回 Excel 后，系统会自动弹出"查询&连接"面板。在该面板中，我们可以看到当前工作簿中所有查询的清单，并且可以实现对查询的管理，如重新加载、编辑、重命名、预览等，如图 6.9 所示。

图 6.9 外部查询管理："查询&连接"面板

虽然"查询&连接"面板默认在导出数据后才会开启，但是也有误触发或刚开启工作簿却没有自动开启"查询&连接"面板的情况。因此想要顺利地完成外部查询管理工作，首先需要熟知该面板的开启和关闭方式。该面板的开关命令位于"数据"选项卡的"查询和连接"功能组中，单击"查询和连接"按钮，即可在开和关状态之间进行切换，如图 6.10 所示。

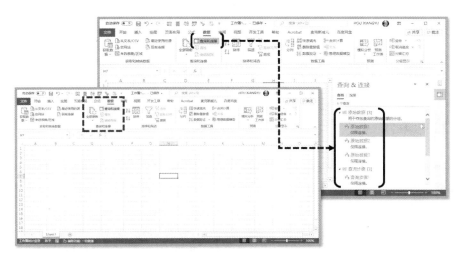

图 6.10 "查询&连接"面板开启与关闭状态对比

6.2.2　加载到

在"查询&连接"面板中并没有像 Excel 中其他对象那样，专门设置了灵动选项卡来放置管理查询命令，而是和 Power Query 编辑器一样，所有查询管理功能全部通过右键快捷菜单或悬浮菜单来实现。在这些功能中，最重要的一项就是将查询连接重新加载的"加载到"命令，选中对应查询后，通过右键快捷菜单即弹出"加载到"命令，如图 6.11 所示。

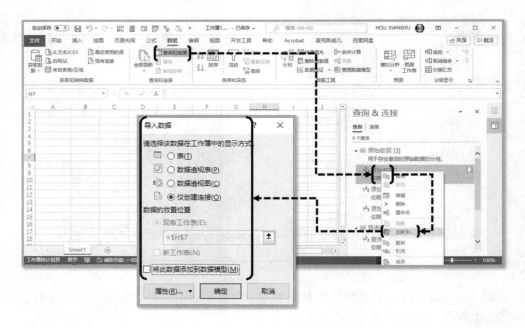

图 6.11　外部查询管理："加载到"命令

可以看到，选择"加载到"命令后弹出的"导入数据"对话框与此前讲解的"关闭并上载至"模式弹出的对话框是相同的。在其中完成相应设置即可将查询结果数据表加载到不同的目的地上。

说明：即便一开始已经选择了特定的加载模式，而非仅连接模式，也可以使用"加载到"命令对加载模式进行调整。

6.2.3　查询编辑

"查询编辑"功能可以在我们返回 Power Query 编辑器中后对查询进行二次编辑，以满足实际数据整理的需求。使用方法与前面类似，在"查询&连接"面板中选中对应查询后右击，通过快捷菜单命令即可启动"编辑"功能，如图 6.12 所示。

虽然可以使用编辑查询方法对查询进行修改，但是在实际中并不会这样做。一般是通过 Excel 快速访问工具栏中已添加的"启动 Power Query 编辑器"命令直接返回 Power Query 编辑器，然后对查询进行修改、编辑（讲解启动方式时设置过），这样的编辑方式更快速、更灵活，不需要启动"查询&连接"面板。即使开启了该面板，也只能通过"双击"目标查询进入编辑状态，而不是使用右键快捷菜单来完成。

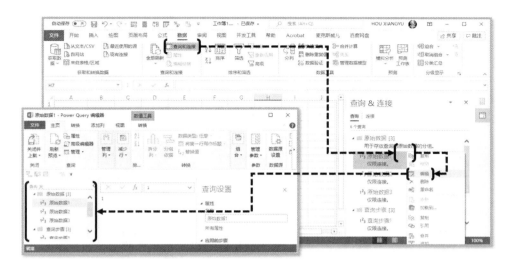

图 6.12　外部查询管理：查询编辑

6.2.4　显示预览

在"查询&连接"面板的众多查询管理功能中有一项特殊的"显示预览"功能。选定目标查询后右击，在弹出的快捷菜单中即可选择该命令（或者将鼠标指针悬浮于查询上停留约 1 秒钟后也会自动弹出该命令），如图 6.13 所示。

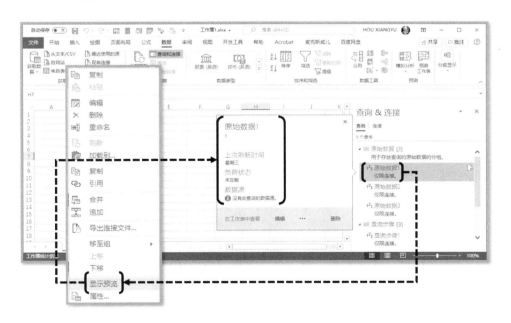

图 6.13　外部查询管理：显示预览

可以看到，显示预览功能是利用临时面板来提供关于目标查询的一些基本信息，如数据预览、上次刷新时间、负荷状态（加载状态）、数据源情况等。除此以外还提供了一些辅助管理功能，如在工作表中查看、编辑、删除等。

根据实际经验，这些功能（包括显示预览）的使用频次并不高。那么为何还要特别介绍呢？因为我们需要使用"在工作表中查看"命令。这个命令可以帮助我们快速定位当前查询的目标加载位置。在查询数量多、加载目的地混乱的情况下，使用该命令可以快速跳转到数据所在位置，提高编辑效率。

技巧：虽然在显示预览浮窗中可以使用"在工作表中查看"命令，但是日常使用时可以直接单击查询名称实现"在工作表中查看"的功能。

6.2.5　导出连接文件

"导出连接文件"命令可以将工作簿中的查询以 Office 数据库连接".odc 文件"的形式导出，如图 6.14 所示。

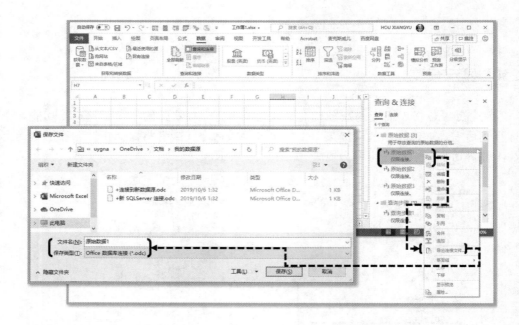

图 6.14　外部查询管理：导出查询连接

导出后的查询文件可以独立存储，并且在需要时可以随时导入，便于管理和复用，间接地实现了对查询文件的跨工作簿迁移。导入查询文件的操作步骤如图 6.15 所示。

技巧：想实现跨工作簿的查询迁移，可以不使用查询导出功能，直接利用查询的复制、粘贴功能，在同时开启多个工作簿的情况下，将复制的查询直接粘贴至目标工作簿"查询&连接"面板中（注意此处复制为普通的复制功能，并非副本创建）。Excel 工作簿与 Power BI Desktop 中的查询迁移也可以通过相同方式实现。

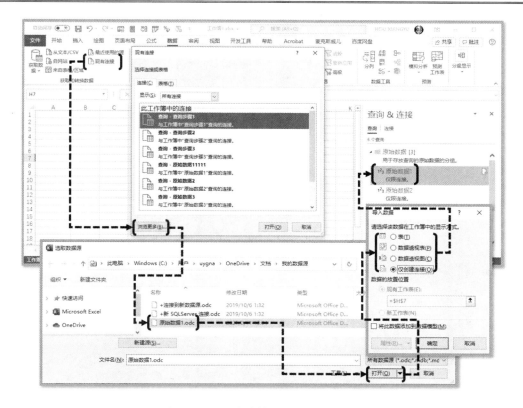

图 6.15　外部查询管理：查询文件导入

如图 6.15 所示，在菜单栏"数据"选项卡的"获取和转换数据"功能组中单击"现有连接"按钮，弹出"现有连接"对话框。单击"浏览更多"按钮，在弹出的对话框中选定目标文件，单击"打开"按钮，系统便会自动识别并导入同时弹出"导入数据"对话框。后续操作类似于将查询结果从 Power Query 编辑器导出到 Excel 中，不再介绍。

说明："查询&连接"面板中还包括"重命名""分组""移动"等多种与内部查询管理相似的功能，使用逻辑类似，并且基本上是在 Power Query 中完成操作，因此不再展开说明，感兴趣的读者可以自行尝试。

6.3　本 章 小 结

本章我们对 Power Query 编辑器以及 Excel 中的查询管理功能进行了深入介绍，依次介绍了内部查询管理中的查询复制和引用功能、查询分组管理功能，外部查询管理中的管理面板的使用以及查询的重新加载、重新编辑和导出功能。

通过对本章内容的学习，相信读者已经基本掌握 Power Query 查询管理的使用了。下一章我们将介绍 Power Query 的核心内容：数据整理。

第3篇
数据整理

第 7 章　表 级 运 算

本章将介绍 Power Query 中"表级运算"的相关功能。本章共分为 3 节讲解，7.1 节介绍 Power Query 编辑器表级的数据读取和类型转换功能，7.2 节和 7.3 节介绍同属 Power Query 八大核心功能的追加查询和合并查询。

本章涉及的知识点如下：

❑ Power Query 中的三大数据容器及嵌套关系；
❑ 表级数据的提取和数据容器类型转换；
❑ 使用追加查询合并汇总表格数据；
❑ 使用合并查询建立表格关联匹配信息；
❑ 介绍 4 种基本的查询模式和合并查询的 6 种联接方式。

7.1　表级数据读取和类型转换

本节介绍表级别的数据读取和类型转换功能。这些功能属于基础功能，没有发挥非常明显的作用，更多的是作为数据整理过程中的"黏合剂"，也是不可或缺的。这些功能主要包括数据容器及嵌套、部分表格数据的提取、容器之间的类型转换等。

7.1.1　三大数据容器及其嵌套

与 Excel 中大家所熟知的单值数据类型不同，Power Query 的一大特色就是拥有 3 个可以在一个单元格中存储大量单值数据的"数据容器"，并且它们之间可以嵌套，从而形成结构复杂的多层数据集。

1. 三大容器都有谁

三大数据容器分别是表格（Table）、列表（List）和记录（Record）。其中，表格承装的是二维的单元格区域数据，列表承装的是单列多行的数据，记录承装的是单行多列的数据（包含各列字段的标题信息），如图 7.1 所示。

图 7.1 利用 M 代码自定义构建了一个混合容器列，同时包含三大容器。单击各个容器单元格的空白处，利用数据预览功能可以查看容器数值。可以看到，表格容器中存放的是表格，列表容器中存放的是单列数据，而记录中存放的是包含标题名称信息的单行数据信息（但是以纵向的形式呈现）。

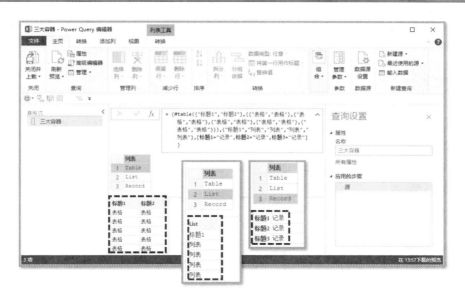

图 7.1　三大容器范例

2. 数据容器的相互嵌套

其实严格地说 Excel 中的工作表也可以视为数据容器，算上工作簿级别可以认为 Excel 数据本身也支持多层次的数据容器。但是平常在使用过程中，并不会觉得其有何特殊之处。核心的原因就是在 Excel 表格中各个层级的结构关系是相对固定的，工作簿下是工作表，工作表中是超级表/区域表/单元格区域。

而在 Power Query 中，所有的数据容器之间都是可以相互嵌套（任意一种容器都可以嵌套另一种容器）的，还可以组合形成多层次的、纷繁复杂的数据结构，因此容器的特性就被放大凸显出来，如图 7.2 所示。例如，前面在数据导入时使用从网站模式获取的网页信息结构化查询 Document，就属于典型的数据容器相互嵌套形成的多层复杂的数据结构。

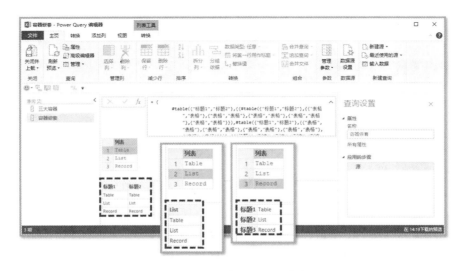

图 7.2　数据容器的相互嵌套

图 7.2 为三大容器相互嵌套示例，其中涵盖所有容器嵌套所有容器的情况。后续我们将要学习的很多高级数据整理功能其结果都会涉及数据容器的嵌套。

7.1.2　表级数据读取

对于表级数据读取可能读者感觉有些陌生，举个例子大家就明白了。比如我们此前见到的导航功能就属于表级数据提取功能。除此以外还包含钻取、深化、作为新查询添加等功能。因为这些功能在使用 Power Query 时都会涉及，很多用户也会对它们混淆，因此本节我们将对这些功能进行区分和归类。

1. 深化、钻取和导航

将深化、钻取和导航这 3 个功能划分为一组的原因是，它们本质上都是一种功能，只是名称有所区别。这里就以 7.1.1 节容器嵌套中使用的数据为例进行讲解。

如图 7.3 所示，如果需要获取原始多层嵌套容器列表中 Table 数据容器中 List 的数据信息，可以单击浅绿色的 Table 单元格标记（由于是黑白印刷，这里显示为灰色）进入数据容器，再次单击浅绿色的 List 单元格标记进行获取。

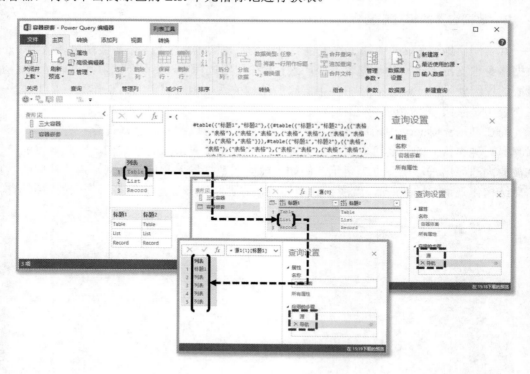

图 7.3　深化、钻取和导航 1

这种逐层深入并获取下级数据的过程在数据整理中通常称为"向下钻取"。在 Power Query 中，钻取仅需要单击数据容器标识，不需要应用任何命令，因此并不会出现"钻取"字眼，但在后续的 Power BI 组件中会使用到，这里先了解一下。

又因为钻取功能的效果与单元格右键快捷菜单中的"深化"命令的效果相同，因此上述过程也称为"深化"，深化功能的使用操作如图 7.4 所示。

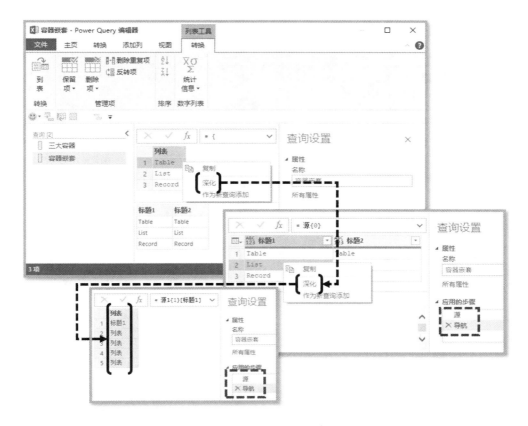

图 7.4　深化、钻取和导航 2

说明：深化功能不只针对单个单元格可用，也可以针对整列进行深化，但无法针对行进行深化。

我们平时所说的导航功能和钻取、深化功能是什么意思呢？钻取和深化说的是功能本身，而导航则是指利用上述功能所产生的步骤名称。如果仔细观察此前的钻取和深化过程，会发现随着钻取和深化的应用，在"应用的步骤"栏中所产生的步骤名称即为"导航"，利用导航设置可以对步骤进行修改。

最后简单总结一下：钻取、深化和导航描述的都是相同的行为，在多层的数据容器嵌套结构中，想要从上级提取下级的数据时就会用到。其中，钻取和深化的功能类似，导航是步骤名称。

2．作为新查询添加

"作为新查询添加"这个功能从名称上并不好理解。它其实是深化功能的一种变体版本，关键词为"新查询"。它能够实现和深化功能类似的效果，但是可以在不影响原始查询数据的前提下，将深化结果以新查询的形式呈现。使用方法与深化类似，选中目标数据区域后右击，选择快捷菜单中的"作为新查询添加"命令即可，如图 7.5 所示。

使用"作为新查询添加"命令需要注意的一点是，从表面上看我们是将数据从原始查询中"深化"出来作为新查询，新查询的数据好像是从原查询中"引用"得到的。但实际上系统是先将原始查询"复制"一份后再应用深化功能得到结果的，因此两者的数据并不关联，逻辑上也有本质的区别。

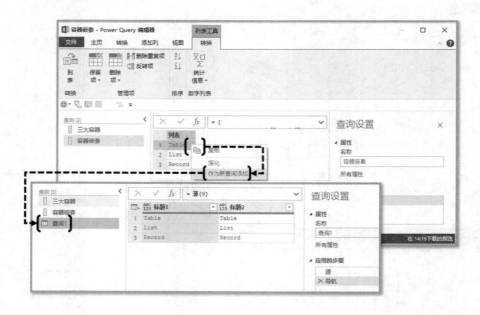

图 7.5　作为新查询添加

7.1.3　表级类型转换

　　表级类型转换功能所说的类型并非单值类型，而是表级类型，这里需要特别强调。关于单值类型转换，会在后续章节专门说明。为什么存在表级类型转换的需求呢？因为相同的数据既可以用表格进行承装，也可以用列表或记录承装。这种不唯一性会导致使用列表或记录等容器时部分功能无法应用，需要先切换成表格容器后使用（Power Query 中可使用的数据整理功能根据容器对象不同而变化，其中针对表格的功能最多）。本节将介绍容器类型之间的切换功能。

　　🔔注意：很多用户在处理数据的时候没有注意容器类型的细节，其中最典型的情况是误认为单列的列表数据为单列的表格数据，导致绝大多数针对表格的功能无法使用，实际上将列表转换为表格后即可正常工作，禁用状态如图 7.6 所示。

1．表格转换为列表

　　"转换为列表"功能可以将表格中的某列数据转换为列表形式，操作方式为选中目标表格中的列后，在菜单栏"转换"选项卡的"任意列"功能组中单击"转换为列表"按钮，如图 7.7 所示。

　　观察比较仔细的读者会发现右下角"应用的步骤"栏中"转换为列表"步骤显示的名称为"导航"。由此可以看出，虽然"转换为列表"功能负责数据容器类型的转换，但其本质依旧是深化功能，因此可以将"转换为列表"功能视为对于整列的特殊深化。

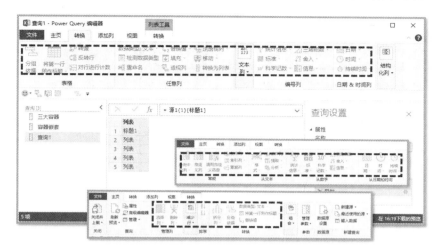

图 7.6　列表状态下大量数据整理功能被禁用

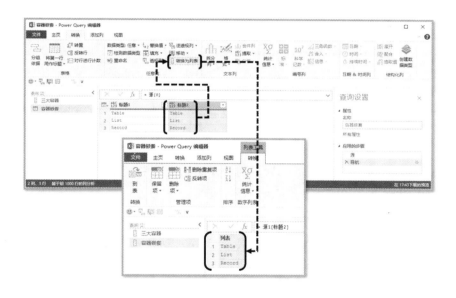

图 7.7　转换为列表

2．列表转换为表格

若希望将列表数据转换为表格数据，则可以使用"到表"功能。一旦当前查询的结果为列表数据，Power Query 便会自动识别并弹出"列表工具转换"灵动选项卡。在其中应用"到表"命令即可将列表转换为表格，操作如图 7.8 所示。

📄 **说明**：灵动选项卡是指根据操作对象变化而出现的临时选项卡，此类选项卡中会包含与选中的待处理对象类型相关的数据整理命令。

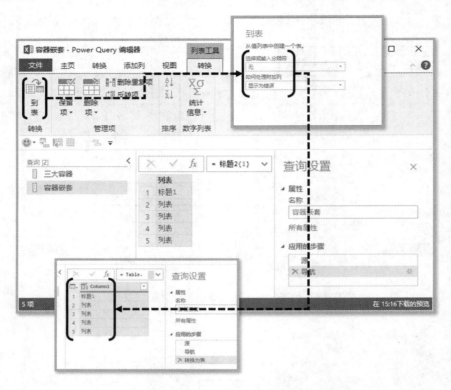

图 7.8　使用"到表"功能将列表转换为表格数据

　　如果原始列表是简单的列表，转换为表格数据时直接单击应用"到表"功能，"到表"选项卡中采取默认设置即可完成转换，如图 7.8 所示。如果原始列表是由固定分隔符的多列数据合并而成的，则可以在"到表"选项卡中选择恰当的分隔符，"到表"功能会自动将原始列表数据按照指定的分隔符拆分为多列后存储到表格中。如图 7.9 所示为将"题"字作为分隔符后，"到表"功能转换列表的效果。

　　说明： 在"到表"选项卡中，第二项"如何处理附加列"控制的是按分隔符分隔的结果表格超出预设列数后如何处理，其有 3 个选项，分别为"显示为错误""截断多余列""累积到最后一列"。但是通过该功能生成的 M 代码对预设列数并没有约束，所以结果表格的列数不会超出预设列数，因此该设置暂为无效设置。后续随版本变化该功能可能会更新，这里仅供参考。

　　除了"到表"功能外，在"列表工具转换"灵动选项卡中还需要注意其他功能的应用。前面我们曾说过，Power Query 中的数据整理命令会根据当前步骤的对象类型来决定可使用的命令范围，在所有的功能中，大多数功能是针对表格可用的，有少部分针对表中的列可用，还有一部分针对列表可用，几乎没有针对记录可用的功能。

　　当操作对象为"列表"时会发现，常规选项卡中的大量数据整理功能被禁用了。这时在"列表工具转换"灵动选项卡中出现的少量功能可以认为是仅有的列表可用的功能，如"反转顺序""排序""删除重复项"等。这部分功能不需要特别记忆，所有功能在表格类型中均有对应，因此通常会在列表数据转换为表格后才进行真正的整理操作。

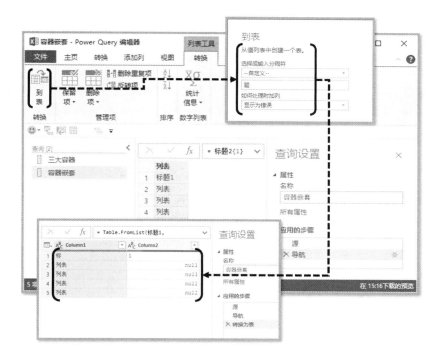

图 7.9　使用"到表"功能将列表转换为表格数据（分隔符）

3.　记录转换为表格

与列表类似，记录数据也存在转换为表格数据的需求，这需要使用"记录工具转换"灵动选项卡中的"到表中"功能，该功能可以将记录数据转换为表格数据，操作如图 7.10所示。

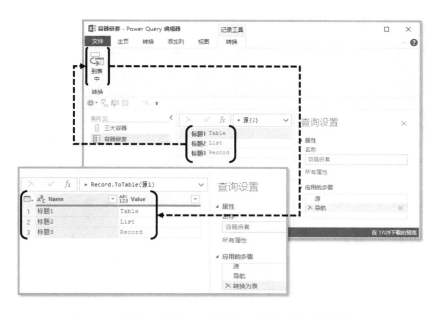

图 7.10　使用"到表中"功能将记录数据转换为表格数据

可以看到"到表中"功能的使用更简单，不需要设置任何参数就可以将记录转换为包含两列数据的表格，其中，首列为标题信息列，次列为字段值列（若需要横向显示记录信息，可以配合表格转置功能和提升第一行为标题功能实现）。

技巧：*"记录工具转换"灵动选项卡中仅有的功能为"到表中"，若在实际操作中需要对记录类型数据进行处理，基本上就可以确定需要将其转换为表格类型，因为没有专门针对记录的数据整理工具。*

4．数据容器类型转换总结

最后简单总结一下，虽然数据容器有三大类，理论上它们之间相互转换的方式应当有6 种，分别是表格到列表、表格到记录、列表到表格、记录到表格、列表到记录、记录到列表，但实际上常用的形式只有前面介绍的 3 种，如图 7.11 所示。

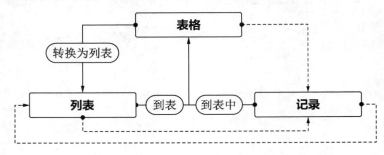

图 7.11　容器类型转换示意

因为记录的操作灵活性最低，而记录容器本身只包含单行记录数据，因此使用频次少，没有其他容器转换为记录类型的操作命令。表格类型是使用 Power Query 进行数据整理的核心对象，使用频次极高，拥有专门的转换通道。

7.2　追 加 查 询

关于表级运算最抽象的数据提取和类型转换已经讲解完毕了，本节我们将介绍合并多表格数据的"利器"——追加查询。与"合并查询"用于数据的汇总合并不同，在 Power Query 中真正发挥表格数据合并功能的是"追加查询"，它可以实现多数据表根据列标题匹配后的纵向拼接，进而完成数据汇总。

7.2.1　追加查询的基本操作

追加查询分为两种模式，即"普通追加查询"和"将查询追加为新查询"。前者会在选定查询的基础上将其他查询数据追加在末尾，后者会将所有查询的追加结果存储在新查询中而不影响原始查询结果。

这里以简单的表格数据的追加进行演示。如图 7.12 所示为 3 张原始数据表格，每张表格均包含 A、B、C 3 列及若干行数据，使用"追加查询"功能可以轻松地将它们合并和汇总。

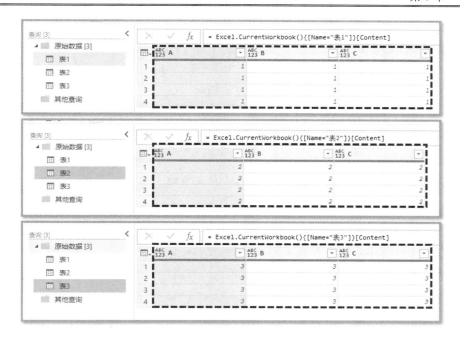

图 7.12　追加查询演示

选中查询"表 1"后，在菜单栏"主页"选项卡的"组合"功能组中单击"追加查询"按钮，弹出"追加"对话框，在其中选择"多表追加模式（3 个或更多表）"，并依次添加表 1、表 2、表 3 至待追加清单后，单击"确定"按钮即可完成多查询数据的纵向合并，如图 7.13 所示。

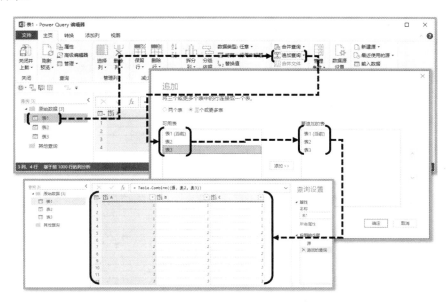

图 7.13　简单的追加查询操作

技巧：选择追加表时可以双击左侧清单中的查询，直接将表格添加至追加名单中。

操作过程非常简单，但是有一些细节需要注意：

- 多表清单中的添加顺序会决定最终汇总结果中的数据显示顺序。
- 若仔细观察汇总结果会发现，汇总结果中省略了相同的标题，并不会包含冗余的标题行（这与从文件夹中汇总数据有所区别）。
- 因为选择的是普通的追加查询模式，所以最终结果是显示在原表格之上。
- 右下角的"应用的步骤"栏中会有新的名为"追加的查询"的步骤被添加进去，并且可以修改步骤参数。

技巧：追加查询也可以直接通过数据预览区左上角的"表格上下文"下拉菜单触发。

在实际操作中多数时候并不希望原始数据被"污染"，因此更倾向于使用第二种模式即"将查询追加为新查询"来隔离原始数据和最终的追加汇总结果。在此以"表1"和"表2"两表追加为例进行演示，操作及效果如图 7.14 所示。

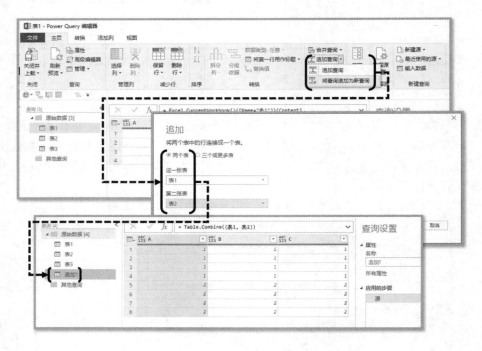

图 7.14　将查询追加为新查询

可以看到，若使用"将查询追加为新查询"模式，汇总结果数据会被自动存储在新查询"查询1"中。

至此，我们完成了对追加查询功能的介绍，其包括两种模式，每种模式中都可以选择两表或多表的数据追加。利用此功能我们可以快速完成多组查询数据表的纵向合并。不过这只是基本操作，因为汇总的数据表结构均保持一致，系统可以完美匹配后合并。但在实际操作中，原始数据的结构差异较大，经常会出现待汇总查询表结构不同的情况，比如原始表中各列顺序不一致、各列标题名称不一致或出现了冗余列等。在这些场景中追加查询的响应情况如何？合并逻辑是什么？如何解决这些数据质量差的问题？这些都是我们重点学习的内容，只有对这些问题清楚了，才能够加强我们对实际数据整理问题的处理能力。

7.2.2　使用追加查询功能校正表格列字段的顺序

1．列顺序存在差异的多查询追加汇总

首先说一种最简单的情况，就是待追加表格的结构基本相同，但是各列顺序存在差异。在这种情况下对表格进行数据追加是不会存在任何问题的，因为追加查询本身就可以自适应列顺序的差异，追加逻辑是相同名称字段的数据追加在一列中。这里我们将原始数据做了顺序调整后再进行追加，如图 7.15 所示。

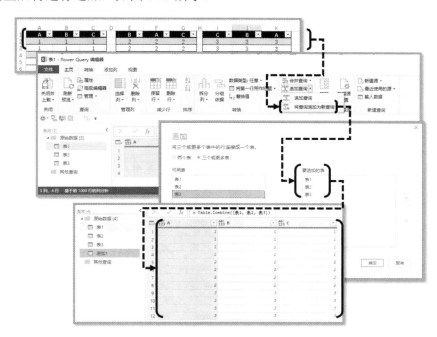

图 7.15　追加查询：待汇总查询表的列顺序不同

在前面的示例演示中，3 张原始数据表格的列顺序均为"A/B/C"，仅存在数据内容上的差异。经过调整后（见图 7.15），列顺序被分别修改为"A/B/C、B/A/C、C/B/A"，发生了巨大的差异。但是通过追加查询操作后，不需要任何的额外处理也能够获得正确的汇总效果。基于此特性，追加查询常被用于校正表格列的字段顺序。

2．校正表格列的字段顺序

在整理数据的时候，我们会遇到这样一类问题：两家子公司的经营业务类似，都按照规定的字段记录相关的经营数据，字段数量和内容都是一样的，但是因为列顺序并未规定，因此在数据汇总时遇到了困难（举例仅供参考，实际场景中会有所区别）。要解决此类问题，就可以使用追加查询功能。

如图 7.16 所示为两张经营数据表，数据字段很多，达到了 60 项。虽然两张表的字段均相同，但是列字段的顺序存在差异，需要按照表 1 的表头为标准校对表 2 的数据，如果手动统一表格列顺序，则操作量非常大，而且容易出错，不建议采用。接下来介绍一种追

加查询校正表格列字段顺序的操作方法。

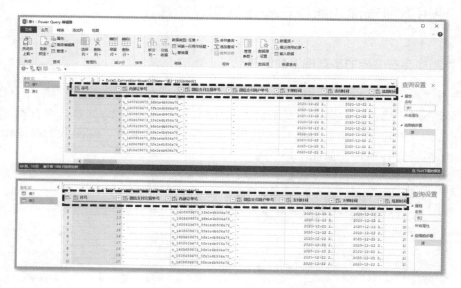

图 7.16　校正表格列字段顺序：原始数据

（1）准备标准化标题表。校正的思路是通过追加"标准化标题表"和"待校正表格"查询，利用追加的字段匹配特性，将后者数据按照前者的标准进行纠正。

制作标准的标题表需要两步：第一步是将含有字符文本的任意列转换为日期（绝大多数文本无法被正确地识别为日期，因此会产生错误值，这也正是我们所需要的）；第二步是删除上述列中所有包含错误的记录行（只保留标准标题）。操作及效果如图 7.17 所示。

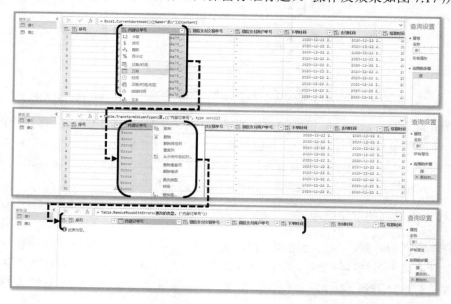

图 7.17　校正表格列字段顺序：标准化标题表

最终可以获得表格数据为空但保留了标准标题行的空表格作为追加的基础，也是表格数据校对的基础。此处使用的技巧为"强制错误并删除全表记录数据"。选择无法转换为日期的文本列"诱导"错误值出现后，再右击标题，在弹出的快捷菜单中选择"删除错误"命令完成对表格数据的清除。

（2）追加表格完成校对。这一步只需要在标准标题表的基础上追加待校对表格数据即可完成批量校对，操作及效果如图 7.18 所示。

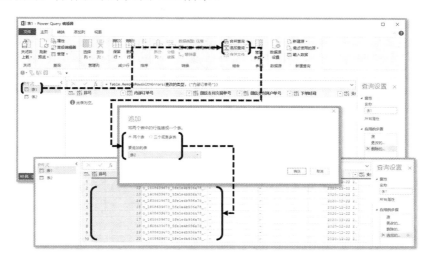

图 7.18　校正表格列字段顺序：完成追加校正

⚑注意：因为追加顺序会影响结果，前面的表格会被视为匹配标准，因此必须以标准化标题表作为基础查询来追加后续其他待校正的表格。

7.2.3　存在冗余和缺失列的数据追加合并

相比上一节的例子，本节介绍的数据追加的复杂度有一点提升：待追加汇总表格的列标题存在缺失或冗余的现象。在这种情况下对表格进行数据追加是不会存在问题的，因为追加逻辑使用的是相同名称字段的数据然后将其匹配并追加在一列中，系统会自动在汇总结果中添加冗余列存放数据，并会自动将缺失列的数据 null（空值）进行显示。

具体汇总情况可以参考案例演示，这里我们将基本操作中使用的原始数据进行顺序调整后再追加，操作及效果如图 7.19 所示。

在前面的示例演示中，3 张原始数据表格的列顺序均为"A、B、C"，仅存在数据内容上的差异。经过调整后，列顺序和列数量被分别修改为"A/B/D/C、B/A/C、C/B"，发生了巨大的差异，既有冗余列也存在缺失列，各表的列并不完全匹配。

以表 1 为基础，追加表 2 和表 3 后的效果如图 7.19 所示，可以看到，最终汇总结果中包含"A/B/D/C"四列，其中，B/C 列内容完整、A 列缺失 3 的部分、D 列缺失 2 和 3 的部分，因为本身就不存在这部分数据。总体看来数据被完整且正确地通过追加查询功能汇总在单张表格中。

此时可能有的读者会提出异议，在上述例子中完整且正确汇总的原因是我们将包含所有列"A/B/D/C"的表 1 作为追加的基础查询，因此最终的结果包含所有目标列。若在操作过程中没有注意，或者无法判断哪一张查询表包含所有目标列，或是没有一张查询表包含所有目标列，那么汇总结果不会出现问题吗？答案是不会，系统对于缺失列和冗余列会进行自动监测并补全，仅有的差异表现在列显示顺序和追加顺序上，但依旧可以完整且正确地完成数据追加和汇总任务。

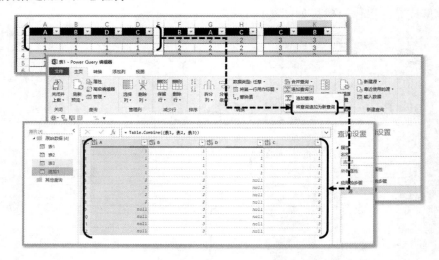

图 7.19　存在冗余和缺失列的数据追加合并 1

　　如图 7.20 所示，这一次的追加改为以查询表 2 为基础依次追加表 1 和表 3。从结果中可以看出，所有的数据列均包含在内，数据是完整被汇总的。但是细节层面和此前的合并结果存在一些差异：第一，因为查询追加顺序发生了变化，因此数据在纵向上的排列顺序也同步发生了变化；第二，因为追加查询基础表为表 2，只包含"列 B/A/C"，因此表 1 中的 D 列被附加在最后一列，其余列以表 2 为基础按顺序排列。

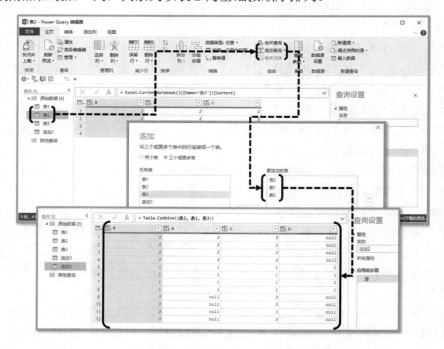

图 7.20　存在冗余和缺失列的数据追加合并 2

7.2.4 列名称不规范的数据追加合并

"列名称不规范"这个场景可以认为是冗余列、缺失列问题的一种具体表现,本质是类似的,比如多张待汇总追加的表格列名称分别为"学校/年级/班级/姓名/科目""学校/年级/班级/姓名/科目""校名/年级/班/名字/学科"。在这种情况下,前两张数据表的结构完全一致,最后一张表的列标题虽然表达的内容含义与其他表格是一致的,但是使用的名称不同。在追加汇总后,会产生大量冗余列附加在基础表后(根据前面学习的运行逻辑来判断),导致虽然数据是完整的,但是并未按照要求的字段完成汇总,从而产生"数据分裂"问题。对于这种问题,我们称为"列名称不规范"。

具体汇总情况可以通过案例来演示,这里我们将前面案例中使用的原始数据进行标题名称调整后再追加,操作及效果如图 7.21 所示。

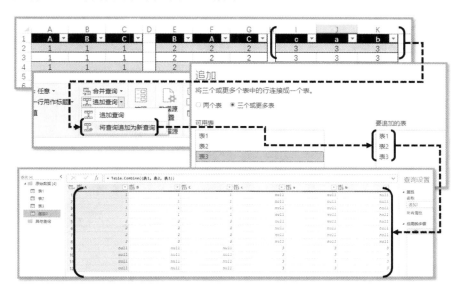

图 7.21 列名称不规范的数据追加合并

在此前的教学演示当中,三张原始数据表格的列顺序均为"A/B/C",仅存在数据内容上的差异。经过调整后,列顺序和列标题被修改为"A/B/C、B/A/C、c/a/b",发生了巨大的差异,既有冗余列也存在缺失列,各表的列并不完全匹配。

以表 1 为基础,追加表 2 和表 3 后,效果如图 7.21 所示,可以看到在最终的汇总结果中包含"A/B/C/c/a/b"共 6 列。虽然数据都被完整地追加在了一张表格中,没有任何缺失,但是因为 Power Query 对于字母大小写是敏感的,无法将列 A/B/C 等同于列 a/b/c,因此导致部分数据没有汇总到正确的位置上。

这是日常使用追加查询功能汇总数据很常见的一类问题,单纯通过"追加查询"无法自动解决,要批量完成"标题标准化"工作,需要结合下一节要讲解的合并查询功能,因此这个问题将在 7.3 节的案例中进行补充说明。

除此以外,在数据量较少的情况下,手动修改匹配列标题也是可以采取的办法,但麦克斯还是建议在日常使用和记录数据时,尽量对数据表格的规范要求进行提前约定,提高原始数据的质量，减少后续进行数据整理、分析的工作量。

7.2.5　不带背景信息的数据追加合并

除了列名称不规范问题外，另一种在数据追加或数据汇总时常见的问题是背景信息的获取。以工作簿为例，有些时候各张工作表的数据结构都是一致的，可以很方便地通过追加查询进行合并，但是问题在于工作表 1 代表的是 1 月的数据、工作表 2 代表的是 2 月的数据……若直接追加则会导致最终获得的数据无法区分数据来源，从而丢失了背景信息（前面使用数据导入功能进行数据汇总时也遇到过）。

基于上面的问题，本节将介绍一种最基础、简单的附加背景信息追加的办法。这里我们将前面案例中使用的原始数据进行追加，操作及效果如图 7.22 所示。

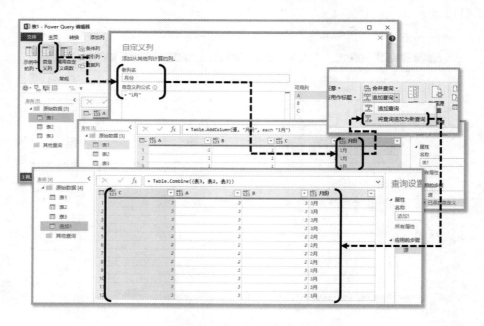

图 7.22　不带背景信息的数据追加合并

3 张原始数据表格的列顺序均为 “A/B/C”，仅存在数据内容上的差异，但是并未对各表格数据做区分。因此在本例中假设表 1 为 1 月各产品销售数量，表 2 为 2 月各产品销售数量，以此类推，对这些表格数据进行汇总。

因为原始数据中只包含各产品的销售数据，并没有体现对应的月份背景信息，因此在做追加查询汇总数据前，需要手动对各查询的数据进行标记。标记方法为：选中表 1 查询，在菜单栏 “添加列” 选项卡的 “常规” 功能组中单击 “自定义列” 按钮，弹出 “自定义列” 对话框，在其中输入自定义列名称为 “月份”，公式为 “="1月"”，最后单击 “确定” 按钮，完成表 1 的月份列标记。在结果表中可以看到，查询表 1 经过处理后增加了一列名为 “月份” 的新列，其中的所有值均为 “1 月”。按照类似逻辑，为其他查询表做标记后使用追加查询功能即可得到最终的汇总结果，并且在结果表中已经包含对应的数据来源列用于区分数据源，便于以后进行更加精细的数据整理和分析工作。

🔔**注意：** 自定义列的添加需要保证列名称统一，否则无法正确追加。

7.3　合并查询

本节介绍另一种表级数据运算利器——合并查询。在此再次强调，与常规理解的合并查询用于数据的汇总合并不同，在 Power Query 中，真正发挥表格数据合并功能的是追加查询，它可以实现多数据表根据列标题匹配后的纵向拼接；而合并查询是让两个查询横向匹配读取的数据，类似于 Excel 中的各类查询函数，如 VLOOKUP 函数、LOOKUP 函数等。

7.3.1　合并查询的基本操作

合并查询和追加查询是"两兄弟"，功能同样强大，也同样很好理解。我们知道，只要涉及信息的处理，基本上就要使用查询功能。例如，在搜索引擎中搜索相关信息，或者根据单词在字典中查找释义等。在 Power Query 中要想实现这样的功能，就需要应用合并查询功能。

1．使用Excel函数公式完成查询任务

在正式讲解合并查询的使用前，我们先来看一个简单的 Excel 查询函数案例，这可以帮助我们更好地理解合并查询的用法，并且能够体会出它的优势。如图 7.23 所示为一份简单的成绩表，包含"学号、姓名、科目、成绩"4 列数据，现在需要根据提供的学号信息"A002"，查找该同学的姓名和成绩信息。

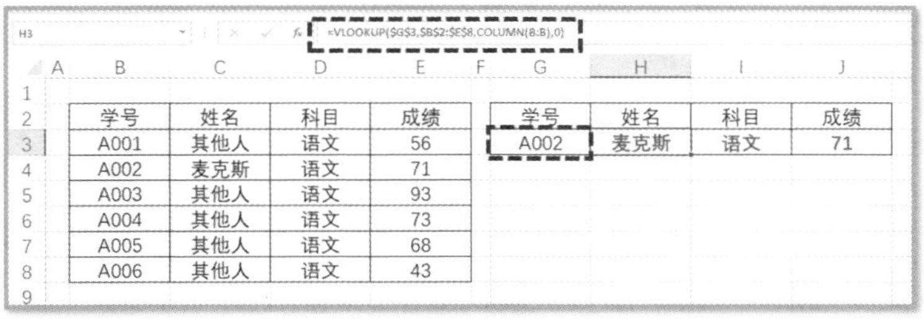

图 7.23　Excel 查询函数案例

若使用函数来完成该任务，需要在 H3 单元格中输入公式"=VLOOKUP($G$3,$B$2:$E$8,COLUMN(B:B),0)"并向右拖动复制公式至 J3 单元格。然后可随意修改查询的学号，右侧的公式便会自动返回与学生学号对应的成绩信息，这个过程就称为查询。

📖**说明：** 简单讲解一下公式的运行逻辑。VLOOKUP 函数为查询函数，其接受 4 个参数并用逗号分隔。第 1 个参数是要查找的目标值，第 2 个参数是查找的区域范围，函数会自动在查找范围的第一列寻找目标值，找到后返回这一行中由第 3 个参数所控制的列数。在本案例中目标值位于第 3 行，因此返回第 3 行第 2 列的数据为"麦克斯"。之所以返回第 2 列，是因为第 3 个参数由 COLUMN 函数控制，返回 B

列的列号，因此是 2。第 4 个参数控制查询模式为精确查找目标值，固定为 0 即可。Excel 函数即根据此逻辑完成查询工作。

2. 使用合并查询完成查询任务

如何使用合并查询完成查询任务呢？首先将数据导入 Power Query 编辑器中，如图 7.24 所示。为了体现合并查询批量处理的能力，我们对目标查询值进行了拓展。

图 7.24　数据导入

可以看到，原始成绩表被导入表 1 查询中，条件数据被导入表 2 查询中。因为最终需要根据条件查询原始成绩表中的信息并返回，因此在查询表 2 的基础上直接应用合并查询功能并设定合并查询的条件，操作及效果如图 7.25 所示。

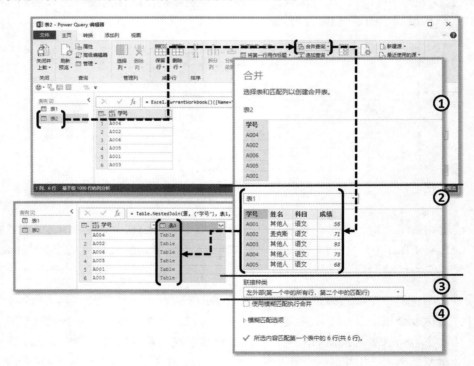

图 7.25　使用合并查询功能

如图 7.25 所示，首先选中"表 2"查询作为合并查询的基础表，然后在菜单栏"主页"选项卡的"组合"功能组中单击"合并查询"按钮，弹出合并查询设置对话框。该对话框主要分为 4 个部分，分别为基础合并查询、待合并数据查询、联接种类、模糊匹配高级设置。在基础应用中只需要关注第二部分，通过下拉菜单选择待合并查询数据，并依次单击表 1 和表 2 中的"学号"字段，告诉 Power Query 两张数据表建立关联的条件。最后单击"确定"按钮即可在表 2 查询中得到通过学号列匹配表 1 的结果。

最后单击合并结果列标题右侧的左右箭头按钮，选择需要展开的列（注意取消勾选"学号"复选框，因其本身作为条件列存在，没必要展开），取消勾选"使用原始列名作为前缀"复选框，单击"确定"按钮即可完成查询任务，如图 7.26 所示。

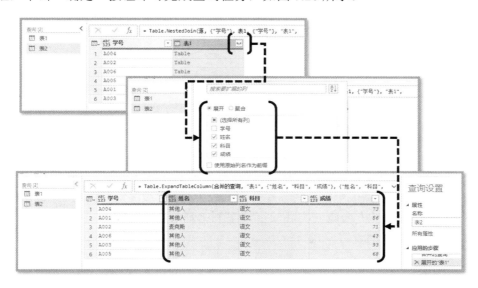

图 7.26　展开结果

至此，我们完成了对合并查询功能的学习。虽然在实际操作中不少的合并查询应用都与上述案例类似，但是合并查询与追加查询不同，其拥有非常丰富的设定模式，可以完成更强大和细致的查询工作。

7.3.2　查询问题的 4 种基本模式

首先要重点说明的是合并查询设置对话框中关联条件的设定。这部分的设置非常简单，通过下拉菜单选择需要合并运算的两张表格，然后在表格预览区域分别选取用于建立关联的条件字段即可。虽然设置简单，但是它反映的是查询模式问题。

不仅在 Power Query 中有类似于合并查询的查询匹配功能，在 Excel 中我们通过上一节的演示也看到了使用查询函数实现查询匹配功能的例子。可以说，在所有数据处理工具中，离不开查询匹配这个功能。

而在查询功能的具体实现过程中，"查询条件的数量"和"查询结果的数量"是非常重要的，它会影响如何设置查询以及最终的查询结果。因此通常以这两个条件为依据将查询过程分为 4 种基本模式，分别是"一对一查询""一对多查询""多对一查询""多对多查询"，如图 7.27 所示。

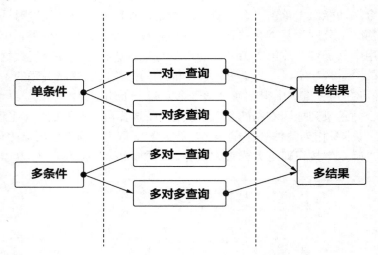

图 7.27　查询问题的 4 种基本模式

　　其中："一对一查询"表示以单个字段为条件在查询表中查找，最终返回满足条件的一个结果；"一对多查询"表示以单个字段为条件在查询表中查找，最终返回满足条件的多个结果；"多对一查询"表示以多个字段为条件在查询表中查找，最终返回满足条件的单个结果；"多对多查询"表示以多个字段为条件在查询表中查找，最终返回满足条件的多个结果。是否有点眼花缭乱？接下来通过实际的查询案例来理解它们的含义（案例中会同步讲解 Power Query 合并查询的设置方式与技巧）。

1．一对一查询

　　首先来看最简单的情况：一对一查询。这种查询最常见的便是通过某 ID 号进行信息检索，如通过身份证查验人员信息、通过书籍的 ISBN 号查询图书信息等。前面在举例说明合并查询的基础用法时，完成的也是一对一查询。本节我们将以一个学生成绩查询例子依次对 4 种查询模式进行讲解，原始数据如图 7.28 所示。

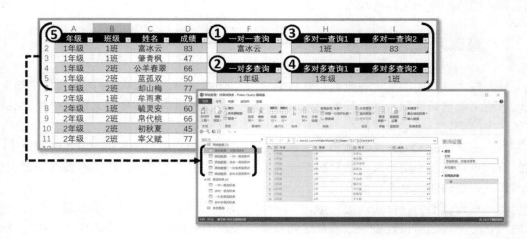

图 7.28　查询问题的 4 种基本模式：原始数据

如图 7.28 所示，待查询表格包含年级、班级、姓名、成绩 4 列数据，所给条件分为 4 组，对应 4 类查询模式。上述所有数据均以查询表格的形式导入 Power Query 编辑器中准备进行合并查询。最终目标需要根据所给条件查询成绩表中对应的数据信息。

在一对一查询中我们获得的条件为姓名条件，需要以此查询成绩表中该学生的成绩记录。因为成绩单中不存在同名的学生，因此最终实现了一对一的查询，操作及效果如图 7.29 所示。

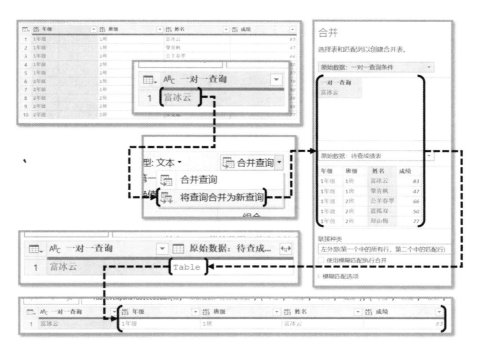

图 7.29　查询问题的 4 种基本模式：一对一查询

📑说明：案例中对合并结果列中的所有数据均进行了展开，在实际操作中可以自定义，可以不展开与条件列相同的冗余内容。

2．一对多查询

一对多查询的使用频率也非常高，当查询条件不足以锁定唯一结果时便会用到。这类查询的应用场景是使用关键字的模糊查询。例如，在搜索引擎中对关键词进行搜索会得到大量结果，在通讯录中通过姓名检索个人的电话号码，发现存在多个联系方式等。在操作层面，Power Query 中一对一查询和一对多查询的区别不大，根据条件设置即可，操作及效果如图 7.30 所示。

📑说明：无论结果数量多少（空、一条、多条），每项条件匹配的结果都会用 Table 表格数据容器存储于合并结果列中，需要展开后方可使用。

3．多对一查询

多条件的匹配相对于单条件匹配而言出现频次较低，但同样是不可或缺的一项功能。

在操作设置上由于条件数量增多，在 Power Query 编辑器的合并查询设置窗口中需要使用
Ctrl 键进行多选，操作及效果如图 7.31 所示。

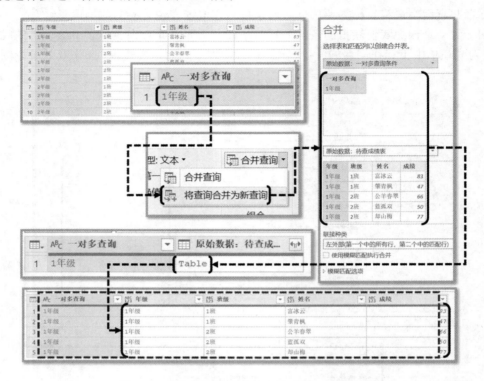

图 7.30　查询问题的 4 种基本模式：一对多查询

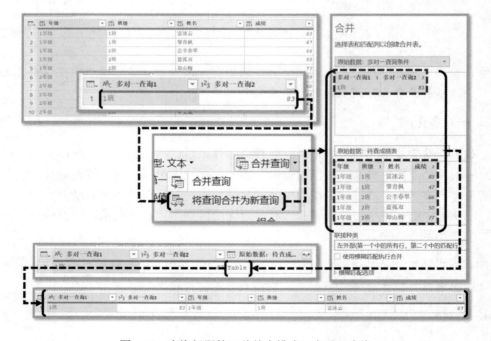

图 7.31　查询问题的 4 种基本模式：多对一查询

范例中的查询条件从名称、班级转换为"年级+分数"的多条件。以条件表为基础，合并查询数据表，在设置窗口中匹配条件后单击"确定"按钮完成匹配，最后展开结果表格列完成任务。需要特别注意的是，因为多条件的出现，在设置匹配条件时需要逐列严格匹配。如案例所示，班级列需要对应班级列，分值列需要对应分值列，选取多条件时可以按住 Ctrl 键连续选取。

注意：仔细查看表格标题的右侧，在选中标题作为条件列后会出现一个数字，代表这是第 N 项匹配条件。因此除了需要多选条件字段外，各列的顺序和对应关系也需要严格匹配，而列名称可以不匹配。

4．多对多查询

多对多查询与多对一查询类似，唯一的区别在于所提供的多项条件无法锁定一个返回结果，造成多对多查询的情况。多对多查询场景有：已知犯罪嫌疑人的姓名、性别、身高、发色、瞳色等信息，在系统中检索时依旧无法锁定唯一目标，存在多个满足条件的人；通过书籍类型、标题关键字等信息在图书馆馆藏系统中查询目标图书，有多项满足条件的图书等。在操作层面，Power Query 中多对一查询和多对多查询的区别不大，根据条件设置即可，操作及效果如图 7.32 所示。

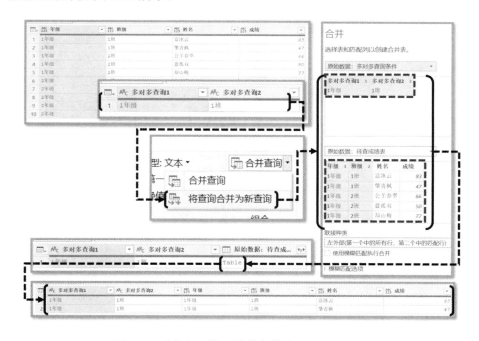

图 7.32　查询问题的 4 种基本模式：多对多查询

7.3.3　合并查询的 6 种联接方式

本节要介绍的是合并查询设置窗口的联接种类。在 Power Query 中一共为合并查询提供了 6 大类联接方式，分别是"左外部""右外部""完全外部""内部""左反""右反"。

这些联接方式的选择会极大地影响合并查询结果，因为它们控制的是两张数据表之间的运算逻辑。接下来以合并案例的形式进行介绍。

1. 左外部

"左外部"联接方式的定义为"第一个表格中的所有行，第二个表格中的匹配行"。通俗一点说就是"左外部"联接以第一张查询表中的列为基础，匹配第二张查询表中条件相同的记录。这也是合并查询的默认联接方式，使用频率很高。虽然前面介绍过它的基本应用，但是这里我们用一个更实用的案例进行演示，如图 7.33 所示。

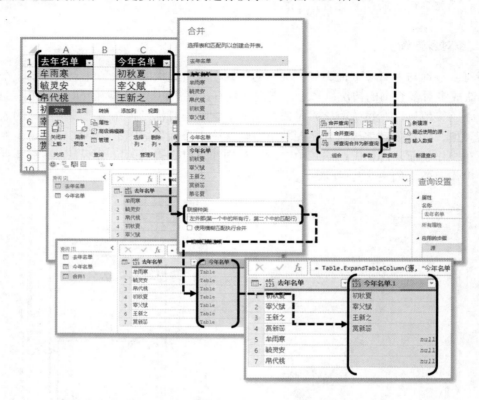

图 7.33　合并查询联接方式之"左外部"联接

可以看到，原始数据为两份清单，即"去年名单"和"今年名单"，表示公司两年内的员工名单。通过左外部合并查询两项名单为新查询，可以在"合并 1"查询中看到匹配结果数据。因为是以"左外部"联接完成的合并查询，所以在结果中，"去年名单"中的所有记录都作为基础列，而合并结果中的"今年名单"并不完整，存在数值的部分为匹配成功的部分（代表两年内都在公司工作的员工清单），而为 null 的记录为匹配不成功的部分（代表去年在公司但今年不在公司的员工清单，即离职清单）。

说明：合并查询和追加查询类似，都有"普通模式"和"生成新查询"模式，逻辑一致。

2. 右外部

"右外部"联接方式的定义为"第二个表格中的所有行，第一个表格中的匹配行"。通俗一点说就是"右外部"联接以第二张查询表中的列为基础,匹配第一张查询表中条件相同的记录,可以理解为"左外部"联接方式的镜像,合并操作及效果如图 7.34 所示。

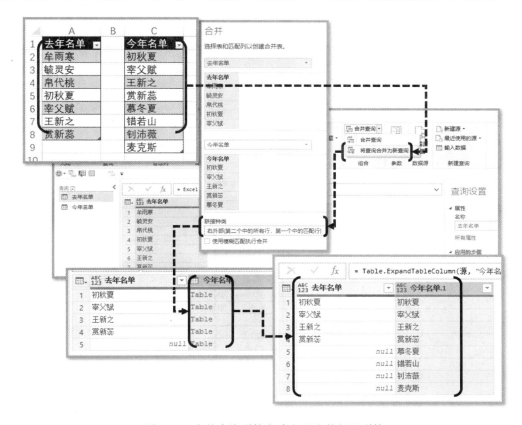

图 7.34 合并查询联接方式之"右外部"联接

"右外部"联接操作与"左外部"操作类似,不再赘述。可以看到,"右外部"联接的最终合并结果包含完整的待合并数据表,而基础查询中满足条件的记录才能被保留,不满足匹配条件的则使用 null 替代。需要特别注意的是,虽然右外部是以保证第二查询表完整性为优先原则进行的运算,但是不可改变的事实是,第一查询表才是基础表,因此结果表中的左右关系不会改变。

3. 完全外部

"完全外部"联接方式的定义为"两表包含的所有行"。通俗一点说就是"完全外部"联接不论两表的各行记录根据设定的条件是否匹配成功,均显示在最终的结果表中,匹配不成功的记录以 null 填充。可以理解为"完全外部"联接是"左外部"和"右外部"联接方式的并集,合并操作及效果如图 7.35 所示。

"完全外部"联接操作与"左外部""右外部"类似,不再赘述。可以看到,"完全外部"联接的最终合并结果包含完整的两张表数据,并且将其中可以成功匹配的部分进行了对应,然后归集在相同的记录中。两表各自独有的部分则顺序进行了排列,并以 null 进行填充,这正是左外部和右外部匹配结果的合并(重复的部分仅显示一遍)。

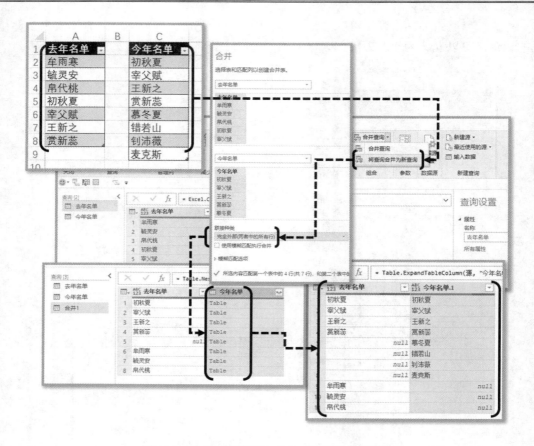

图 7.35　合并查询联接方式之 "完全外部" 联接

4．内部

"内部" 联接方式的定义为 "仅限匹配行"。通俗一点说就是 "内部" 联接结果表中仅显示两表中根据设定的条件匹配成功的记录，匹配不成功的记录就清除掉不显示。也可以将 "内部" 联接理解为 "左外部" 和 "右外部" 联接方式的交集，合并操作及效果如图 7.36 所示。

"内部" 联接操作与其他联接操作类似，不再赘述。可以看到，"内部" 联接的最终合并结果仅包含两张查询表中共有的部分。在图 7.36 所示的案例中，为了更清晰地呈现匹配结果，将合并结果列数据进行了展开。但由于 "内部联接" 的特殊性，会有读者觉得匹配到的结果与原数据相同，那么可以直接删除匹配结果列。但这是有风险的，在如演示案例所示的匹配结果唯一且数据表仅为单列的情况下是正确的，若列不唯一、匹配结果不唯一，直接删除则会丢失部分信息。

5．左反

"左反" 联接方式的定义为 "仅限第一个表格中的行"。通俗一点说就是 "左反" 联接结果表中仅显示基础表格中未匹配成功的记录，成功匹配的记录不显示，第二张表格中的记录不显示，合并操作及效果如图 7.37 所示。

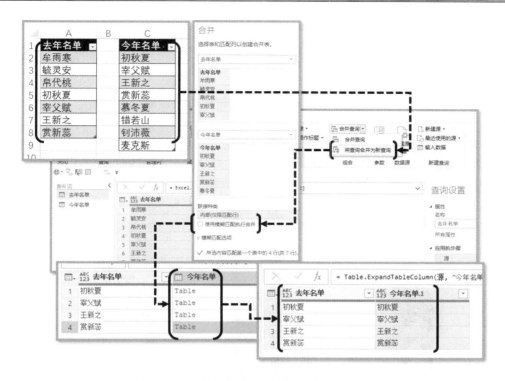

图 7.36　合并查询联接方式之"内部"联接

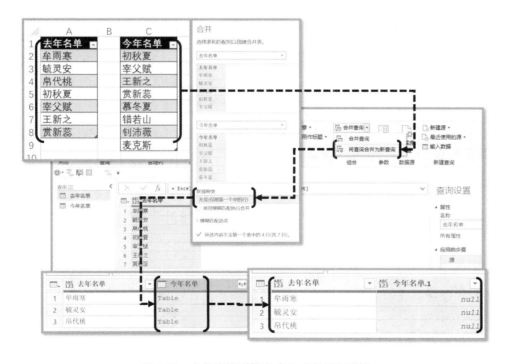

图 7.37　合并查询联接方式之"左反"联接

"左反"联接的操作过程与其他联接类似，不再赘述。可以看到，"左反"联接的最终合并结果仅包含基础表格中未成功与第二张合并表格匹配的部分。在图 7.37 所示的案例中为了更清晰地呈现匹配结果，将合并结果列数据进行了展开。可以看到，因为采取了"左反"联接方式，保留的记录在表 2 中均不存在对应数据，全部显示为空，因此在日常使用中可以不展开，直接删除合并结果列。

　　"左反"联接方式的处理逻辑在刚开始接触时可能不好理解。建议读者从实例中理解。在上面的例子中，两份名单通过左反合并查询运算后得到的结果实质为"离职员工名单"（去年在名单上，今年不在名单上）。即使现在理解了，但在实际中可能依旧不知道何时应用"左反"联接逻辑来解决问题。在此麦克斯给读者提供一种思路供参考："左反"联接相当于拿表 2 中的记录去"撞击"表 1，其中重叠的部分"同归于尽"，剩下的记录便是"左反"联接的合并结果，如图 7.38 所示。

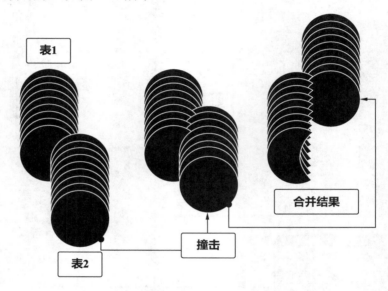

图 7.38　"左反"联接方式运行逻辑示意

　　举个例子，假设你是一名班主任，组织全班同学去郊游，你同时拥有全班同学的名单和请假同学的清单，目标是获取参加本次郊游的同学名单。你会怎么做？最直接的方法是从完整的名单中排除请假的同学就可以得到结果，这个逻辑类似于我们所说的"拿表 2 去撞击表 1 剩下的结果"。所以直接以完整名单为基础表，选择"左反"联接方式合并查询请假同学名单即可完成任务。有了这样的理解后，读者在碰到类似问题的时候可以更加迅速地做出反应。

6. 右反

　　"右反"联接方式的定义为"仅限第二个表格中的行"。通俗一点说就是在"右反"联接的结果表中仅显示第二张表格中未成功匹配的记录，成功匹配的记录不显示，其是"左反"联接方式的镜像，合并操作及效果如图 7.39 所示。

　　"右反"联接的操作与其他联接类似，不再赘述。可以看到，"右反"联接的最终合并结果仅包含第二张表格中未成功与基础表格匹配的部分。在图 7.39 所示的案例中，为了更清晰地呈现匹配结果，将合并结果列数据进行了展开。因为采取了"右反"联接方式，最终在结果表中仅有一行记录，并且基础表条件列为 null，所有的数据都存储于合并结果列的 Table 中。展开结果列后可以看到，仅在第二张表格中存在数据，实际含义为"今年新入职员工名单"。

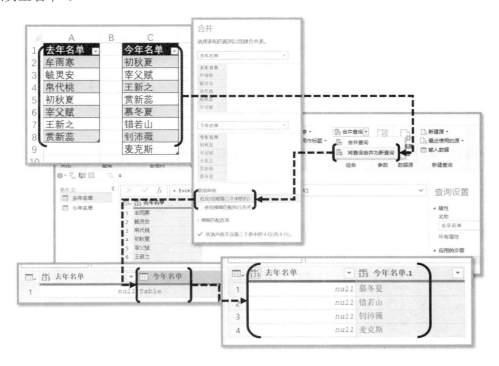

图 7.39　合并查询联接方式之"右反"联接

📖**说明**：以表 1 为基础对表 2 进行右反合并查询的结果，与以表 2 为基础对表 1 进行左反合并查询的结果类似，唯一区别是数据存放顺序不同。互为镜像的"左外部""右外部"联接方式也有这样的特性，感兴趣的读者可以自行尝试。

7.6种联接方式总结

通过前面的讲述，我们通过一个两年内员工名单变化的案例介绍了合并查询 6 种联接方式的原理。因为方式较多且相互之间存在关联，因此这里做一个总结。6 种联接方式的关系示意如图 7.40 所示。

图 7.40 中的查询结果为使用"完全外部"联接方式合并查询的表格，因为其包含两张表格的所有信息，较为全面，因此以其作为说明联接方式相互关系的基础。如果分别使用两个圆圈表示表 1 和表 2，那么"完全外部"联接方式的合并结果就可以表示为两个相交并且完全填充的圆，其他联接方式的结果也可以以此为基础进行拓展，如图 7.40 所示。

通过观察完全外部联接方式和其他方式的结果表格，可以得到第一组关系式：

完全外部 = 内部 + 右反 + 左反

即完全外部联接方式的结果表可以由其他三种方式的结果表组合而成。与此类似，使用相同的逻辑进行对比，可以得到第二组关系式，如图 7.41 所示。

$$左外部 = 左反 + 内部$$

$$右外部 = 右反 + 内部$$

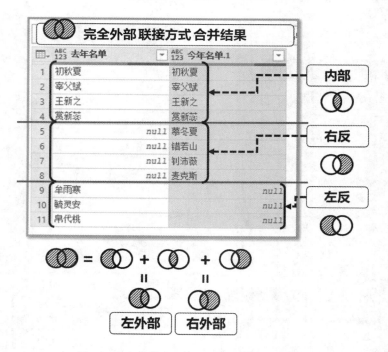

图 7.40　合并查询的 6 种联接方式关系示意 1

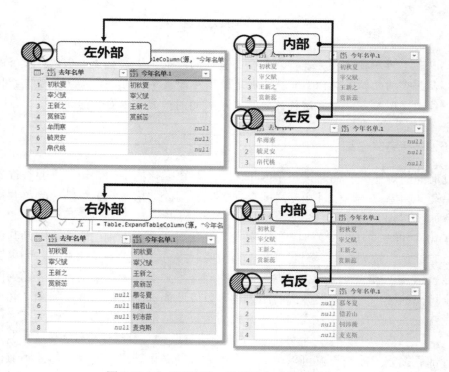

图 7.41　合并查询的 6 种联接方式关系示意 2

7.3.4　案例：标准化列标题追加数据汇总

我们通过前面三节的介绍，依次学习了 Power Query 中合并查询的基本使用、4 种基本查询模式及 6 种联接方式的使用。如果读者能够理解上述内容，那么就说明已经掌握了合并查询的使用。本节我们通过一个"标准化列标题追加数据汇总"的例子，综合使用追加查询与合并查询来完成数据汇总任务。

此前在讲解追加查询的使用时，我们曾面临过一个棘手问题：两张需要汇总的表格标题结构不一致，虽然表达的是相同的数据列，但是在列标题上采取了不规范的写法，导致追加查询无法自动对各列进行匹配，从而产生数据分裂的问题，如图 7.42 所示。

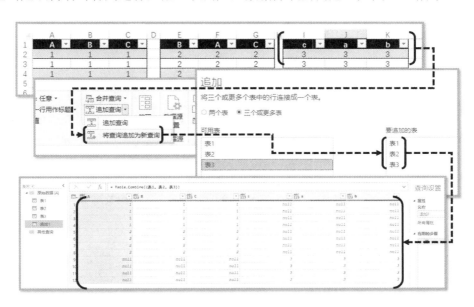

图 7.42　列名称不规范的数据追加合并导致数据分裂问题

📑说明：*数据分裂问题是指，目标需要追加合并在同一字段下的数据，由于列标题不匹配，导致它们被存储在多个独立的列中。因为它们看上去像是单列的数据"分裂"在多列中，所以被称为数据分裂。*

如图 7.42 所示，原始数据 3 张表格的列标题分别为"A/B/C、B/A/C、c/a/b"。第三张表格明显标题不规范，导致最终追加汇总的数据存在数据分裂问题。想要完美地对数据进行汇总，需要使用合并查询对标题进行标准化后追加汇总，操作如下。

1．标准化标题

原始数据分别为表 1、表 2、表 3，因为存在不规范的情况，需要标准化标题，所以需要提前准备表格"标题校正对照表"，如图 7.43 所示。该表格包含两列，其中，首列为"不规范标题"名称列，次列为修改后的"规范标题"名称列（只列出需要校正的标题即可，正确的情况不需要添加，也不需要重复列出）。

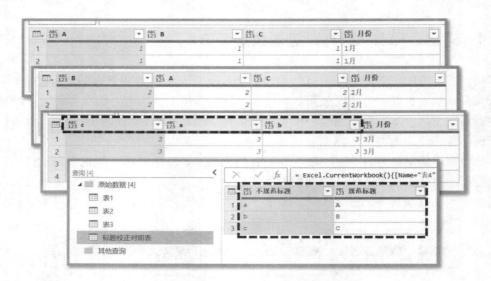

图 7.43　标准化列标题追加数据汇总：原始数据

准备好原始数据表格后，首先对不规范表格的标题进行标准化。因此选中"表 3"查询，在菜单栏"转换"选项卡的"表格"功能组中单击"将第一行用作标题"下拉按钮，在其下拉菜单中选择"将标题作为第一行"命令，完成标题的降级；然后对降级后的表格进行整体转置（"转换"选项卡下"表格"功能组中）；最后启动合并查询，以首列和不规范标题列为条件、左外部为联接方式，合并"标题校正对照表"，操作及效果如图 7.44 所示。

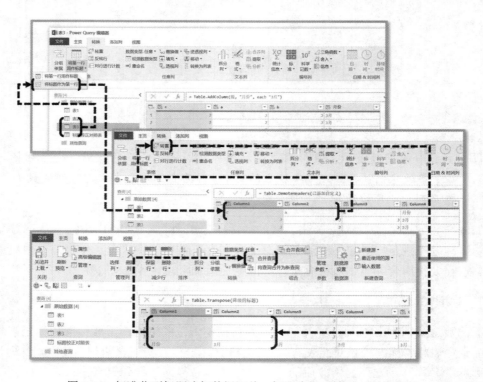

图 7.44　标准化列标题追加数据汇总：标题降级、转置、合并查询

技巧：在本例中，不规范标题是由于大小写问题导致的，因此可以直接在菜单栏"转换"选项卡的"文本列"功能组中单击"格式"下拉按钮，在其下拉菜单中选择"大写"命令批量标准化列标题，不一定必须使用对照表进行校对，需要结合实际情况来判断。

　　启动合并查询后，选择目标合并表为"标题校正对照表"，并选择基础表首列和不规范列为条件，单击"确定"按钮完成合并；然后展开合并结果列，注意仅选择规范列且不使用原列名为标题进行展开；最后为方便对比，移动结果列至首列，操作及效果如图 7.45 所示。

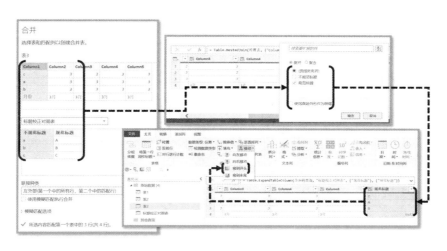

图 7.45　标准化列标题追加数据汇总：合并查询、展开、移到首列

说明：操作过程中会涉及一些新的数据整理知识，这里先简单理解，后续章节中会展开介绍。

　　展开合并结果列后就可以获得规范化标题数据了，但是还面临另外一个问题就是原始列和校正列的数据并没有合并在一列，本身也是存在数据分裂问题，因此这里的合并我们可以使用"条件列"来完成。在"添加列"选项卡的"常规"功能组中单击"条件列"按钮，在弹出的对话框中设置若"规范标题"列值为 null 则返回 Column1，否则返回"规范标题"列的值。最后为了便于查看，使用"移到开头"命令，将添加的自定义条件列移动到首列位置，操作及效果如图 7.46 所示。

　　最后只需要删除原有的两列分裂的标题数据并转置表格，提升首行为标题即可完成标题标准化的操作，操作及效果如图 7.47 所示。

2．追加汇总表格数据

　　这一步只需要将多张规范的查询表格追加即可正确地完成汇总任务，与前面追加查询的基本操作相同，不再赘述。在此需要特别说明的是，当数据量较少时可以手动校正；当查询表的列数较多时，可以使用上述对照表校正法对标题标准化后汇总；当需要校正的查询表数量较多的时候，可以配合"自文件夹"组合数据汇总模式使用上述对照表方法完成批量校正与合并，本例将会作为此类问题的升级版在实际操作案例章节中进一步介绍。

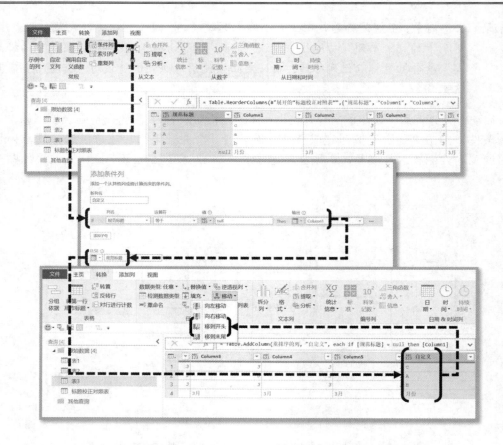

图 7.46　标准化列标题追加数据汇总：添加条件列、移到首列

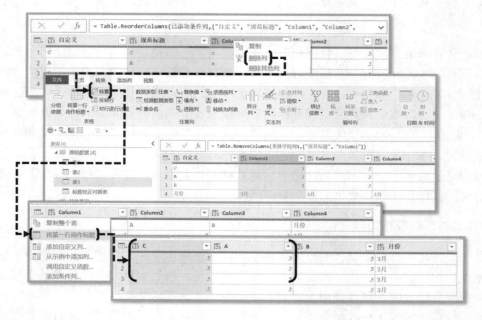

图 7.47　标准化列标题追加数据汇总：删除列、转置、将第一行用作标题

7.3.5 合并查询的高级功能：模糊匹配

本节将介绍合并查询的一个强大的功能——模糊匹配。该功能可以一键实现相似值的不精确匹配合并的效果（该功能在老版本的 Power Query 中并未配置）。

前面我们完成的两表合并查询遵循的匹配原则均为"精确匹配"，即条件列单元格的值完全相同才成功匹配建立联接，如"北京"必须要严格和"北京"才可以匹配成功，和"北_京""北京_""_北京"等均无法匹配。但在实际应用中会出现一定程度的模糊匹配需求，比如因待匹配的数据质量不高，相同的字段值存在空格、句点、拼写错误等微小偏差，需要匹配读取的数据；在购物网站搜索栏搜索对应的产品，应当返回所有名称中含有该关键词的产品清单等。

接下来以一个产品类别与品名模糊匹配的案例来演示合并查询的模糊匹配的使用。

1．案例的原始数据

如图 7.48 所示为本案例所使用的四张原始数据表格，其中，"产品信息表"为原始数据中的待查询表格（包含名称、价格、店铺、发货地等产品明细信息），"地区条件"和"类别条件"查询表为查询依据（后面将以这两张表作为条件进行查询），"转换表"为特殊的自定义匹配规则表，在特殊模式中会使用。

图 7.48 合并查询模糊匹配使用范例：原始数据

2．模糊匹配的基本使用

首先以"类别条件"查询表为基础，模糊合并"产品信息表"，学习模糊匹配的基本使用，操作方法如下：

选择"类别条件"表应用合并查询功能，在弹出的"合并"对话框中勾选"使用模糊匹配执行合并"复选框，并设置"相似性阈值"为 0.8，其他设置采用默认值，最后单击"确定"按钮展开合并结果列，完成模糊匹配的合并。操作及效果如图 7.49 所示。

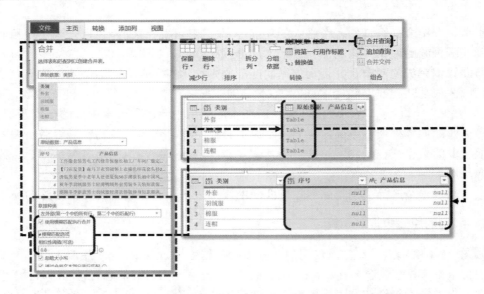

图 7.49　模糊匹配使用范例：开启模糊匹配、设置相似性阈值

可以看到，展开的结果表中除了"类别"列有基础表格数据外，匹配结果列均为空值，难道模糊匹配失败了吗？其实并没有失败，只是我们当前设置的"相似性阈值"过高，导致系统计算后没有发现任何相似性达到 0.8 的目标数据，因此没有匹配到任何结果。

说明：相似性阈值是人为自定义的一个 0~1 的系数，该系数用于控制模糊匹配的"模糊"程度，其中，"1"代表精确匹配，不存在任何模糊匹配，"0"代表无条件匹配，默认值为 0.8。

3．相似性阈值

随着相似性阈值的不断下降，可以看到成功匹配的结果记录也在不断增多。如图 7.50 所示，分别是相似性阈值为"0.8/0.5/0.2"的模糊匹配结果对比。

注意：在使用相似性阈值完成模糊匹配工作的过程中，我们仅提供了原始数据及一个相似性系数，所有的相似性计算均通过后台的"算法"来完成。这给我们带来便利的同时也隐藏着一个问题：我们不知道系统是如何判断两个字段的相似性的，也就导致匹配的结果仅凭大脑是无法比较准确地估计和预测的，只能够凭感觉来判断，因此在对数据进行精确的整理分析时，不适合使用模糊查询。

4．最大匹配数

在阈值降低后，匹配的模糊性随之增大，匹配到的结果也相应增多，可能会超出需求范围。这个时候就可以使用"最大匹配数"参数对匹配的结果记录数进行限制。例如，假设匹配成功 10 项但最多只需要 5 项，则可以设置最大匹配数为 5，只提取其中前 5 项的任务。如图 7.51 所示为"相似性阈值 0.2"方案与"相似性阈值 0.2+最大匹配数 5"方案模糊查询后的结果对比。

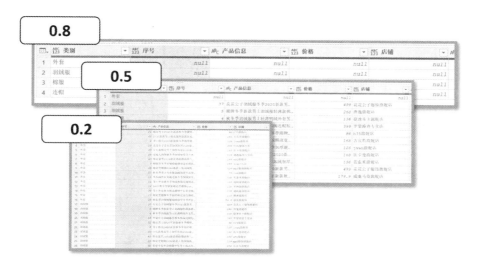

图 7.50　模糊匹配使用范例：相似性阈值效果对比

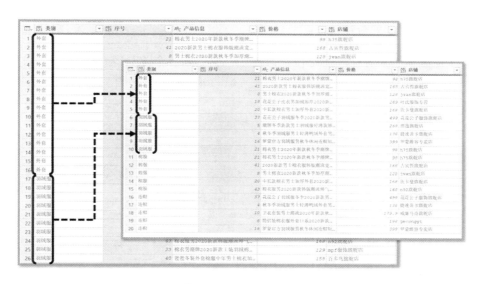

图 7.51　模糊匹配使用范例：最大匹配数

除了可以设置几个主要参数外，合并查询的模糊匹配功能还提供了以下 3 项附加功能，分别为忽略大小写、通过合并文本部分进行匹配、转换表，接下来进行详细介绍。

5．忽略大小写

忽略大小写设置默认状态下是勾选的，使用该设置后，大小写字母集会被视为相同的并进行匹配，如大写字母"A"与小写字母"a"可以顺利匹配。利用此特性，我们可以完成前面例子中表格标题的标准化工作，操作及效果如图 7.52 所示。

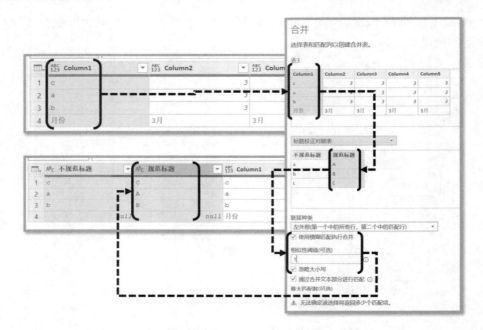

图 7.52　模糊匹配使用范例：忽略大小写

6. 通过合并文本部分进行匹配

通过合并文本部分进行匹配是将查询条件中文本的各个部分组合在一起进行匹配，比如"Micro soft"，在开启该功能后会被视为"Microsoft"进行匹配。举例操作及效果如图7.53 所示。

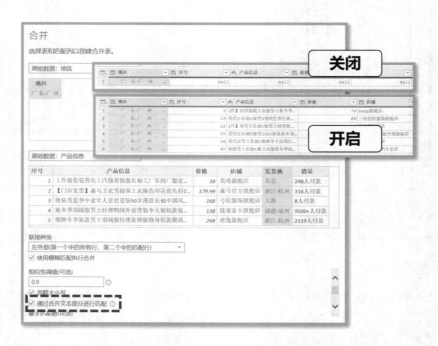

图 7.53　模糊匹配使用范例：通过合并文本部分进行匹配

可以看到，在原始的查询条件中特意使用了空格来分隔发货地址，导致无法匹配到目标数据，但是在勾选"通过合并文本部分进行匹配"后，就成功识别并正确匹配到目标数据了。

7. 转换表

通过前面 4 类模糊匹配功能设置，我们可以实现模糊匹配，解决最大匹配数问题、大小写问题和查询值中冗余的空格问题，但要么是算法不可知，结果存在不确定性；要么是可控范围太小，能自适应的情况不多。因此转换表功能应运而生，它可以依据参考表的字段完成匹配。例如，若在转换表中将"风马牛不相及"的"牛"和"马"两者视为等价，那么在应用合并查询功能时系统便会认为这两者相等，可以完成匹配。如此一来就大大提高了合并查询的灵活性，而且因为是根据转换表字段进行等价匹配的，结果的准确性也一并提高了，演示操作及效果如图 7.54 所示。

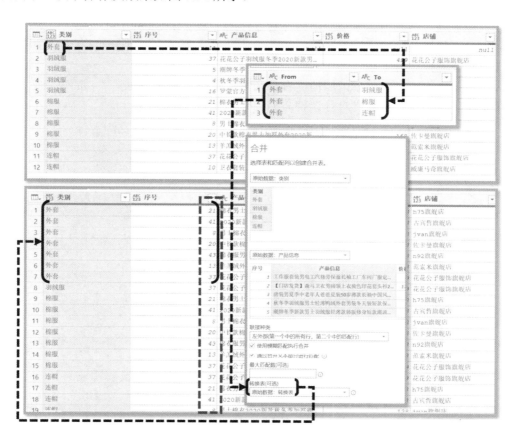

图 7.54　模糊匹配使用范例：转换表

在未启用转换表前，使用 0.5 阈值的模糊匹配完成合并查询时，"外套"一项并未成功匹配到任何记录。但在启用转换表功能后，"外套"关键字等价于"羽绒服、棉服和连帽"字段，因此在最终的匹配结果中出现了若干满足条件的结果，并且这些结果（21、41、8、20、43、13、37）是"羽绒服、棉服和连帽"关键字所有结果的不重复集合。

⚠注意：转换表只能包含 From 和 To 两列数据，列名称及大小写要求保持一致且为文本类型，否则无法识别。其中，From 列表示目标匹配值，To 列表示与查找值等价的其他关键词。

转换表功能适合字符不同，但属于同义词的关键字的匹配。在前面的汇总案例中，使用对照表标准化列标题的操作也可以使用转换表功能来完成，逻辑是类似的。

📖说明：上述模糊匹配的设置，在未勾选"使用模糊匹配执行合并"复选框时均无法使用。

7.4　本章小结

本章我们对 Power Query 编辑器中的表级运算相关功能进行了详细介绍，介绍了表级数据读取和数据容器类型转换功能，另外着重介绍了 Power Query 核心知识——追加查询与合并查询。对这些功能的学习，可以帮助读者提高对数据汇总和查询匹配的处理能力，为后续更复杂的操作打下基础。

完成对本章内容的学习后，相信读者已经基本掌握 Power Query 主要的表级运算功能的使用了。下一章我们将开启对行调整与列调整功能的学习。

第8章 调整行与列的结构

在第 7 章中我们完成了对 Power Query 的表级运算功能的学习,从本章开始正式进入单个查询范围内数据整理功能的学习。首先学习最基础的行列调整命令,如常见的排序筛选以及行列的增加、删减等。

本章分三个部分:第一部分介绍位置关系调整功能,即行与列的移动命令,如排序、标题升级和降级等;第二部分介绍行与列的保留功能,如保留列功能及特殊的保留行功能"筛选"命令;第三部分介绍行和列删除功能,如重复记录的清除、错误的清除等。

本章涉及的知识点如下:

❏ 通过标题升降级、多条件排序及反转行功能完成对记录的排序;

❏ 排序与反转行的差异;

❏ 如何调整表格列字段的顺序;

❏ 如何对表格字段列进行移动、保留和删除;

❏ 如何对表格保留记录的多种模式;

❏ 如何删除重复记录、空行和错误值。

8.1 移动行与列

从整体上说,所有数据结构的处理都离不开 5 大类功能,分别是移动行与列、保留行与列、删除行与列、列添加和表格结构变换。本节将对行与列的移动、保留和删除功能进行介绍,后两类功能将在后续章节进行介绍。首先让我们一起来看看如何在 Power Query 编辑器中完成对行和列的移动。

8.1.1 多条件排序

在 Power Query 编辑器中无法直接选择整行记录或一定范围的记录进行拖曳移动(包括剪切、粘贴、移动)。所有对行记录顺序的调整都需要通过命令(功能)来实现,其中非常重要的一项调整记录顺序的功能就是大家非常熟悉的排序功能。

1. 排序功能的基本使用

排序功能的使用非常简单,选中目标需要排序的字段后选择"排序"命令即可。通常触发排序命令的办法有两种:

(1)通过菜单栏"转换"选项卡下的"排序"功能组的升降序命令来实现。

(2)直接单击字段标题右侧的"筛选"下拉按钮,在其下拉菜单中选择升序或降序命令来实现，如图 8.1 所示。

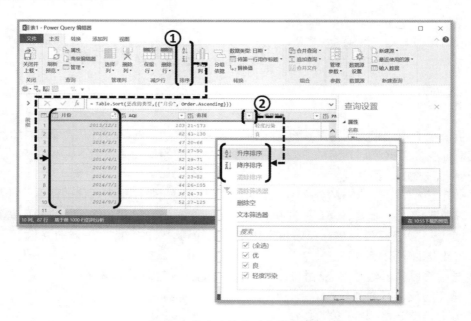

图 8.1　排序功能的两种触发模式

图 8.1 为深圳市历年空气质量数据表，通过操作实现了根据日期时间升序排序显示表格数据的效果。其中有两点需要注意：

- ❏ 和在 Excel 中不同，选择任何列进行升降序排序时，最终都会影响整张表格，并不会单纯针对表格中某一列的数据内容进行排序。
- ❏ 在排序前，标题右侧的筛选按钮为倒三角形状，根据字段排序后其会显示为升序或降序符号，实际操作中通常会以此细节来判定该字段是否参与了排序。

其他操作与 Excel 类似，不再赘述。

2．排序依据

在使用排序功能时另一个很重要的概念就是排序依据。除了我们选择的目标字段是作为排序依据存在外，所选内容的数据类型同样会影响最终的结果。例如常规的数字升序或降序是以数值大小为依据进行排序的，日期类型本质也是数值，因此同样以日期的"新旧"为依据排序。但是对于文本类型的数据字段，如中文字符、英文字符等，并不是以"拼音"或"笔画"来完成排序的，其排序依据为 Unicode 编码，如图 8.2 所示。

通过对比结果可知，在 Excel 中对字符的默认排序依据是拼音顺序，并且可以在排序功能中设定其他常用的排序依据。但在 Power Query 中是按照 Unicode 字符的数值大小为依据进行排序的。

📋说明：Unicode 中文称为万国码、国际码、统一码、单一码，是计算机科学领域的业界
标准。它整理、编码了世界上大部分的文字系统，为这些字符提供了统一且唯一
的编码表（相当于为字符提供专属的世界级身份证号），使计算机可以用更简单
的方式来呈现和处理文字。

Excel排序		Power Query排序	
L	M	ABC 123 编码	ABC 123 UNICODE字符
编码 UNICODE字符			

图 8.2　Power Query 与 Excel 文本排序依据对比

3. 多条件排序

除了最基础的单条件排序外，在实际操作中经常需要完成对数据的多条件排序，如在按照年级排名的基础上对班级进行排序、在按照商品种类排序的基础上按照价格排序等。多条件排序的使用方法类似单条件排序，只需要依次对目标多字段进行排序即可，允许升序和降序混合。但是在这个过程中，多条件排序的顺序非常重要，会形成不同的显示结果。

这里使用的是深圳市历年空气质量数据进行排序的演示，如图 8.3 所示，"场景 1"先完成对日期的升序排序，再完成对质量等级的降序排序；"场景 2"先完成对质量等级的降序排序，再完成对日期的升序排序。可以看到，如果希望在质量等级排序的基础上对空气质量的记录数据进行排序，则需要按照"场景 2"的顺序完成多条件排序。

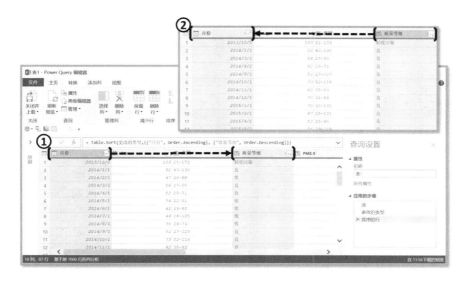

图 8.3　Power Query 中的多条件排序

⚠️**注意**：Power Query 中多条件排序的顺序与 Excel 恰好相反，使用时注意基础的字段需要优先排序，这样才可以获得正确的结果。

8.1.2　反转行

1. 反转行的基本使用

除了排序命令外，对表格行记录顺序进行调整的常用命令为"反转行"。它可以实现将表格记录的顺序进行上下颠倒的效果。使用方法为：选中对应查询表格和步骤后，在菜单栏"转换"选项卡的"表格"功能组中单击"反转行"按钮即可，操作及效果如图 8.4 所示。

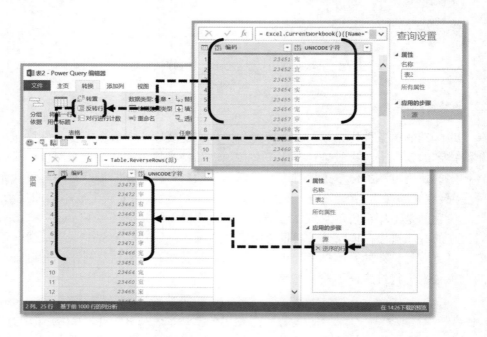

图 8.4　使用反转行命令颠倒所有行记录

2. 反转行与排序的关系

对于反转行，可能读者会有一个疑问：升/降序排序完全可以替代反转行实现对行记录的调整吗？答案是在某些场景下的操作比较相似，但前者依旧无法替代后者。

首先，若原始表格存在类似于"序号列"的字段用于定义基础行记录的顺序，那么使用反转行或升/降序排列所完成的工作都是类似的；若不存在用于标记顺序的字段列，各行记录是乱序的，那么排序功能就没有办法直接实现对现有行的反转效果（可以手动添加"索引列"，然后对索引列进行升/降序排列，达到类似于反转行的效果），如图 8.5 所示。

即便如此，也无法完全将排序功能与反转行功能等价。因为仅对表格字段进行排序是一种"伪排序"，而反转行是"真排序"。在与其他功能配合使用时"伪排序"会产生令人迷惑的问题。

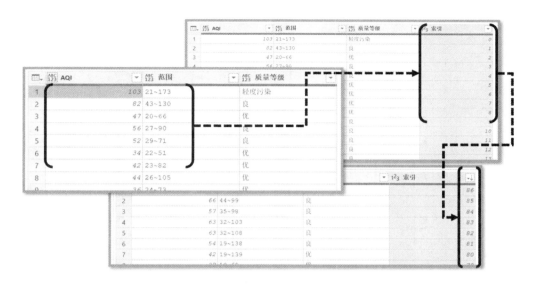

图 8.5 使用排序功能模拟反转行效果

3. "伪排序"问题

之所以将单纯使用排序功能完成的表格排序称为"伪排序",是因为其排序结果仅仅是表面顺序,并非真的将表格数据的顺序改变了。

为了说明"伪排序"问题,这里借助一个排序去重的经典案例进行讲解。如图 8.6 所示为基础数据表,分为序号和内容两列,具体数据为"1/A、2/A、3/B、4/B、5/C"。现在需要对这组数据同步完成两组操作:

(1)反转行表格后对内容列去除重复项。

(2)编号列降序排序后对内容列去除重复项,操作及效果如图 8.7 所示。

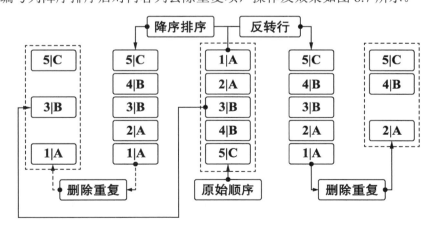

图 8.6 "伪排序"问题示意

说明:去除重复项使用行删除命令,其实现的功能为保留所选列中从上至下首次出现的值记录,删除其余重复的值记录。

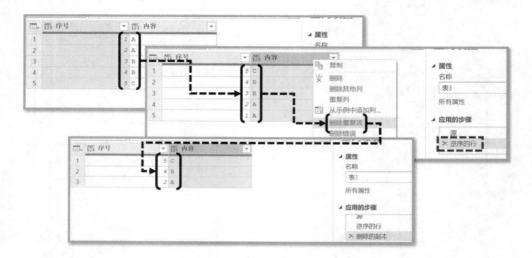

图 8.7　反转行+去重演示

可以看到，反转行后去重的效果与预期一致，表格顺序被反转后去重命令依据"内容列"中的重复信息进行判定，保留首次出现的值记录，即第 5、4、2 行。

如图 8.8 所示，降序排序后，去重效果与之前的效果并不一致。同样的表格数据被颠倒后去重，保留的首次出现值的记录为第 5、3、1 行。为什么相同的表格数据采用相同的去除重复项操作，得到的结果却不同呢？

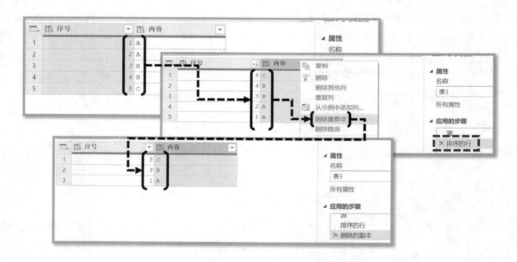

图 8.8　降序排序+去重演示（伪排序解决办法 1）

这便是"伪排序"潜在的一个重大隐患。我们可以将此问题理解为排序功能并未真正改变原表格的顺序，仅是在显示层面发生了变化。因此最终得到的结果依旧是以 5、3、1 这样的降序序列进行排序的，但是其去重结果是在原始顺序中判定完成的，因此保留的是 "5、3、1"而不是反转行去重的结果"5、4、2"。

说明：**"伪排序"问题并不仅仅出现在"排序+去除重复项"的配合上，在其他功能的配合使用中也会出现，因此在实际操作中建议确定顺序再进行后续操作。**

4. "伪排序"问题的解决办法

常用的"伪排序"问题的解决办法有两种：

❏ 使用反转行命令固化排序。例如目标为升序，则可以先降序然后进行反转行达到相
同的目的，反之亦然（见前面的示例，不再重复演示）。

❏ 使用添加索引列命令固化排序。例如，在完成排序命令之后，手动为表格添加索引
列可自动将排序结果的顺序固化，操作及效果如图 8.9 所示。

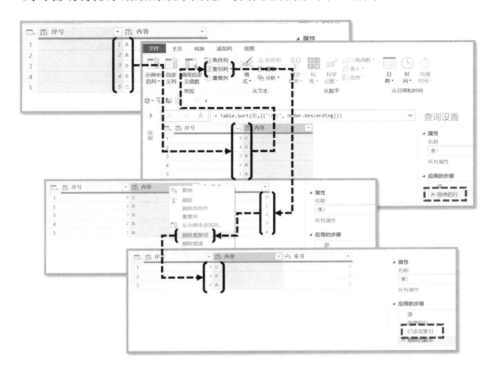

图 8.9　降序排序+索引列添加+去重演示（伪排序解决办法 2）

📑说明：添加索引列属于行列调整，添加功能，在后续章节中会专门对添加列模块进行讲
　　　解，基本操作方法为在菜单栏"转换"选项卡的"常规"功能组中单击"索引列"
　　　按钮。

如图 8.9 所示，同样的案例数据，同样采取降序排序的处理方式，但是因为在排序后
添加了索引列将表格行记录顺序固化了，所以后面对内容列去除重复项后依旧可以正确获
得目标结果，效果等同于使用"反转行+去重"。

8.1.3　标题升级与降级

除了前面两类典型的行顺序调整命令外，还有一组在前面的案例中已经多次使用过的
特殊的行顺序调整功能"将第一行用作标题"和"将标题作为第一行"，即"标题升级"和
"标题降级"。

这一对功能非常简单，可以调整标题和第一行数据的位置。其中，"将标题作为第一行"是将标题行数据降级为普通数据，并对标题使用默认的列字段名称替换功能（列 1/列 2/列 3……，或 Column1/Column2/Column3 等）。在菜单栏"转换"选项卡的"表格"功能组中单击"将第一行用作标题"下拉按钮，在其下拉菜单中选择"将第一行用作标题"命令可触发该功能，如图 8.10 所示。

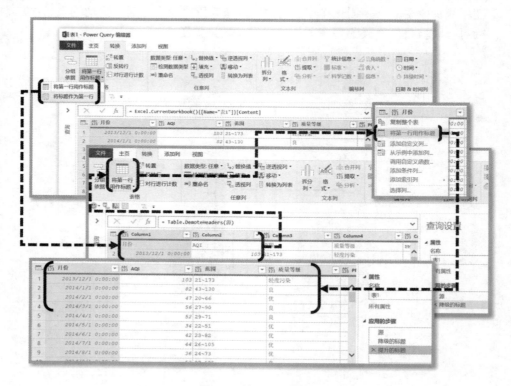

图 8.10　标题升级演示

"将第一行用作标题"是将数据区的首行记录升级成为标题，并将原标题清除。此外，由于升级首行为标题功能比标题降级功能更常用，因此通常是直接通过数据预览区域左上方的表格上下文菜单完成标题升级工作的。

> 注意：标题升级功能会导致信息丢失，此类问题在 Power Query 的部分功能中也会出现。若原标题中包含重要的信息，直接使用"升级首行为标题"功能会导致原标题信息丢失，使用时请注意提前处理。

8.1.4　移动列

相比行记录顺序的调整，列字段顺序的调整就简单很多。在实际操作中，最常用的移动列的方法便是直接将目标列标题拖曳至目标位置，如图 8.11 所示。

可以看到，在拖曳过程中系统会自动生成"浅绿色"细线来表示目标列，只需要根据实际需求选取列位置即可完成字段列的移动（该操作支持通过 Ctrl 键或 Shift 键选中多列批量移动）。

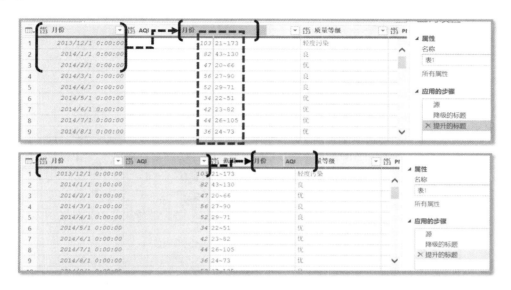

图 8.11　直接拖曳列实现移动列的效果

1．向左移动/向右移动

虽然对于移动列最常用的方式为拖曳，但是并不代表没有批量对列位置进行调整的功能。在 Power Query 编辑器中提供了 4 个列位置调整命令，向左移动和向右移动是其中的一组。这组命令可以使选中的单列或多列向左或向右平移一个字段列。使用方式为：选中目标列后，在菜单栏"转换"选项卡的"任意列"功能组中单击"移到"下拉按钮，在其下拉菜单中选择"向左移动"命令，操作及效果如图 8.12 所示。

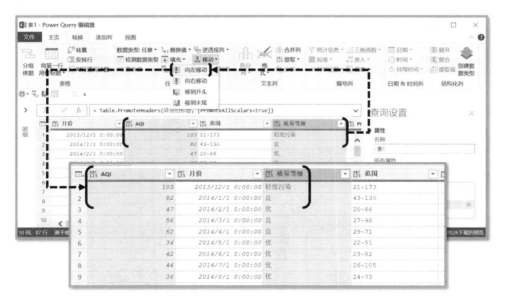

图 8.12　移动列：向左移动

对比移动前后的结果可知,"向左移动"命令批量完成了列的一个字段的平移。"向右移动"命令可以通过相同的操作方法完成。但是单个字段的平移在实际操作中常被鼠标操作替代,因此使用较少,读者知悉即可。

2. 移到开头/移到末尾

相比"向左移动/向右移动"的不常用,"移到开头/移到末尾"功能在实际操作中的使用频率更高,因为其具有不可替代性。但是当列字段的种类达到数十种甚至上百种,或者行记录较多,在表格转置将行数量代表列数量时,对于列的移动用鼠标操作就会有困难了(因为数据预览区域可以显示的列数有限,鼠标移动是基于可视范围的),同时很多"添加列"功能新产生的字段列默认生成在表格末尾,更加查看不便,此时可以使用。"移到开头/移到末尾"功能。使用方式为:选中目标列后,在菜单栏"转换"选项卡的"任意列"功能组中单击"移动"下拉按钮,在其下拉菜单中选择"移到开头"(或"移到末尾")命令,操作及效果如图 8.13 所示。

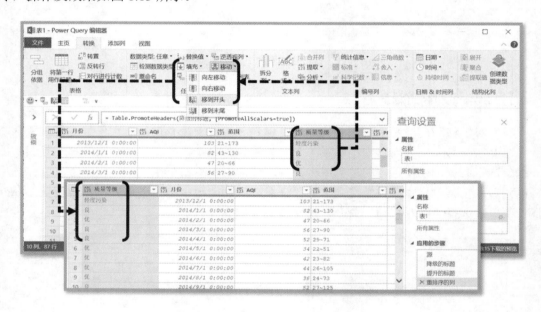

图 8.13　移动列:移到开头

对比移动前后的结果可知,"移到开头"功能完成了将特定列重新排序到首列位置的任务。"移到末尾"功能可以使用相同的操作方法,但"移到开头"的使用频次更高。读者可以自行尝试使用,该方法同样支持多列选中后的批量操作。

3. 转到列

"转到列"功能位于菜单栏"主页"选项卡"管理列"功能组的"选择列"下拉菜单中,它可以实现对当前选中列的快速切换,操作及使用效果如图 8.14 所示。

"转到列"提供了纵向的表格字段清单的选取功能,在字段数量大的情况下,相比水平移动选取,使用"转到列"功能的效率更高。但要明确的是,使用此功能不会对数据有任何改变,也不会生成新的步骤,仅仅是移动了目标列。

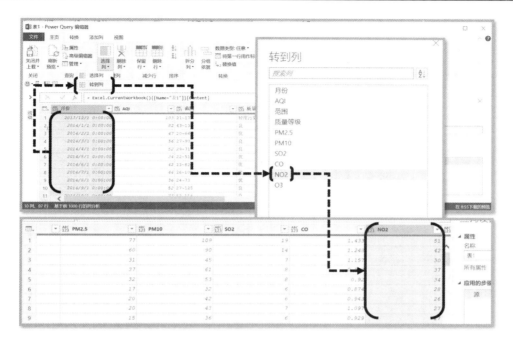

图 8.14　移动列：转到列

8.2　保留行与列

前面完成了对行和列的顺序调整的学习，本节将正式进入保留行与列命令的学习。在此之前，再简单复习一下前面介绍的知识：对于表格行和列的所有结构处理任务都离不开 5 大类功能，分别是移动、保留、删除、添加和结构变换，目前学习保留类的功能。

8.2.1　保留行

"保留"是指根据某些特定的筛选条件，对满足条件的行或列进行保留，与"删除"是相对应的，但是可控的条件并不相同。

在 Power Query 中，在行记录方面共提供了 5 种不同模式的保留行命令，分别是保留最前面几行、保留最后几行、保留行的范围、保留重复项和保留错误，可以帮助我们快速地根据特定规律保留想要的目标数据。

1. 保留最前面几行/最后几行/行的范围

保留最前面几行、保留最后几行、保留行的范围这 3 种模式非常类似，均为根据记录行的位置对数据进行保留。例如，通过为"保留最前面几行"模式提供参数 N，系统会自动保留表格中前 N 行的记录，此模式常用于提取销售额、成绩等指标排名靠前的数据记录。"保留最后几行"的使用方式类似，具体操作方法为：在菜单栏"主页"选项卡的"减少行"功能组中单击"保留行"下拉按钮，在其下拉菜单中选择相应的命令即可，操作及效果如

图 8.15 所示。

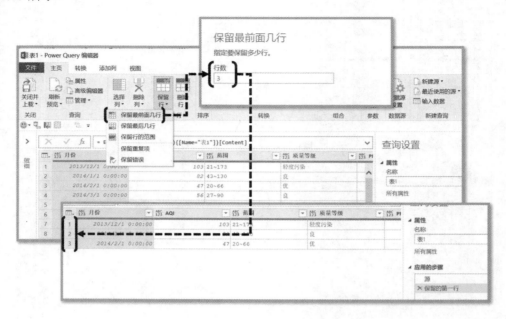

图 8.15　保留行：保留最前面几行

操作很简单，保留最后几行的操作方法也是类似的。不过注意，因为该功能本身是针对整张查询表格的，因此在应用前无须选中特定列为操作对象。明确操作对象对于更精准地构建数据整理思路和后续学习 M 函数公式都会有所帮助。

"保留行的范围"的使用存在一点差异，因为需要提供的参数变为"保留起始行号"和"需要保留的行数"两项，其余操作方法类似，操作及效果如图 8.16 所示。

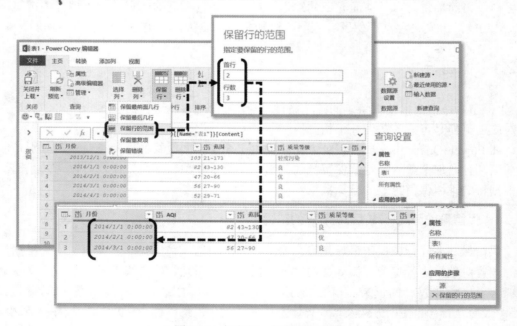

图 8.16　保留行：保留行的范围

2．保留重复项

"保留重复项"命令顾名思义就是可以保留所选列中的重复值记录。具体操作方法为：在菜单栏"主页"选项卡的"减少行"功能组中单击"保留行"下拉按钮，在其下拉菜单中选择"保留重复项"命令，操作及效果如图 8.17 所示。

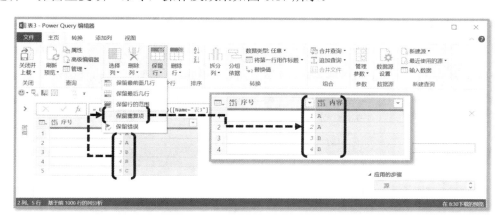

图 8.17　保留行：保留重复项

3．保留错误

"保留错误"功能的使用与"保留重复项"功能类似，但在实际操作中使用较少。在数据整理过程中，错误值总是被当作不合规数据进行清除的，因此更多的时候会使用"删除错误"或"替换错误"命令对错误值记录进行清洗。具体操作方法为：在菜单栏"主页"选项卡的"减少行"功能组中单击"保留行"下拉按钮，在其下拉菜单中选择"保留错误"命令，操作及效果如图 8.18 所示。

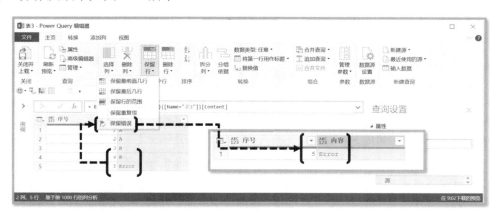

图 8.18　保留行：保留错误

📑 **说明：**错误值在 Power Query 中以 Error 形式出现，它是一种特殊的数据类型。Excel 表格中的错误值在导入 Power Query 编辑器后会自动显示为 Error。另外，在执行不符合数据类型的运算和操作时也会产生错误值。

8.2.2　高级筛选功能

保留行除了可以记录行的位置信息、重复情况和错误数据类型之外，在 Excel 中频繁出现的筛选功能也为保留记录行提供了更多的便利（筛选功能的本质也是保留行），唯一的区别是高级筛选可控的条件更丰富。

1．筛选功能分区及作用

与 Excel 中的筛选功能需要单独开启不同，Power Query 编辑器内的查询表是默认开启筛选功能且无法关闭的，通过标题行各字段标签右侧的下拉按钮可以使用筛选功能，其界面及分区如图 8.19 所示，与 Excel 筛选功能类似。

图 8.19　筛选功能分区

筛选功能是集合了多种功能模块的综合体，它可以简单分为排序、筛选、搜索和选择 4 个分区。其中，排序区是特别集成的排序快捷键，可以帮助用户更快速地完成排序操作（清除排序功能可以将数据从排序状态恢复成原始状态）。

从筛选区开始便正式进入筛选功能的范畴，筛选区提供了不同种类的筛选器用于设置条件来保留记录行；搜索区可以帮助我们快速地在选择区找到目标记录行；选择区可以自定义选择需要保留和删除的记录行。下面通过范例来演示筛选功能的用法。

2．利用搜索和复选清单自定义保留行

在选择区的复选清单中显示了当前字段里所有数据的不重复项，并且在每项数值前均匹配有复选框用于登记该记录的保留状态，如果勾选则状态为"保留"，如果不勾选则状态为"不保留"。因此，通过调整复选清单中各项数值的勾选状态可以自定义完成保留行的操

作，在需要排除或保留少量难以用筛选器限定的特殊值时非常有用。操作及效果如图 8.20 所示。

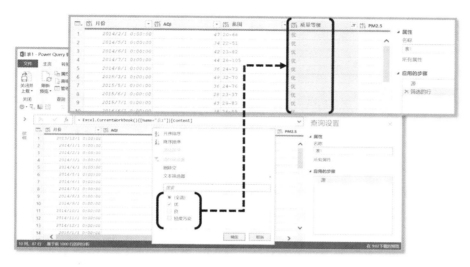

图 8.20　利用搜索和复选清单自定义保留行

说明： 因为 Power Query 整理的数据数量较大，当复选清单内的数值种类较多时，可以通过搜索关键字来完成对复选清单的状态设定。

　　使用复选框进行保留行操作的优势是更灵活。当使用常规保留行命令、筛选器命令依旧无法完成目标记录的保留时，可以采取该模式。另外，该模式的劣势也因其自定义特性而产生：当需要保留的数据种类较多时，复选框的操作不具有批量执行的特性，设置的操作量较大。

3．利用筛选器根据自定义条件保留行

　　介于灵活度和操作量需求之间的便是"筛选器"功能。筛选器可以根据用户自定义的条件统一保留满足条件的所有记录行，比如筛选 1～9 的数据记录、筛选开头为 MA 的字符串数据记录等。因为是统一地设定条件，系统会自动为所有记录计算是否满足条件并保留满足条件的记录，因此批量操作的特性相比复选清单有所提升。基本操作及效果如图 8.21 所示。

　　上面的范例以"历年空气质量数据"为例，使用数字筛选器完成保留空气质量指数 AQI 小于 30 的记录的任务。其中有几个细节需要展开讲解。

　　1）筛选器的类型

　　在上面的范例中，因为目标筛选字段列 AQI 为数值列，所以在开启筛选功能时默认提供的筛选器变为数字筛选器。但筛选器的种类并不唯一，除了常见的数字筛选器外，还有文本筛选器、逻辑筛选器、日期筛选器和时间筛选器，系统会根据目标数据列的类型自动为筛选功能配置筛选器。

　　对于不同种类的筛选器而言，使用方式大致是一致的，但是针对不同类型所提供的限定条件会有差异，具体对比如图 8.22 所示。

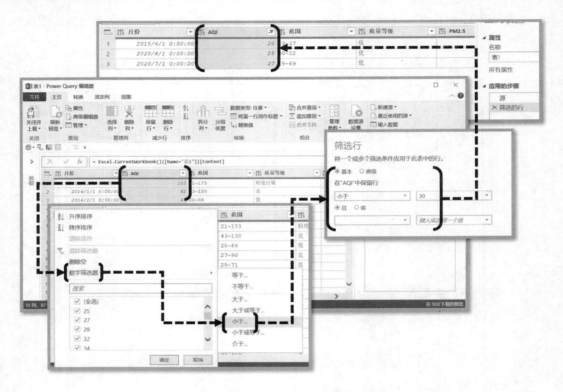

图 8.21 利用筛选器根据自定义条件保留行

图 8.22 筛选功能的各类型筛选器条件对比

通过图 8.22 可以看到，除了"等于/不等于"这样的通用条件外，几乎每种类型都匹配了与之适合的附加条件，总体数量非常多。在此不会逐个展开介绍，麦克斯给读者的建议是在遇到具体的筛选需求后再到筛选器中查找并应用即可。

但是文本筛选器中有两组特殊的筛选条件需要了解一下，它们是"开头为/结尾为"和"包含/不包含"。这两组筛选条件可以帮助我们根据文本的内容来筛选数据，在日常整理数据时较为常用。

2）单字段的多条件筛选

在选择目标列和限定条件后，系统会自动弹出"筛选行"详细设置窗口。在上述范例演示中，因为是筛选"AQI 小于 30 的记录"，因此仅使用了第一组条件。而 Power Query 中允许单字段下设置两组筛选条件，比如 AQI 大于 30 且小于 50 的记录、AQI 小于 30 或大于 50 的记录等，操作及效果如图 8.23 所示。

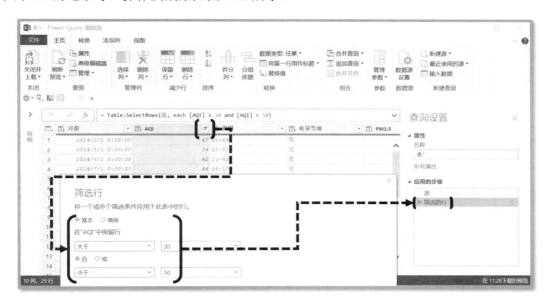

图 8.23　单字段的多条件筛选

说明："且/或"相当于逻辑"与/或"运算，"且"代表两个条件同时满足时整体条件才满足；"或"代表两个条件中的任意一个条件满足，整体条件便满足。

3）筛选器的高级模式

筛选器的高级模式使多字段、多条件的筛选成为可能，下面基于其设置窗口进行介绍，如图 8.24 所示。

在选中目标列触发筛选器条件设置窗口后，通过上方的"基本/高级"单选按钮可以切换至高级筛选模式。在该模式下允许使用"添加子句"方式增加筛选条件，条件的设置部分与基本模式类似，但有一项重大差异就是在条件设置区域的"柱"列，可以自定义条件限定的列，也正是该权限的开放才使得多列条件筛选得以实现。例如，现要求筛选"2020年 AQI 指数低于 30 的记录"，操作及效果如图 8.25 所示。

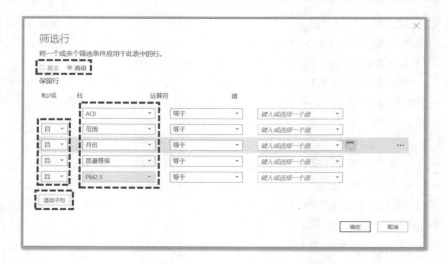

图 8.24　筛选器的高级模式设置窗口

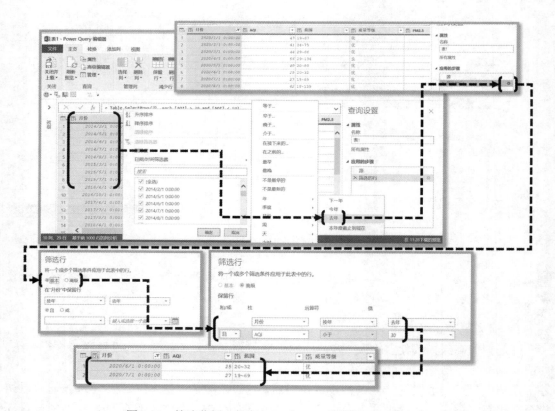

图 8.25　筛选范例：保留 2020 年 AQI 指数低于 30 的记录

　　第一步应用第一层条件选择"日期/时间筛选器"中的"去年"筛选条件，完成初步筛选。然后单击"应用的步骤"栏筛选步骤后面的小齿轮形状的按钮，弹出筛选行设置窗口，把"基本"改为"高级"模式，添加第二组条件并选择"且"单选按钮，保证两条件同时满足才保留记录。最后单击"确定"按钮应用筛选，完成任务。

4）高级模式的多条件逻辑关系

虽然筛选功能的高级模式允许增加多层次的"条件子句"以满足更复杂的筛选需求，但是并没有提供复杂条件间的逻辑关联，这会导致用户在使用多条件高级筛选模式时发生错误。举个例子：若现有表格包含 A/B/C 三列，需要筛选"(A=1)且(B=1 或 C=1)"的记录，应该如何操作呢？读者可以先思考一下再看后续的讲解。

下面公布正确的方法，操作及效果如图 8.26 所示。

图 8.26　多字段、多条件高级筛选：正确示范

如图 8.26 所示是正确的操作方法：首先针对 B 列与 C 列完成或运算和筛选；其次完成 A 列等于 1 的判断筛选。如此一来我们便完成了三组条件的判断和筛选。不知道你答对了吗？不管是否答对了，肯定有读者会感到疑惑，直接运用筛选器的高级模式难道没有办法完成这样的条件筛选吗？

如图 8.27 所示，为完成相同的目的，我们在筛选器的高级模式下设置了 3 组条件，并按照要求的效果依次设定了逻辑关系，但不论将条件设置为"A=1 且 B=1 或 C=1"，还是将或运算提前构造成"B=1 或 C=1 且 A=1"，筛选结果都不正确。这也是使用筛选器的高级模式时需要注意的一处非常容易犯错的细节，因为 Power Query 的高级筛选功能并没有提供适应复杂条件的逻辑关联设置方法。要详细理解产生这个问题的原因，我们需要简单看一下筛选器高级模式的 M 函数公式。

📓 **说明：** 条件顺序的调整可以单击每行条件右侧的"省略号"按钮，选择"上移"或"下移"命令来完成。

如图 8.28 所示为错误示范中两种情况的代码，虚线部分为使用高级筛选模式构造的条件。其中，所有字段列名称均使用方括号"[ ]"包裹，所有的"且"运算使用 and 替代、所有的"或"运算使用 or 替代。

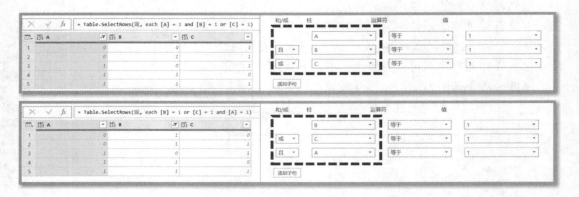

图 8.27　多字段、多条件高级筛选：错误示范

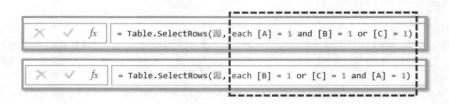

图 8.28　多字段、多条件高级筛选：M 函数代码理解

通过观察可以发现，我们在设置窗口中对各条件的移动并非没有生效，在 M 函数代码中已经对条件的移动做出了反应，只是运算结果没有发生改变，这是为什么呢？因为 and 运算的优先级高于 or 运算，因此不论顺序如何，在上述两组公式中都会先完成 and 运算（分别是 A 列与 B 列、A 列与 C 列），而不是优先进行 B 列与 C 列的 or 运算，运算顺序错误将会无法得到想要的结果。

因此若希望通过一次高级筛选功能便完成上述任务，我们可以在"B=1 或 C=1"的条件判断外围添加括号"( )"，强制提升"或"运算的优先级，提前完成运算，如图 8.29 所示。

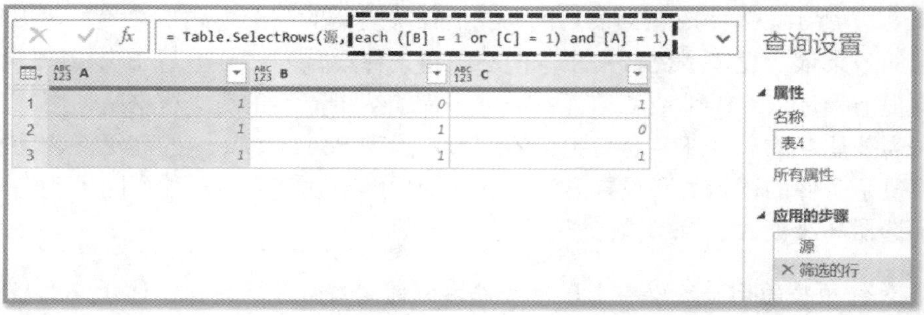

图 8.29　修改 M 函数代码改变逻辑判断的运算优先级

还可以根据实际需求进一步添加括号以满足复杂逻辑的构造需要，使用时只需要注意

由最内层的括号逐步向外运算即可。学习了此方法后，读者便可以有条不紊地处理任何情况下的多字段、多条件筛选问题了。

注意：修改 M 函数代码后，该步骤的"小齿轮"按钮可能会消失。

8.2.3　选择列

多数情况下，待整理的目标数据表格在列方向上的字段数量是远小于行方向上的记录数量的，因此 Power Query 对于列字段操作的命令相对较少，但还是准备了一个特殊的功能"选择列"，方便用户在列字段数目过多时选取目标数据字段。

说明："选择列"为官方提供的中文翻译，称为"保留列"更易理解。

"选择列"功能位于菜单栏"主页"选项卡"管理列"功能组的"选择列"下拉菜单中，它可以根据表格列字段清单复选框自定义选择需要保留的字段列，操作及使用效果如图 8.30 所示。

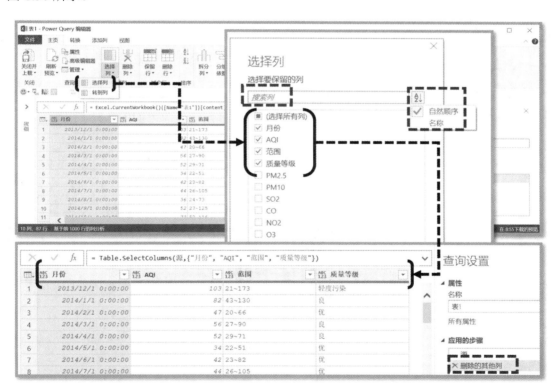

图 8.30　"选择列"功能演示

需要重点说明的是"选择列"功能设置窗口，在该窗口中会列出当前查询和步骤中所有列字段信息，并在对应列字段的左侧附有独立的复选框以控制其是否出现在最终选择结果中。若勾选复选框则保留，若不勾选则删除，类似于"筛选功能"的选择区。在列数过多时还可以使用搜索栏对列字段进行搜索勾选和删除，也可以使用排序更快速的定位目标列。因此，也可以将"选择列"功能理解为一种水平方向上的"简版"筛选。

📖 **说明：** 实现选择列功能所使用的 M 函数为 Table.SelectColumns，在 8.3 节中我们还会看到该函数的应用。

8.3　删除行与列

本节介绍如何对不需要的记录和字段高效地删除。相较于保留行与列，删除行与列的功能在日常操作中的使用更频繁。虽然二者其实是互补的，但是 Power Query 在设计这两类功能时有所侧重。

8.3.1　删除行

在 Power Query 中，行记录的删除共提供了 6 种模式，分别是删除最前面几行、删除最后几行、删除间隔行、删除重复项、删除空行、删除错误。这些模式可以帮助我们快速地删除不需要的目标记录。

1. 删除最前面几行/最后几行

删除最前面几行/最后几行这一组功能与保留首尾行是完全互补的，使用方式相似，提供所需的参数即可完成对应行的删除，这里不再赘述，操作及效果如图 8.31 所示。

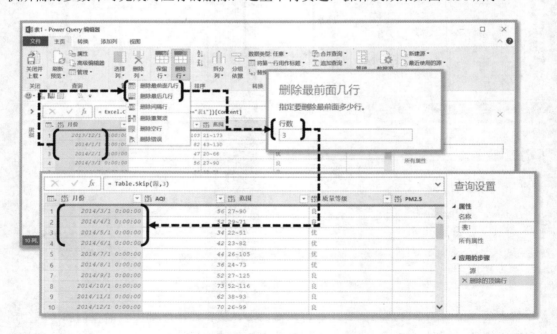

图 8.31　删除行：删除最前面几行

删除最后几行的操作方法类似，这里不再举例，读者可自行尝试。

2．删除间隔行

删除间隔行模式是删除行所特有的模式，与保留行不对应。它可以根据指定的起点和设置的删除行数与保留行数按照固定的周期删除记录。操作及效果如图 8.32 所示。

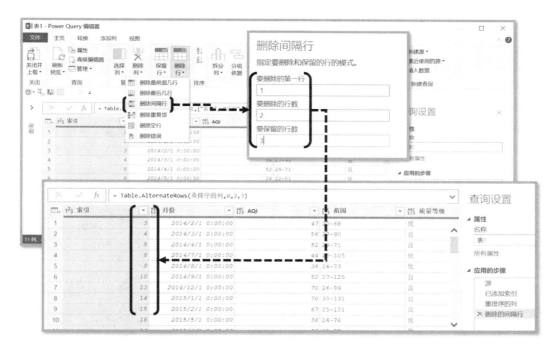

图 8.32　删除行：删除间隔行

删除间隔行模式需要向 Power Query 编辑器提供 3 项参数，分别为要删除的第一行、要删除的行数和要保留的行数。获得参数后，系统便会从指定的起始点执行周期性的行删除操作，如上述示例为每删除 2 行保留 3 行。为了便于读者观察删除前后的表格数据情况，特别添加了索引列，可以看到，若将参数设置为"1/2/3"，则最终保留的行为 3/4/5、8/9/10、13/14/15……，示意如图 8.33 所示。

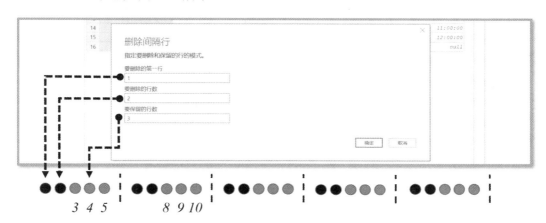

图 8.33　删除间隔行示意

📋 **说明：** "删除间隔行"功能适合处理周期性冗余的数据记录，在实际操作中常用于批量删除奇数行（参数 1/1/1）或偶数行（参数 2/1/1）。

3. 删除重复项

除了常规的以位置信息为条件确定目标删除行外，典型的 3 种特殊值状态"重复、空、错误"也有对应的处理模式。其中，"删除重复项"是使用频次最高的，因为原始数据本身就存在很多冗余信息，而且在处理过程中也会不断产生新的重复值。该功能可以所选字段数据为条件，删除其中重复项的记录，仅保留从上至下首次出现的结果，在前面讲解排序和汇总数据时已经多次使用，相信读者已经不陌生了。

📋 **说明：** 重复项、空值和错误值是数据清洗过程中最典型的 3 类冗余数据，通常都需要强制清除，因此它们的使用频率比较高。

删除重复项的操作主要分为两种，第一种是单条件删除重复值，第二种是多条件删除重复值。下面通过范例进行演示。

如图 8.34 所示为单条件删除重复项记录演示，在选中"月份"列后直接应用"删除重复项"功能会保留原表顺序中首次出现的不重复的年份记录，也就是每年的第一次空气质量检测结果记录。

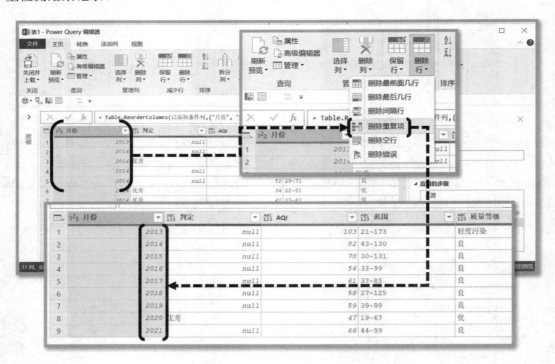

图 8.34　删除行：单条件删除重复项记录

如图 8.35 所示为多条件删除重复项记录演示，为了突出多条件的效果，笔者原始的历年空气质量数据表格中添加了条件判定列，若 AQI 指数低于 50 则设置为合格，否则为不合格。最后将月份与判定列同时选中，然后右击标题行，在弹出的快捷菜单中选择"删除重复项"命令。可以看到最终反馈的是每年的数据记录中第一条合格记录与不合格记录。

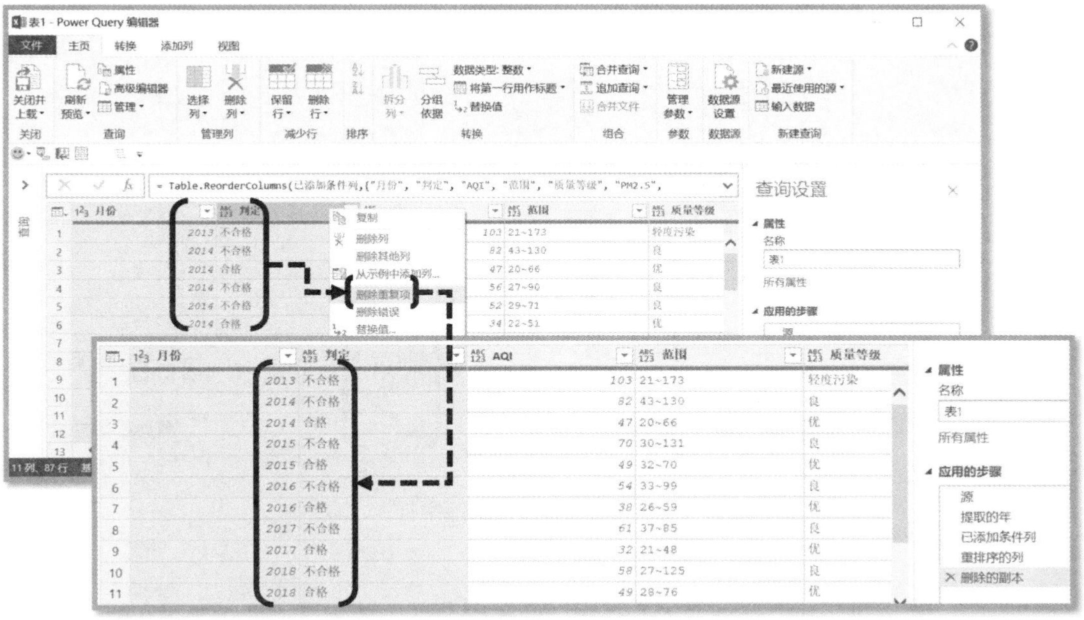

图 8.35　删除行：多条件删除重复项记录

那么多条件的原理是什么呢？读者可以这样理解：系统将我们所选的若干列的所有数据合并为一列，之后执行单条件的删除重复项（即判断所有列是否有重复），只有条件列中的所有字段都相同，才判定为重复记录进行删除，否则保留。

说明：删除重复项的概念非常重要，而且一定要理解多条件的判定原理，在后续学习行与列结构调整命令时还会有类似的应用。

4．删除空行

面对重复项，可以使用单条件或多条件删除功能灵活解决，面对空行，我们也可以直接使用删除行中的删除空行功能一键清除表格中的所有冗余空行。删除空行功能不需要任何参数，也不需要选择任何对象即可运行，非常简单、易用。操作及效果如图 8.36 所示。

虽然删除空行功能极为简单，但是在实际操作中需要注意以下几点：

❑ 部分数据源的空行并非冗余空行，而是作为不同数据的区块划分，因此若删除空行会破坏区域划分，则需要提前处理。

❑ 删除空是针对整行为 null 的记录，对于任意字段存在非空的数值则不会进行删除，因此在实际操作中会频繁地使用筛选功能，将其中某列为 null 的记录行进行删除，如图 8.37 所示。

说明：直接取消勾选复选框中的 null 值也可以达到相同的效果。

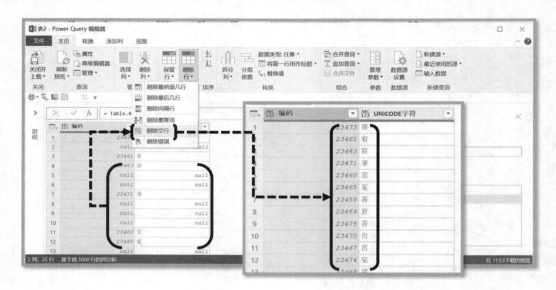

图 8.36　删除行：删除空行

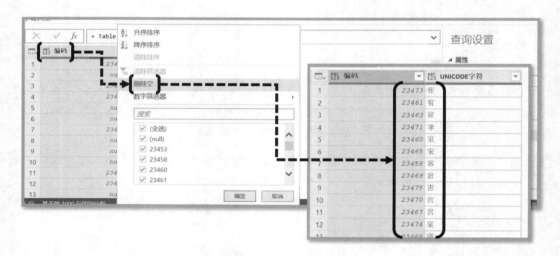

图 8.37　筛选功能：删除空

删除空行能够判定的是"标准空值"，即 null，以及空白单元格。对于空格文本、空单元格则无法正确识别，4 类空值对比如图 8.38 所示。

在 Power Query 中主要有 4 类名义上被称为空值的数值，为了便于区分，以标准空值、文本空值、空白单元格和空格文本对它们进行命名。

标准空值是指单元格中的斜体 null，它是唯一合法被系统所识别的空值；文本空值是指 null 被视为文本字符串来处理，其不具备标准空值的特性；空白单元格是指单元格内没有任何数据，其同样不具备标准空值的特性；空格文本是指包含一个或多个空格字符的文本字符串，属于"假空"，实际上是有内容的。

以上 4 类空值在筛选功能及其他功能中都有差异，使用时请注意。对于"删除空行"命令而言，除了能够对标准空值行删除外，也可以删除空白单元格，操作及效果如图 8.39

所示。

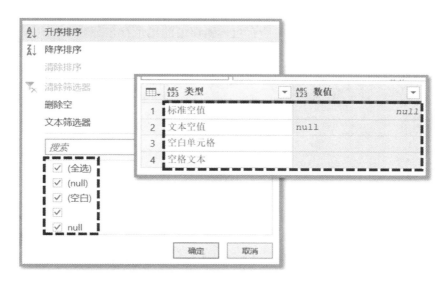

图 8.38　4 类空值对比

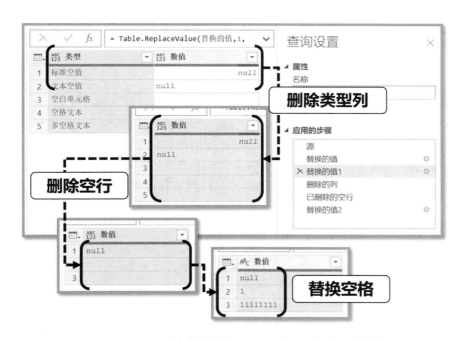

图 8.39　"删除空行"命令对各类空值的清除功能演示

　　原始数据表格包括 4 类空值数据，先应用删除"类型列"，然后对数值列应用"删除空行"命令，最终剩余 3 项结果，因为不确定剩余的无内容单元格是"空白单元格"还是"空格文本"，因此添加一个替换步骤，将数值列中的所有空格替换为数字"1"，得到最终结果。由此可知，"文本空值"和"空格文本"都属于有内容的行，"删除空行"命令无法将其清除，但对于"标准空值"和"空白单元格"，如果内部无值则可以清除。

5. 删除错误

"删除错误"功能可以对所选列中所有包含错误值的记录行全部删除,具体操作及效果如图 8.40 所示。

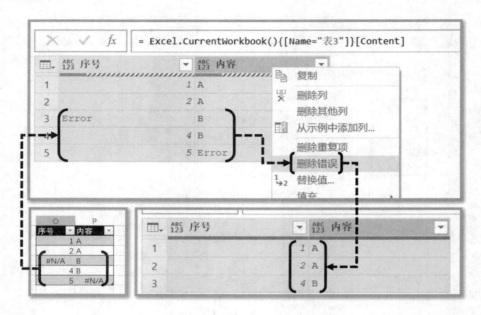

图 8.40　删除行:删除错误

"删除错误"功能既可以对单列使用又可以对多列使用,只要错误值出现在所选列中,其所在的记录行便会被删除。除此以外,麦克斯在此拓展一点关于产生错误值的原因,常见的错误值来源之一是外部数据,如原本 Excel 表格中便包含"#N/A、#NUM"等错误值,在导入 Power Query 编辑器后对应单元格便会自动以 Error 替代;另一类常见的错误值的产生是在转换列数据类型时,如果当前列数据无法转换成目标类型则会以 Error 替代,比如将文本"A"转换为"整数类型";此外,其他命令在执行过程中未满足规范时也会产生错误值。

8.3.2　删除列

学习完行的删除后,本节学习列删除功能。不像删除行的命令众多,删除列只分为"删除列"和"删除其他列"两个命令。顾名思义,"删除列"命令可以删除选中的目标列,而"删除其他列"命令可以删除选中列以外的所有字段列。具体操作方法为:选中目标列,在菜单栏"主页"选项卡的"管理列"功能组中单击"删除列"下拉按钮,在其下拉菜单中选择"删除列"(或"删除其他列")命令,操作及演示如图 8.41 和图 8.42 所示。

如图 8.41 和图 8.42 所示,使用"删除列"与"删除其他列"两个命令完成了列字段的删除,并且采用了菜单栏触发和标题栏的右键菜单触发两种模式,在日常操作中多使用标题栏右键菜单触发的"删除其他列"功能。这是因为右键触发效率更高,同时"删除其他列"命令具有更强的适应性。

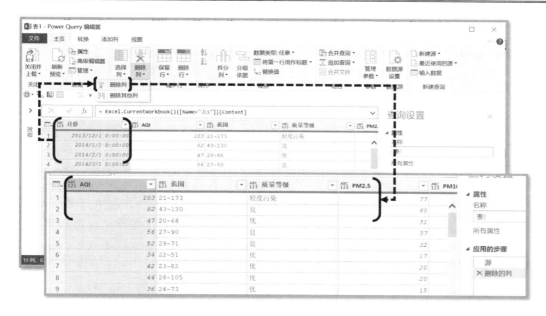

图 8.41　"删除列"功能演示

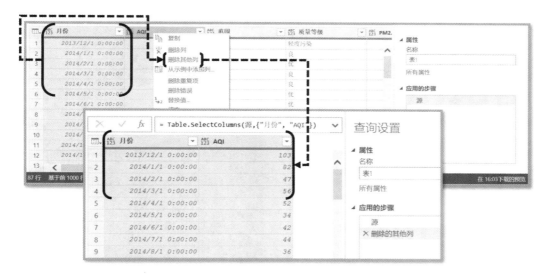

图 8.42　"删除其他列"功能演示

什么叫作"更强的适应性"呢？我们知道，所有的 Power Query 查询都不是操作完见效后就消失的，而是会将结果保存在查询文件中。这可以大大提升我们对相同任务的重复处理速度。但是在实际场景中，即便是相同的任务，在多数情况下也不会完全一样，更多的是同类型的问题，也就是处理逻辑类似，但是数据数量、字段数量可能会有细微的变化。

因此在面对这样的情况下，如果仅使用"删除列"功能，很容易会造成不必要的错误。例如选中"A 列"后对其删除，在 M 函数代码中就会明确写上删除"A 列"，若 A 列在下一次的处理中消失了，查询便会报错。这并非我们想看到的结果，因此通常情况下，会倾向于使用"删除其他列"来完成列的删除任务。例如选中"A 列、B 列"后使用"删除其他列"命令，即便其他列增加或减少了，也不会影响查询的正常运行。

📋说明：如果注意看"删除其他列"功能的 M 函数代码，会发现它使用的函数是
Table.SelectColumn，即保留列/选择列，本质上和选择列功能是一样的。因此，
若列数太多，则建议使用"选择列"功能完成对冗余列字段的删除。

8.4　本 章 小 结

本章我们对 Power Query 编辑器中的"行调整与列调整"的相关功能进行了深入学习，依次学习了移动、保留和删除行与列的功能，其中最基础和实用的是排序、筛选等功能。

通过对本章内容的学习，相信读者已经基本掌握 Power Query 行调整和列调整功能的使用了，下一章将开启对"添加列"命令的学习。

第9章 添 加 列

在第 8 章中学习行与列结构的调整命令时，我们将数据结构调整的任务简单地分为了 5 大类别，分别是行与列的移动、行与列的保留、行与列的删除、列添加和表格结构变换，前面我们已经掌握了前三类相关功能的学习。

本章我们重点学习"添加列"功能。这也是 Power Query 中使用频次非常高的功能，微软官方设计团队还专门为"添加列"设置了一个独立的选项卡。

本章共分为两部分，第一部分讲解"添加列"选项卡的功能分布；第二部分分别讲解"添加列"功能的 6 项主要应用，分别是重复列、索引列、条件列、示例中的列、调用自定义函数和自定义列。

本章涉及的知识点如下：

❑ "添加列"选项卡的定位；
❑ 如何添加重复列和索引列；
❑ 条件列的使用逻辑；
❑ 示例中的列的多种应用模式；
❑ 什么是自定义函数，如何调用自定义函数；
❑ 理解条件列、示例中的列、调用自定义函数与自定义列的关系；
❑ 如何添加自定义列。

9.1　"添加列"选项卡

在正式讲解"添加列"功能之前，我们先了解几个简单的问题，比如"添加列"选项卡和普通的添加列功能有什么区别？"添加列"选项卡的功能如何分布？"添加列"选项卡的功能和"转换"选项卡的功能为何如此相似？它们之间有何区别？在本节内容中，我们将会对上述问题逐一解答。

9.1.1　"添加列"选项卡的功能分布

首先回答的问题是"添加列"选项卡的功能分布问题，这也是我们了解"添加列"选项卡功能的第一步，其功能分布如图 9.1 所示。

虽然在"添加列"选项卡下存在"常规""从文本""从数字""从日期和时间"4 个功能组，但是一般会将"常规"功能组单独拿出来，并将其余 3 个功能组简单地称为其他功能组。

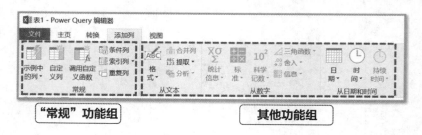

图 9.1　"添加列"选项卡功能分布

　　这是因为"常规"功能组中的 6 个功能才是"添加列"功能的核心，其他功能组的本质是转换运算命令附加了添加列的特性，因此才被纳入"添加列"选项卡，其实质是归属于"转换"选项卡的，主要包括一些文本和数值的运算功能。

9.1.2　"添加列"选项卡与"转换"选项卡的关系

　　为了更清楚地理解"其他功能组本质上属于转换选项卡"这个问题，我们需要进一步对比"转换"选项卡与"添加列"选项卡的功能，如图 9.2 所示。

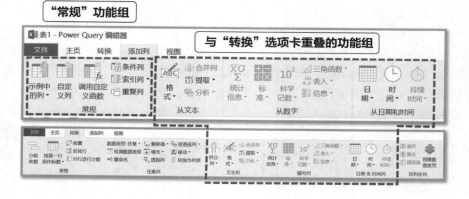

图 9.2　"添加列"选项卡与"转换"选项卡功能对比

　　通过对比可知两个选项卡存在大量名称重复的功能。而这部分功能恰好是"从文本、从数字、从日期和时间"功能组中的运算命令，而且这些同名的功能所发挥的作用基本上是一样的，唯一的区别在于"转换"选项卡中的功能作用于选中列；"添加列"选项卡的功能以选中列为基础进行运算，并将运算结果存储在新列中。也就是说，"添加列"中其他功能组的运算不会影响原始数据，在使用时注意即可。这就是麦克斯认为其他功能组本质上是转换运算命令附加了"添加列"的特性才被纳入"添加列"选项卡，实际是归属于"转换"选项卡的原因，举例演示如图 9.3 所示。

　　在上面的演示中对空气质量指标 AQI 列分别使用"转换"选项卡和"添加列"选项卡中的标准乘法运算进行了 100 倍的乘法运算，可以看到，"转换"选项卡中直接对原始列进行了倍增，而"添加列"选项卡则未影响原始列，结果数据被存放于新列"乘法"中。

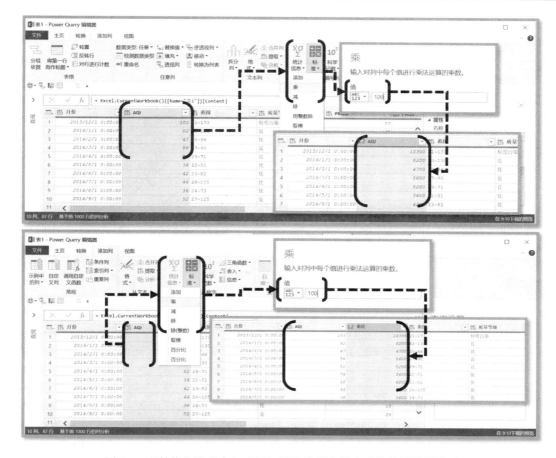

图9.3　"转换"选项卡与"添加列"选项卡同名功能使用效果演示

说明："添加列"选项卡其他功能组中的所有功能属于数据调整的范畴，因此不会在这里进行讲解，在后面的内容中将会专门介绍。

9.2　添加列的 6 大核心功能

本节将讲解添加列的 6 大核心功能。读者需要注意一点，因为"常规"功能组中的所有命令都属于"添加列"选项卡，因此所有结果都会产生新的列，并将结果存放于这些新的列中（新列默认位于表格的末尾）。

9.2.1　重复列

"重复列"功能可以实现对列的复制（也称为镜像）。具体操作方法为：选择目标需要复制的单列字段，在菜单栏"添加列"选项卡的"常规"功能组中单击"重复列"按钮，操作及效果如图9.4所示。

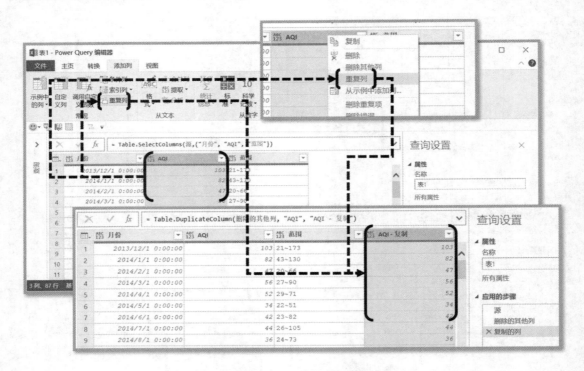

图 9.4 添加列："重复列"功能演示

图 9.4 所示的两种触发方式都可以完成对列的镜像，在实际操作中多使用右键菜单触发方式。重复列常用于避免原始字段数据被污染的场景（无法多列同时镜像）。重复列的操作非常简单，但也反映出了一个细节：Power Query 中不存在对列、行、单元格和表格的复制、粘贴功能，这与在 Excel 中的操作不一样。

说明：除了不能够复制、粘贴外，Power Query 中还存在很多与 Excel 的差异，比如基础处理单元从单个单元格变为单个字段列批量运算，将表格视为一个整体来处理等，读者可以在使用时多做对比。

9.2.2 索引列

"索引列"功能的使用频次极高，该命令可以自动为查询表数据添加索引列（类似于序号列或编号列），并且可以定义索引列的初值与步长。具体操作方法为：无须选择目标列字段，在菜单栏"添加列"选项卡的"常规"功能组中单击"索引列"下拉按钮，然后选择相应的命令，操作及效果如图 9.5 所示。

"索引列"下拉菜单中预设了 3 种不同的模式，分别为"从 0""从 1""自定义"，图 9.5 所示的三列为分别使用这 3 种模式构造的索引列结果。其中，"从 0"模式构造的索引列会自动逐行构建形如"0、1、2、3……"的序列，"从 1"模式会自动逐行构建形如"1、2、3、4……"的序列。而"自定义"模式允许自定义序列的起点与递增步长，在图 9.5 中为 2 和-1，因此最终的序列为"2、1、0、-1……"。

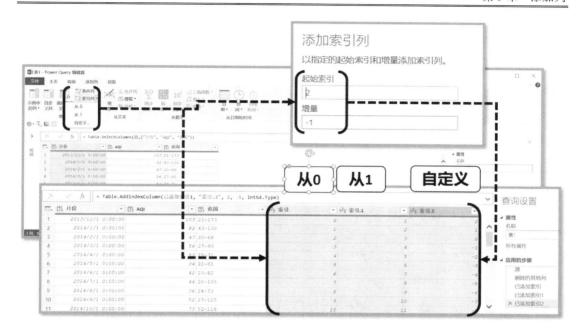

图 9.5　添加列：索引列的 3 种模式演示

技巧：添加索引列对应的 M 函数代码很简单，如果需要修改初始值和递增步长，可以直接修改公式编辑栏中 Table.AddIndexColumn 函数的第 3、4 个参数，无须重新添加。

以上便是"索引列"功能的基本使用。下面介绍几个比较常见的应用场景。

1. 使用索引列编号

索引列的第一种应用场景最常见：利用"从 1"索引对乱序数据表格的记录进行编号。表格数据都需要有对应的编号列，类似于为各行记录创造其独有的 ID 来标明身份，这也是"索引"一词的本意。在构建了 ID 后还可以依据此 ID 与外部表格进行合并查询、匹配数据等。

2. 使用索引列记录顺序信息

索引列的第二种应用场景是利用索引列记录数值的顺序信息，方便后续恢复排序。在 Power Query 中一些复杂的功能如展开、透视列等，在应用后会改变原始数据的排序情况，因此当需要数据整理结果与原始输入数据保持一致时，常使用索引列根据目标字段记录顺序信息，待数据整理完毕后再利用索引列排序恢复原始顺序。

3. 使用索引列进行排序固化

索引列的第三种应用场景比较特殊，即利用索引列固化排序。之前我们说过，排序功能的升/降序顺序属于"伪排序"，并未完全固化，因此在排序后添加索引列可以固化排序，防止在后续操作中发生错误。

4．使用索引列构造重复/循环序列

索引列的第四种应用场景是将创建的索引列视为"自然数序列"，并以此为基础通过标准运算构造目标所需的重复或循环序列，操作及效果如图 9.6 所示。

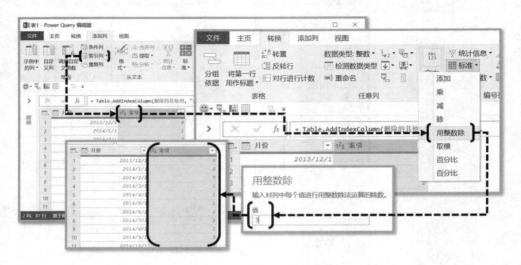

图 9.6　使用索引列构造重复序列

首先为原始数据表格新增"从 0"索引列，然后对索引列应用"转换"选项卡下的"用整数除"标准运算，接着输入参数 3，完成以 3 为周期的重复序列"0、0、0、1、1、1……"构造。输入的参数用于控制重复周期，默认以 0 为起点，后续可根据需要平移。

如图 9.7 所示，首先为原始数据表格新增"从 0"索引列，然后对索引列应用"转换"选项卡下的"取模"标准运算（求余数运算），再输入参数 4，完成以 4 为周期的循环序列"0、1、2、3、0、1、2、3……"构造。输入的参数用于控制循环周期，默认以 0 为起点，可根据后续需要平移。

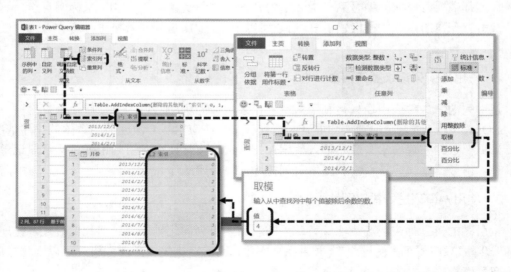

图 9.7　使用索引列构造循环序列

说明：重复和循环序列是解决很多实际操作问题重要的"桥梁"，常常搭配"透视列"和"逆透视列"功能使用，具体的应用案例可以参看第 10 章的内容。

9.2.3　条件列

1. "条件列"功能的基本使用

"条件列"功能可以执行多层嵌套的逻辑判断，比如经典的多层成绩等级划分，或是简单的 A/B 分流等，类似于 Excel 中的 IF 函数或编程语言中的 if 条件结构。下面以多层成绩等级划分为例进行演示，操作及效果如图 9.8 所示。

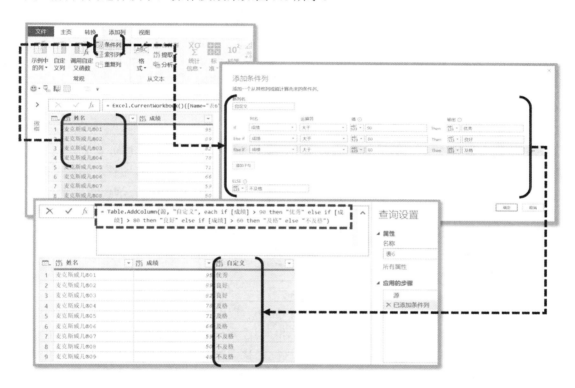

图 9.8　添加列："条件列"功能演示

我们使用"添加列"选项卡"常规"功能组的"条件列"为所有同学的成绩划分了几个等级。其中，大于 90 分的为优秀，小于或等于 90 分且大于 80 分的为良好，小于或等于 80 分且大于 60 分的为及格，剩余的为不及格。

为了实现上述逻辑，我们在"添加条件列"设置窗口中单击"添加子句"按钮添加 3 组 IF 条件，并逐条设置：若成绩列大于 90 则返回优秀；若成绩大于 80 则返回良好；若成绩大于 60 则返回及格；若三项判定均不成立则返回不及格（在 ELSE 项下完成输入）。

说明：补充一些细节设置，可以通过"新列名"参数设置条件列的名称；若 ELSE 项值
未输入则默认为空值；条件组可以通过右侧的省略号按钮进行删除/上移/下移操
作；返回值除了可以自定义设置外，也可以选择返回某列字段值。

这里需要注意的一点是，判定的逻辑是从上至下逐条判定的，一旦判定成立便会输出
对应预设的数值，若判定不成立才会进行下一组条件的判定。这也是我们在设置"良好"
级别时，仅需要控制其大于 80 分，而不需要设置小于 90 分的原因（第一组条件判定不成
功才会进入第二组条件的判定），逻辑示意如图 9.9 所示。

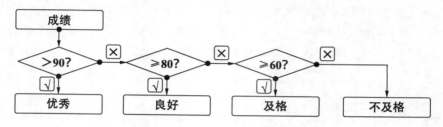

图 9.9　多层嵌套条件列的运行逻辑

2. "条件列"功能的逻辑弱点

虽然条件列的使用在多层 IF 结构嵌套上没有限制（可以嵌套数十层分支），并且通过
"添加条件列"设置窗口完成条件的设定不容易出错，因此对于多分支的场景是非常友好的。
但是"条件列"功能有一个很明显的缺陷，便是不支持单组条件内的复杂逻辑部署。

单组条件内的复杂逻辑部署是什么意思呢？举个例子，如果现在的成绩列有语文和数
学两列，而需要判定的不仅仅是某门成绩大于 60 分便算作及格，而是两科成绩列都大于
60 分时才算作及格，这个时候就没办法通过单组条件来完成部署了。

注意：单组条件内的复杂逻辑部署和多层的 IF 条件嵌套是没有关系的，注意区分。

那么这个问题如何解决呢？通常，Power Query 使用操作命令解决这个问题的办法是：
按照类似的逻辑，但返回值使用数字替代，同时创建多组条件列，然后利用多条件筛选或
筛选功能的高级模式直接筛选出满足条件的目标结果。如果需要获取具体的评级，可以合
并所有条件列后，额外添加一组条件列对合并条件列进行判定。具体操作及效果如图 9.10
所示。

首先将各条件单独拆分，用条件列判定出结果并单独显示。如图 9.10 所示，条件列 1
判定语文大于 60 返回 1，否则返回 null；条件列 2 判定数学大于 60 返回 1，否则返回 null。
虽然独立判断会显得比较烦琐，但是却完成了最小单元的逻辑判断，剩下的问题是如何将
独立的判断结果汇总，以获得目标结果。

若希望获得所有及格同学的记录，则可以利用多条件筛选或筛选功能的高级模式直接
筛选出满足条件的数据，条件为两组条件列均等于 1 即可。若希望通过新列返回各同学的
"及格与否"的状态，还需要进一步处理，比如可以求和两个条件列判定结果是否为"2"；
或者合并两个条件列判定结果是否为"11"，如图 9.11 所示。

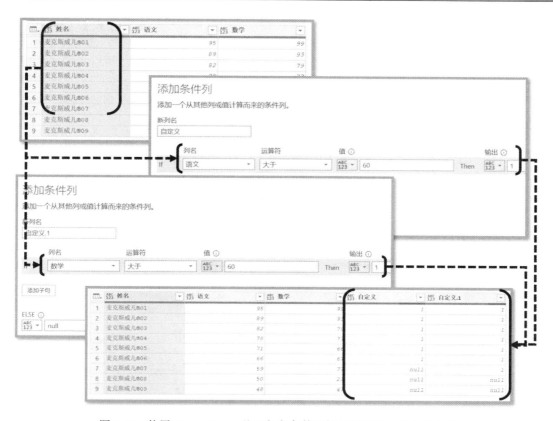

图 9.10　使用 Power Query 处理复杂条件逻辑部署问题：多组条件列

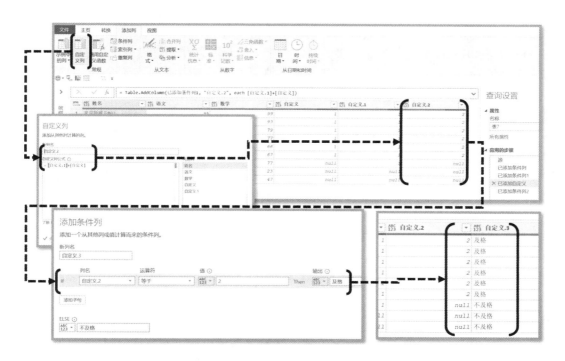

图 9.11　使用 Power Query 处理复杂条件逻辑部署问题：综合条件判定

图 9.11 采取了求和两列判定为 2 的方案。首先利用自定义列完成对两个条件列的求和，然后使用新条件列判定若求和结果为 2 则返回"及格"，否则返回"不及格"，至此完成任务。

虽然对于其他更复杂的问题我们也可以采取上述思路来解决，但是随着问题复杂度的提升，简单地使用条件列及筛选功能来完成复杂逻辑条件的部署会更加烦琐。但这个问题在实际中确实会影响一些问题的解决，因此掌握常规的解决思路后，麦克斯将简单介绍一个通过修改 M 函数代码来完成复杂逻辑部署的方法。

3.　微调M函数代码强化条件列功能

想要通过修改 M 函数代码完成更复杂的逻辑部署，我们首先需要了解使用条件列自动获取的 M 函数代码。以上述案例中最简单的步骤为例，如图 9.12 所示。

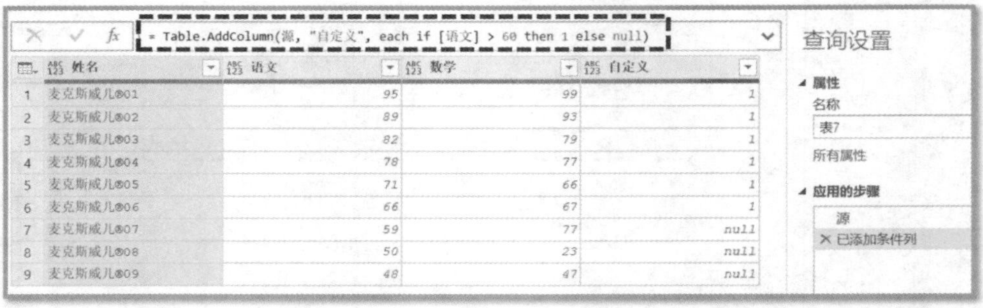

图 9.12　条件列 M 函数代码

通过图 9.12 可知，使用条件列设置条件组逻辑判定使用的 M 函数为 Table.AddColumn，该函数用于添加新的列（不仅是条件列，示例中的列、自定义函数调用和普通自定义列的添加都可以使用此函数，我们会在后续的讲解中再次看到）。

Table.AddColumn 函数的第一参数通常为上一个步骤返回的查询表，第二参数为新建条件列的列名，这两部分采用系统创建的默认值即可，不需要调整。需要重点理解的是第三参数，其用于控制部署的逻辑。其中，if 关键字表示进行逻辑判断，后面跟随的是逻辑判断式，如果判断成功则返回 then 关键字后的数值，若失败则返回 else 关键字后的数值。

以上便是条件列 M 函数代码的基本构成，通过对比可知此前所说的条件列逻辑部署的明显缺陷是因为条件列设置窗口对 if 关键字后的逻辑判断式的处理能力有限，仅允许单个条件的设置，并非是 Power Query 本身不支持该逻辑的应用。因此如果要解决上述问题，我们可以直接在公式编辑栏对系统自动生成的条件列 M 函数代码的条件判定部分进行修改，如图 9.13 所示。

如图 9.13 所示，为条件列添加一组"且运算"逻辑并修改返回值后，可以通过单次添加条件列来解决上述问题，极大提高了复杂逻辑判断的效率。同时，使用类似的修改逻辑，并配合除了 if 和 then 外更加完善的关键词如 else if、and、or 以及括号（），可以根据实际需求构造出任意逻辑判断式（类似于修改高级筛选功能的条件构造部分的 M 代码）。

> 技巧：在正式学习 M 函数代码前，不建议读者直接进行条件部分的书写，建议使用条件列功能设置多组嵌套条件的基本框架后，再利用公式编辑栏对 M 函数代码进行修改，这样可以提高效率，降低错误的发生。

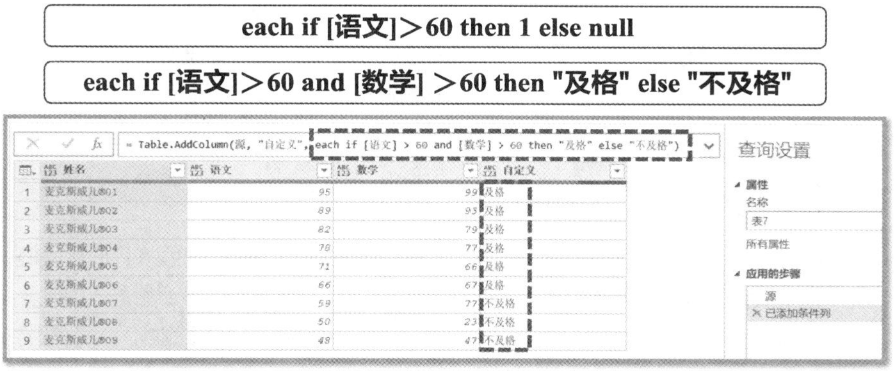

each if [语文]＞60 then 1 else null

each if [语文]＞60 and [数学] ＞60 then "及格" else "不及格"

图 9.13　微调 M 函数代码强化条件列功能

9.2.4　示例中的列

1. "示例中的列" 功能的基本使用

"示例中的列" 功能是根据用户提供的少量新列样本数据以及现有查询表中的列字段数据预测添加的新列，类似于 Excel 中的 "智能填充"。这样理解可能有些许晦涩，具体的操作及效果如图 9.14 所示。

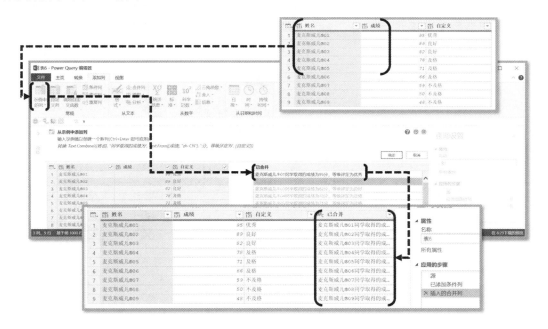

图 9.14　添加列："示例中的列" 功能演示

"示例中的列" 功能的基本操作步骤如下：

（1）在菜单栏 "添加列" 选项卡的 "常规" 功能组中单击 "示例中的列" 启动该功能进入预测页面。

（2）确认左侧查询表格列字段的勾选情况，未勾选的列不会参与预测。

（3）在右侧空白预测列中，手动录入模拟的目标结果（一项或多项）。

（4）确认预测列中除了样本值外所有空白处的预测情况，其中，黑色字为样本值，灰色字为预测值。

（5）确认数据区上方的预测 M 函数公式与实际需求逻辑是否一致。

（6）完成预测，获得结果。

本例我们遵循 6 个基本步骤完成了应用。具体来说，在本例中我们使用预测列添加了一项样本值"麦克斯威儿®01 同学取得的成绩为 95 分，等级评定为优秀"，该样本值综合了前三列原始字段值并且添加了若干冗余的文本，但系统自动探测出了我们的书写逻辑"Text.Combine({[姓名], "同学取得的成绩为", Text.From([成绩], "zh-CN"), "分，等级评定为", [自定义]})"，并自动将该列中的其他值按照预测逻辑一次性全部生成。

通过本例的演示可以看到，"示例中的列"本质上是一项快速依据原有数据构建新列的技术，并且自动化程度非常高，利用了更为高级和精巧的算法帮助用户提高效率。如果想要手动完成上述需求，则需要使用 M 代码配合自定义列的方式才可以完成，但是使用"示例中的列"功能则完全不需要掌握 M 代码，而且操作量也大大减少了。

2.　"示例中的列"的使用细节

除了基本操作外，因为"示例中的列"智能化程度较高，所以在使用时还有一些细节需要特别说明：

（1）"示例中的列"本身分为"从所有列"和"从所选内容"两种模式，这两种模式本质上使用的算法是一致的，唯一的区别在于前者是查询表中的所有列，而后者仅查询选中的列，如图 9.15 所示。

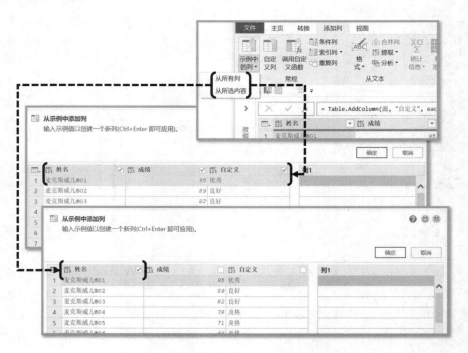

图 9.15　示例中的列：两种模式

技巧：在进入预测页面后，可以通过改变列字段的勾选状态调整选中的列。

（2）在简单的场景中，比如上述案例中所面对的问题，简单提供一项样本值便可以获得正确的预测结果。但是有时会超出算法的预测能力，可能会出现预测错误的情况。在这种情况下我们可以通过增加样本值的数量来校正预测结果，提高预测的准确度。

（3）多项样本值的书写并不需要严格按照顺序从上至下逐个添加，可以随意选取记录并在对应位置输入样本值。这个过程需要注意，同类型的样本值不需要提供过多，应当有针对性地提供特殊值的预测样本，因为其中会涵盖更多关于生成规则的信息，有助于算法获取这部分信息，提高预测准确度。

演示案例如图 9.16 所示，可以看到，在设置首个样本值后预测结果并没有完整显示，其预测逻辑为提取关键字"2"和"7"之间的数据，这并不是我们想要的效果，因此我们选择预测错误的结果进行修改，最终提取到 2～4 位的数据。

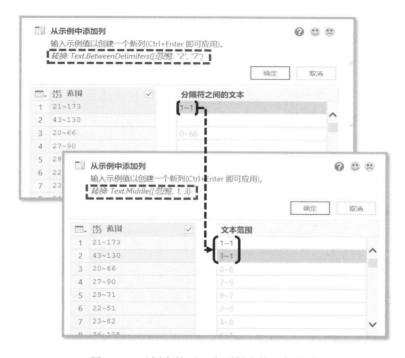

图 9.16　示例中的列：多项样本值添加策略

（4）预测能力是有限的。虽然"示例中的列"的预测效果在部分场景下是极为高效的，但是预测能力还是极为有限的。不过这个限度没有具体的标准，需要在实际操作中体会。

（5）"示例中的列"并非我们第一次见到的具有 AI 特性的功能。在第 7 章中讲解合并查询功能的高级功能时我们便遇到了同样具有 AI 特性的"模糊匹配"功能。对于模糊匹配功能，不建议在需要准确整理数据时使用。

为什么呢？因为模糊匹配的结果不准确，其是根据后台的综合算法得出的结果。对于示例中的列而言，虽然也是算法结果，但是建议用户使用，因为该功能预测的不是结果，而是处理逻辑的 M 函数代码，实际是按照预测产生的代码逻辑执行的，而代码逻辑是可预测的。这是两项 AI 工具最重大的差异，也是"示例中的列"的一大特点。

🔔注意：当使用"示例中的列"功能预测的数据记录较多时，我们没有办法通过肉眼去查看、核对每条预测结果的正确性。只能确认预测的 M 函数代码逻辑是否正确。因此若不具备 M 函数基础知识，未理解预测逻辑，依旧不建议使用该功能。

（6）"示例中的列"命令的预测窗口在确认之后便会自动依据预测的代码逻辑创建新的自定义列承装结果，无法再返回预测界面，需要重新设置。

3．"示例中的列"命令的特殊意义

通过前面的演示和讲解，读者了解了"示例中的列"的作用。这里再拓展一下其特殊含义。

只要使用过一次"示例中的列"命令完成任务，便会发现它和其他数据整理命令有非常大的差异。常规的功能是用户给出一个指令，系统根据该指令进行工作。某种程度上，我们是在教系统如何干活。但"示例中的列"不同，用户仅提供"原材料"，附赠几个"样板产品"，最后系统"有样学样"，使用原材料来模拟制作产品，这代表系统自行在"思考和工作"。所以从本质上来说前者是"过程式"工作的代表，优点是精确、可控，缺点是过程的构建比较精细，需要学习和严格的逻辑；而后者则是"结果式"工作的代表，优点是专注目标，过程由系统自动完成，缺点是准确度低、可控程度低。

这两类差异其实并非只在当前这个小环境内存在，工厂的流水线、机械结构的构建、所有的函数公式、传统的编程语言等，都属于"过程式"工作的范畴。而由于算力和算法的提升，才逐步在更多的领域出现了更智能的"结果式"应用。所以，虽然目前智能程度有限，但这些功能的出现代表 Power Query 尝试向一种全新的工作模式进发。即使需要很长的时间才能发展成熟，甚至是以失败告终，但无疑是一种好的尝试。

4．案例：提取混合文本中的数字

这里以一个常见的数据整理案例"提取混合文本中的数字"对"示例中的列"功能进行讲解。在工作中经常会见到一类典型的字符串数据，比如一段评价文字、一段备注、一段描述等。这些字符串本身涵盖多类信息，如评分、日期、价格等。如果希望从中提取目标的数据信息，除了可以自行构建思路并利用 Power Query 编辑器中的其他数据整理命令完成提取外，也可以借助"示例中的列"功能来帮助我们自行完成该任务，而且效率更高。操作及效果如图 9.17 所示。

在原始数据的评价列中包含对每一位学生的期末综合评价及评分信息。由于是老师给出的评价，所有评分与评价都混合在一起了。现在需要提取其中的评分并存储在新列中便于后续的处理分析。

对于这个需求，可以直接选中评价列后应用"选中列"模式的"示例中的列"命令来完成，在预测区输入前两行样本即可正确预测出所有结果，获得的预测逻辑 M 代码为"Text.Select([评价], {"0".."9"})"，用于提取评价列中所有的数字。

如果我们换一种思路，也可以认为该项任务需要清除评级列中所有的中文字符及标点。使用默认功能完成比较困难，但利用"示例中的列"功能可以快速获取精准代码来完成任务。

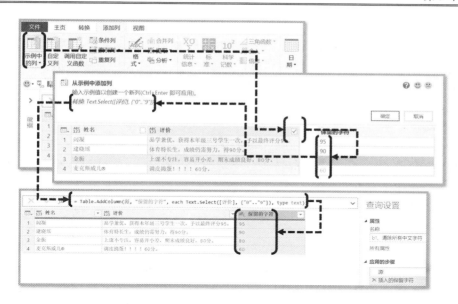

图 9.17 案例：提取混合文本中的数字

9.2.5 调用自定义函数

1."调用自定义函数"功能的基本使用

"调用自定义函数"功能可以将已封装好的 Power Query 自定义函数在查询表格中调用，并输入对应字段列作为参数，最终将返回结果存储在新列中。该功能的使用及效果如图 9.18 所示。

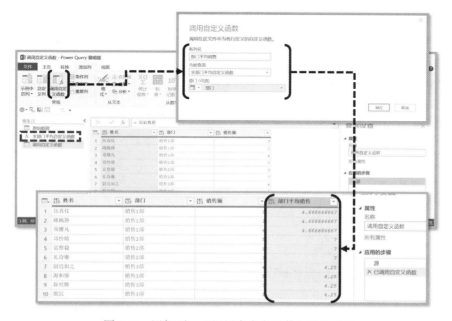

图 9.18 添加列："调用自定义函数"功能演示

原始数据中包含公司各销售部门的员工销售额数据记录，现在需要依据部门平均销售额来判定各员工是否通过考核，若个人销售额超过平均值则通过考核，否则不通过（仅供演示）。选择原始数据查询表格，应用菜单栏"添加列"选项卡"常规"功能组中的第一项命令"调用自定义函数"，然后在弹出的设置窗口中设置用于存储数据结果的新列名、调用的自定义函数名称和输入参数，最后单击"确定"按钮即可为所有员工计算出其所在部门的平均销售额。

以上便是"调用自定义函数"功能的基本使用逻辑，只要选择了正确的自定义函数和字段列作为输入参数，就不会有什么问题。核心的疑问点是自定义函数是什么？案例里面的自定义函数在哪里呢？

2. 自定义函数是什么

自定义函数，顾名思义是用户自行定义的用于实现特定功能的函数。只需要向自定义函数提供所需的参数，系统便可以自动按照已定义的逻辑完成运算并返回结果。

虽然自定义函数被称为函数，但是其是以"查询"形式出现和存储的，只是在表现上与查询有所区别。例如在上述案例中，用户的自定义函数"求部门平均"便可以直接在查询管理栏中查看，并可以在菜单栏"主页"选项卡的"高级编辑器"窗口中查看自定义函数的 M 代码，如图 9.19 所示。

图 9.19　查看自定义函数代码

与普通查询表格不同，自定义函数在查询管理栏中拥有专属的 fx 图标，可以轻易地辨认出来。单击自定义查询函数时会出现如图 9.19 所示的参数说明界面。而通过公式编辑栏或公式高级编辑器可以查看自定义函数的 M 代码。

上面的案例中使用的自定义函数较为简单,一共分为 3 步:

(1)读取原始数据查询表作为数据源。

(2)根据输入的部门作为条件,筛选原始数据表格。

(3)对筛选结果的销售额列进行平均值求取,最后返回部门的平均值。

如果我们将上述的自定义函数与前面演示的调用自定义函数的步骤关联起来理解,就可以看清整个运算过程,逻辑示意如图 9.20 所示。

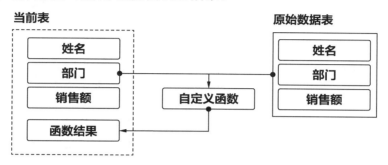

图 9.20　调用自定义函数工作逻辑示意

3. 如何封装自定义函数

从上述案例中不难看出,通过自定义函数我们可以获得极大的拓展能力,很多此前没办法在单张查询表格中完成的任务,都可以通过自定义函数模块化完成。那么如何封装属于自己的自定义函数呢?不会 M 函数语言也可以完成封装吗?

答案是可以自行封装,但是需要一定的 M 语言基础。不过读者也不需要过于担心,简单的封装对于 M 函数的要求并不高,完全可满足日常使用。接下来我们就以上面案例中的自定义函数为例来演示如何构造求取部门平均销售额的查询,以及如何将查询封装为自定义函数。

(1)构造运算逻辑,也就是求取部门销售额的平均值。因此需要复制原始数据查询,并筛选"销售 1 部"的所有记录;然后对销售额列应用"转换"选项卡"编号列"功能组中的"平均值统计"功能,得到销售 1 部的平均销售额。操作及效果如图 9.21 所示。

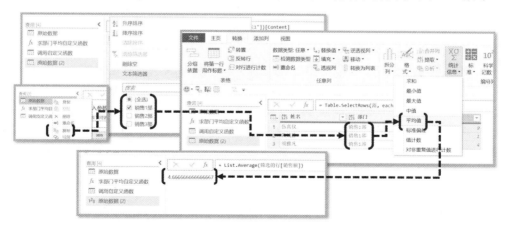

图 9.21　封装自定义函数:构造运算逻辑

（2）将运算逻辑封装为函数。具体操作方法为：首先选择查询，通过菜单栏"主页"选项卡"查询"功能组进入高级编辑器窗口查看该查询的完整 M 代码；然后通过 Ctrl+A 快捷键全选代码后用 Tab 键整体添加缩进；最后在主体代码块头部添加"let fx =（部门）=>"代码段，尾部添加代码段"in fx"，并确认后即可将查询函数化，操作及效果如图 9.22 所示。

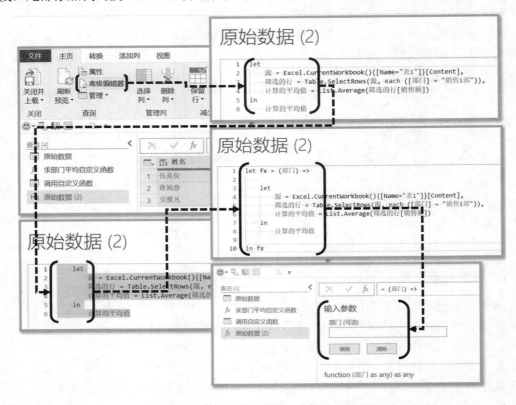

图 9.22　封装自定义函数：将查询函数化

> **说明：** 添加的两组代码段为固定格式，其中，fx 为函数名称，可以根据实际需求设置，保持前后一致即可，但注意以查询形式呈现的自定义函数名称应以查询名称为准，比如案例中查询的正式名称为"求部门平均自定义函数"。头部代码段括号中为需要外部输入的参数名称，可以修改。

（3）将参数与运算逻辑关联。虽然通过前两步分别完成了运算逻辑的主体构建和查询函数化，距离真正的自定义函数已经非常接近了，但是本质上运算逻辑并没有和外部输入的参数挂钩，也就无法正确地根据参数变化得到结果。

具体修改方法为：进入自定义函数的高级编辑器窗口，逐行查看运算逻辑代码部分，将原有的销售部门的条件全部替换为输入参数"部门"，完成联动。操作及效果如图 9.23 所示。

因为案例中使用的自定义参数较为简单，因此参数较少。只需要将唯一的一处"销售1部"字段替换为输入参数"部门"即可。最后单击"确定"按钮完成自定义函数的封装，这样就可以在其他查询表格中正常调用了。

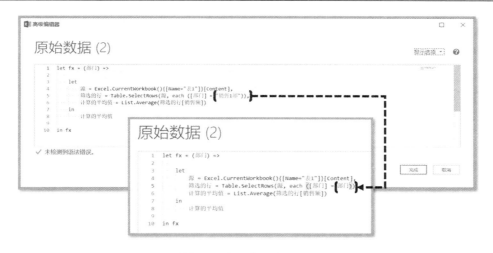

图 9.23　封装自定义函数：将参数与逻辑关联

🔔**注意**：读者可能会对代码中的"[部门] = 部门"感到疑惑，虽然两者都名为"部门"，但是前者外部有方括号，代表数据源表中的"部门列"字段，而后者代表自定义函数的输入参数，两者的意义是不同的。

　　以上便是"自定义函数封装"的操作过程，只需要理解少量的代码。该方法主要分为3 个核心步骤：以查询的形式构建运算逻辑；将该查询函数化；建立输入参数与运算逻辑的关联。

9.2.6　自定义列

1．"自定义列"功能的基本使用

　　"自定义列"功能可以通过 M 代码自定义构建新列，是 6 个"添加列"功能中灵活度最高的一个。不论是条件列、示例中的列还是调用自定义函数，本身都是在使用自定义列，唯一的区别是系统利用设置窗口完善了其中"自定义"的部分。

　　本节中首先演示"自定义列"功能的基本使用，然后对比"自定义列"功能与"添加列"的其他功能的关系。操作及效果如图 9.24 所示。

　　我们在原始查询表中添加了一列名为"城市"的新列，在该字段中所有数据值均显示为"深圳"，表示该空气质量数据来源于深圳。这样的效果便是添加自定义列完成的。我们只需要选中对应的查询表，并在菜单栏"添加列"选项卡的"常规"功能组中单击"自定义列"按钮；然后在弹出的"自定义列"设置窗口中设定新列名为"城市"，在公式编辑区输入"="深圳""；最后单击"确定"按钮即可完成创建。这便是自定义列最基础的应用"标记数据记录"。

2．"自定义列"设置窗口

　　"自定义列"设置窗口主要由三部分组成，分别是列名区、可用列区和公式编辑区，如图 9.25 所示。

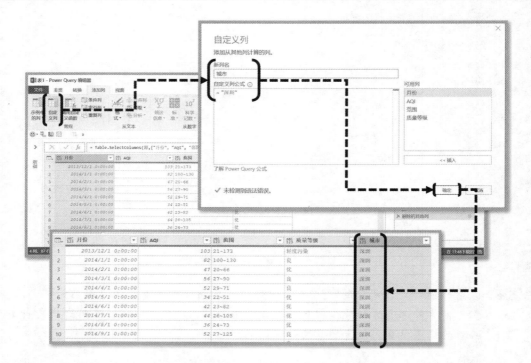

图 9.24　添加列："自定义列"功能演示

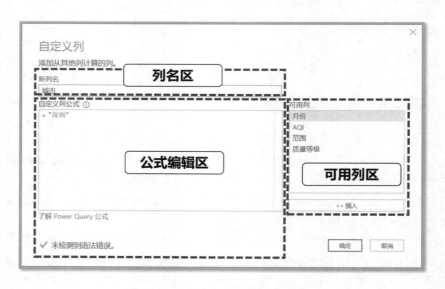

图 9.25　"自定义列"设置窗口分区

其中：列名区用于设置新建自定义列的名称；可用列区用于显示当前查询表其他列字段的数据记录，可以双击对应的列名将其移至左侧的公式编辑区；公式编辑区用于书写 M 函数公式且自带错误语法检测功能。

说明：如果横向对比三类公式编辑器，那么"公式编辑栏"的级别最低，适合编写单一步骤的 M 函数公式；"自定义列"略做功能强化；"高级编辑器"最佳。

很明显，在这三个分区中，公式编辑区最重要，因为它决定自定义列中的数据。这一部分可以非常简单，正如案例中那样只包含一个常量；也可以非常复杂，包括十数种 M 函数相互嵌套的运算逻辑。

3．"自定义列"功能与"添加列"其他功能的联系

打开在"示例中的列"中使用的范例文件，单击这些步骤对应的"小齿轮"按钮，便可以看到复杂自定义列范例，如图 9.26 所示。

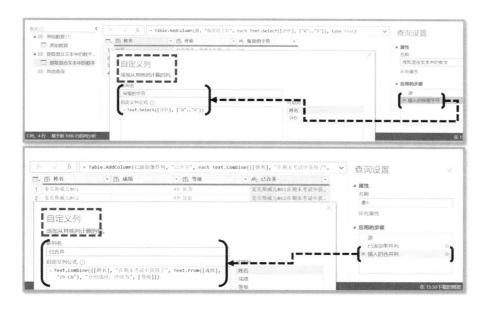

图 9.26　添加自定义列与示例中的列的关系

可以看到，所有示例中的列步骤在单击修改步骤按钮后都会弹出"自定义列"设置窗口，其中便存储有系统自动生成的、复杂的自定义 M 函数代码。

在"示例中的列"一节中曾讲过一个细节，即预测界面一旦确认后便只能重新启动"示例中的列"功能进行重新预测，无法返回预测界面。导致这个问题的本质原因就在于"示例中的列"预测的其实是完成的目标任务，需要在自定义列公式编辑栏中输入 M 函数公式。一旦确认预测，系统便会自动保存预测的 M 函数公式，并利用其创建自定义列。因此，如果重新理解"示例中的列"功能，可以认为它是自定义列的强化版本，包含智能填写公式的自定义列。

虽然不能像"示例中的列"一样直接通过步骤调整功能开启"自定义列"设置窗口，但是"条件列"和"调用自定义函数"这两种模式的本质也是"添加自定义列"。假如我们将其 M 函数公式的条件部分和调用部分复制并粘贴到自定义列中，那么可以达到完全相同的效果。操作及效果如图 9.27 所示。

图 9.27 为使用多组条件判定成绩所对应的等级，是我们讲解条件列的基本使用时的范例。直接复制关键词 each 后的条件判定公式，然后添加自定义列，将 M 函数代码粘贴到其中并确认后可以获得与条件列相同的效果，但步骤列中的名称已变为"已添加自定义"。调用自定义函数与自定义列的关系与此类似，在此不再赘述。

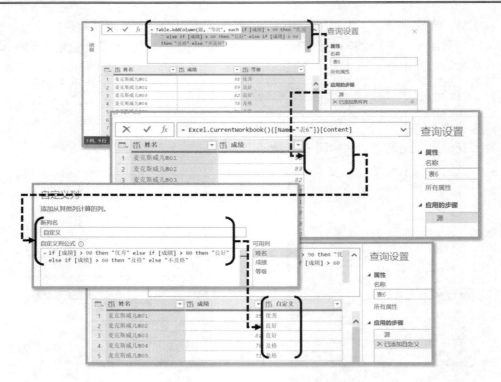

图 9.27　添加自定义列、条件列与调用自定义函数的关系

4．自定义列构造技巧

虽然自定义列的使用对 M 函数代码知识的要求较高，并非讲解的重点。但是有一些构造技巧（尤其是序列的构造技巧）在解决实际问题时常常会起到奇效。下面具体讲解。

（1）第一种情况是自定义"常量"。例如当为数据记录做标签时，需要通过自定义列新建"常量列"。若常量为文本，在输入时必须使用双引号对将文本包括才可以生效，如"="深圳""；若为数值则可以直接输入，如"=2021"。操作及效果如图 9.28 所示。

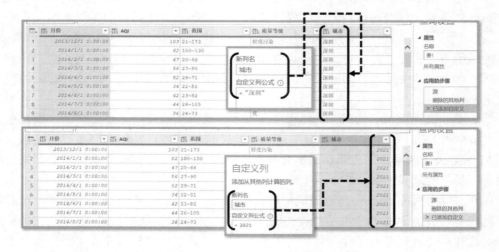

图 9.28　使用自定义列构造常量列演示

技巧：若要将列字段值和输入的常量进行关联，则可以使用文本连接符"&"，如"="空气质量等级为："&[质量等级]"。数字与文本关联前需要转换为文本形式，可以通过列字段的数据类型进行切换或使用函数 Text.From([数字列])进行转换。

注意：所有公式中出现的符号都需要在英文状态下输入方可正确识别并生效。

（2）第二种情况是"简单函数和运算符的使用"。想要达到灵活运用"自定义列"功能需要掌握大量 M 函数公式的相关知识，但是使用基本的运算符和简单的函数也可实现一些特别的功能。M 函数语言的常用运算符与常用函数如表 9.1 和表 9.2 所示。

表 9.1　M 函数语言的常用运算符

序　　号	运　　算　　符	使 用 范 例	使 用 说 明
1	&（文本连接符）	[文本列1] & [文本列2] & "文本字符串"	连接文本数据
2	+（加法运算符）	[数字列1] + [数字列2]	加法运算
3	-（减法运算符）	[数字列1] - [数字列2]	减法运算
4	*（乘法运算符）	[数字列1] * [数字列2]	乘法运算
5	/（除法运算符）	[数字列1] / [数字列2]	除法运算
6	and	true and true	逻辑与运算
7	or	false or false	逻辑或运算
8	not	not false	逻辑非运算

表 9.2　M 函数语言的常用函数

序　　号	函 数 名 称	使 用 范 例	使 用 说 明
1	Text.Combine	=Text.Combine({"1", "2", "3"})	连接文本数据
2	Text.Select	=Text.Select("1234", "1")	提取文本
3	Text.Remove	=Text.Remove("1234", "1")	去除文本
4	Text.From	=Text.From("1")	转换为文本类型数据
5	Text.Start	=Text.Start("1234",1)	提取字符串开头的字符
6	Text.PadStart	=Text.PadStart("12", 4, "0")	在文本前进行补位

说明：完整的运算符与函数无法在此一一给出，感兴趣的读者可以到微软的 Power Query 官方文档页面 https://docs.microsoft.com/zh-cn/powerquery-m/查找目标运算符和所有函数的详细说明，或关注微信公众号"麦克斯威儿"，查看中文教程。

（3）第三种情况是"序列构造"。谈到序列构造，可能读者的第一反应是类似于"序号列"的自然序列构造，或是衍生的重复和循环序列构造。使用"自定义列"完成的序列构造较为特殊，是字符序列的构造，其主要分为 3 种：动态自然序列列表构造；英文大小写字符构造；所有中文字符序列构造，演示如图 9.29 所示。

图 9.29 演示了使用自定义列构造自然序列的基本方法。我们在自定义列的公式编辑区中输入"{1..9}"即可构造一组起点为 1、终点为 9 的自然数列表 List。最终可以看到新添加的列中每行记录都包含该列表，通过数据预览功能可以确认其中的内容全部为数字 1～9。

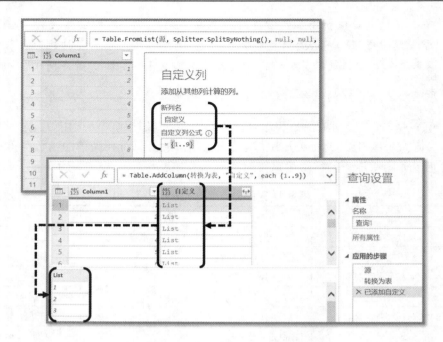

图 9.29　自定义构造数字序列

注意：还记得前面我们使用"从 Web"模式获取和汇总连续页面的表格数据案例吗？当时我们构建 1～25 的连续页码，使用的便是序列构造。

　　以上是自然序列构造的基本技巧，但在实际操作中我们更倾向于一些"变体"的构造。例如，使用代码"{"1".."9"}"可以直接构造出文本 1～9 的序列用于文本运算，或者自定义需要的起点和终点序列，如"{101..200}"，或者使用多段序列构造法跳过一些特殊值，如"{1..3,5..13}"，或者让列字段数字参与序列构造形成动态序列，在使用上非常灵活，操作及效果如图 9.30 所示。

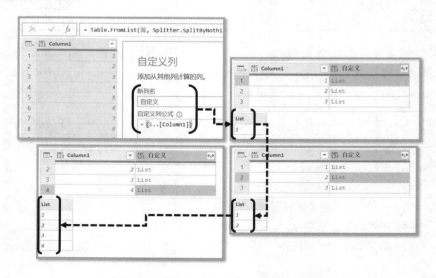

图 9.30　使用自定义列构造动态数字序列

　　图 9.30 演示了使用自定义列构造动态数字序列的过程。我们在自定义列的公式编辑区中输入"{1..[Column1]}"即可构造一组起点为 1、终点为 Column1 的指定数字的自然数列表 List。最终可以看到新添加的列中每行记录都包含一个列表,通过数据预览功能可以确认其中的内容会根据 Column1 列值的变化而变化,从简单的 1 到 1、2,逐步递增升级为 1、2、3,1、2、3、4……。综上所述,通过将已有列字段数据引入列表构造的代码中可以实现构造长短不一的数字序列满足更加多元化的需求(案例部分会看到更多关于该技巧的具体应用)。

　　除了上述演示的最常用的数字序列外,对于字符序列也可以按照类似的逻辑完成构造,比如常见的中英文字符列表"{"一".."龥"}"和"{"A".."Z"}",使用这两段代码可以轻松获取所有中文汉字字符和英文大写字母的集合,在实际操作中常用于清除混合文本中的所有汉字和大写字母,如图 9.31 所示。汉字序列代码中的两字为 Unicode 编码中的汉字起止字符,构建序列囊括所有中文汉字字符。其中后者"龥"(念 yù)属于生僻字,使用拼音难以输入,可以按住 Alt 键后在小键盘上输入 40869 或 64923 完成输入。以上序列的使用方法与数字序列构造类似,不再单独演示。

> Unicode编码: **4e00**
> 对应字符: **一**　GB2312编码: **53947**　BIG5编码: **42048**　GBK编码: **53947**　GB18030编码: **53947**
> Unicode编码: **9fa5**
> 对应字符: **龥**　GB2312编码: **没有**　BIG5编码: **没有**　GBK编码: **64923**　GB18030编码: **64923**

图 9.31　"一"字与"龥"字的 Unicode 编码

说明:从"一"字到"龥"字的范围并非所有汉字的编码范围,汉字中还包含很多补充字符、部首字符等。但上述范围包含 20 000 多个中文字符完全可以满足绝大多数日常字符的处理。完整的汉字字符范围请参考表 9.3。

表 9.3　Unicode汉字字符范围

序　　号	字　符　集	字　　数	Unicode 编码（十六进制）
1	基本汉字	20902字	4E00-9FA5
2	基本汉字补充	38字	9FA6-9FCB
3	扩展A	6582字	3400-4DB5
4	扩展B	42711字	20000-2A6D6
5	扩展C	4149字	2A700-2B734
6	扩展D	222字	2B740-2B81D
7	康熙部首	214字	2F00-2FD5
8	部首扩展	115字	2E80-2EF3
9	兼容汉字	477字	F900-FAD9
10	兼容扩展	542字	2F800-2FA1D
11	PUA(GBK)部件	81字	E815-E86F
12	部件扩展	452字	E400-E5E8
13	PUA增补	207字	E600-E6CF

续表

序　号	字　符　集	字　数	Unicode 编码（十六进制）
14	汉字笔画	36字	31C0-31E3
15	汉字结构	12字	2FF0-2FFB
16	汉语注音	22字	3105-3120
17	注音扩展	22字	31A0-31BA
18	〇	1字	3007

5. 序列构造的逻辑和背景知识

可能读者会疑惑，为什么两个字符也可以作为起点和终点，像数字那样构造序列？理解这一点需要介绍一下 Power Query 中采取的字符编码原则，即 Unicode 编码原则。

计算机在运行时能够识别的数据都是二进制的"0101010101010……"序列，对于数字而言可以直接转换为十进制理解，也可以将十进制数据轻松地表示为二进制。但是对于字符则没办法直接使用，需要为各个字符进行数字编码然后使用。那么有没有一种编码可以很好地适应世界上所有的语言，包含该语言体系下的所有字符呢？答案就是 Unicode 编码，Power Query 编辑器也采用了这种编码方法。

在计算机早期发展时，各地区的字符系统都是独立存在的，这极大妨碍了全球范围内的数据信息交流，为了解决这个问题，Unicode 编码应运而生。读者可以想象有一张尺寸巨大的表格，其中包含世界上所有语言的字符，并且按照一定的顺序给这些字符赋予了唯一的编码。当你想要使用这些字符的时候，只需要查询 Unicode 这本"字典"便可以轻松完成字符与代码的相互转换。

可以将通过字符进行序列构建的过程理解为通过字符所代表的数字编码完成序列构建后再翻译得到字符形成序列。接下来以大写英文字母序列的构造为例进行说明。

表 9.4 为 ASCII 码可见字符部分编码对照表。该编码方式为早期编码标准，Unicode 编码便是在此基础上拓展产生的，因此对照表的前 128 项与 Unicode 编码相同。

表 9.4　ASCII码控制或通信专用字符（可见字符部分）

十进制编码	十六进制编码	字　符	释　义
32	0x20	(space)	空格
33	0x21	!	叹号
34	0x22	"	双引号
35	0x23	#	井号
36	0x24	$	美元符号
37	0x25	%	百分号
38	0x26	&	和号
39	0x27	'	单引号
40	0x28	(	开括号
41	0x29	)	闭括号
42	0x2A	*	星号
43	0x2B	+	加号

十进制编码	十六进制编码	字　　符	释　　义
44	0x2C	,	逗号
45	0x2D	-	减号/破折号
46	0x2E	.	句号
47	0x2F	/	斜杠
48	0x30	0	字符0
49	0x31	1	字符1
50	0x32	2	字符2
51	0x33	3	字符3
52	0x34	4	字符4
53	0x35	5	字符5
54	0x36	6	字符6
55	0x37	7	字符7
56	0x38	8	字符8
57	0x39	9	字符9
58	0x3A	:	冒号
59	0x3B	;	分号
60	0x3C	<	小于
61	0x3D	=	等号
62	0x3E	>	大于
63	0x3F	?	问号
64	0x40	@	电子邮件符号
65	0x41	A	大写字母A
66	0x42	B	大写字母B
67	0x43	C	大写字母C
68	0x44	D	大写字母D
69	0x45	E	大写字母E
70	0x46	F	大写字母F
71	0x47	G	大写字母G
72	0x48	H	大写字母H
73	0x49	I	大写字母I
74	0x4A	J	大写字母J
75	0x4B	K	大写字母K
76	0x4C	L	大写字母L
77	0x4D	M	大写字母M
78	0x4E	N	大写字母N
79	0x4F	O	大写字母O
80	0x50	P	大写字母P
81	0x51	Q	大写字母Q

十进制编码	十六进制编码	字　　符	释　　义
82	0x52	R	大写字母R
83	0x53	S	大写字母S
84	0x54	T	大写字母T
85	0x55	U	大写字母U
86	0x56	V	大写字母V
87	0x57	W	大写字母W
88	0x58	X	大写字母X
89	0x59	Y	大写字母Y
90	0x5A	Z	大写字母Z
91	0x5B	[	开方括号
92	0x5C	\	反斜杠
93	0x5D	]	闭方括号
94	0x5E	^	脱字符
95	0x5F	_	下画线
96	0x60	`	开单引号
97	0x61	a	小写字母a
98	0x62	b	小写字母b
99	0x63	c	小写字母c
100	0x64	d	小写字母d
101	0x65	e	小写字母e
102	0x66	f	小写字母f
103	0x67	g	小写字母g
104	0x68	h	小写字母h
105	0x69	i	小写字母i
106	0x6A	j	小写字母j
107	0x6B	k	小写字母k
108	0x6C	l	小写字母l
109	0x6D	m	小写字母m
110	0x6E	n	小写字母n
111	0x6F	o	小写字母o
112	0x70	p	小写字母p
113	0x71	q	小写字母q
114	0x72	r	小写字母r
115	0x73	s	小写字母s
116	0x74	t	小写字母t
117	0x75	u	小写字母u
118	0x76	v	小写字母v
119	0x77	w	小写字母w

续表

十进制编码	十六进制编码	字　　符	释　　义
120	0x78	x	小写字母x
121	0x79	y	小写字母y
122	0x7A	z	小写字母z
123	0x7B	{	开花括号
124	0x7C	|	垂线
125	0x7D	}	闭花括号
126	0x7E	~	波浪号

对照表 9.4 中的第 65～90 项为英文大写字母编码，确认是连续的。因此我们可以在自定义列中输入公式"{"A".."Z"}"完成大写字母序列构造，操作及效果如图 9.32 所示。

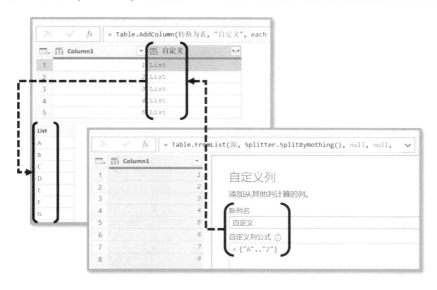

图 9.32　通过查询编码表完成字母序列的构造

同理，对于 Unicode 字符编码表中其他范围的字符，我们也可以通过确认连续性后直接使用其中的起点和终点，完成序列的构造。例如，所有的英文字符可以通过输入公式"{"A".."Z","a".."z"}"完成构造，所有常用符号可以使用公式"{" ".."~"}"，表示空格到波浪号完成构造等。对于上述提及的所有序列总结如表 9.5 所示。

表 9.5　常用的构造序列

序　　号	序 列 名 称	序 列 代 码	说　　明
1	数字序列	{1..999}	最常用的序列，可以使用逗号分隔多段
2	文本数字序列	{"1".."999"}	与上一项的区别是结果为文本类型
3	大写字母	{"A".."Z"}	
4	小写字母	{"a".."z"}	使用{"A".."z"}可以一次性表示大小写字母，但并非只有52个字符，因为大小写字母之间还存在若干其他字符

续表

序　号	序 列 名 称	序 列 代 码	说　　明
5	汉字字符	{"一".."顧"}	这两个字符为Unicode编码中汉字的起止字符，构建序列包括所有中文汉字字符
6	符号	{" ".."~"}	空格至波浪号的常用字符，包括大量的符号，但同时也包括字母表和数字
7	中文标点	{"，","。","、","！","？ ", "《","》","（","）"}	常用的中文标点在编码中存储较为分散，可以通过单独输入的方式来使用

说明：需要更多的字符序列可以查看完整的 Unicode 编码与字符对照表。如果想知道某个字符对应的 Unicode 编码或某项编码对应的 Unicode 字符，除了可以使用搜索引擎查询外，也可以直接使用 Excel 工作表函数 UNICODE/UNICHAR。

6. 案例1：实验数据的频数分布统计

数据的分组频数统计是常见的一类数据处理需求，若是在记录实验数据时采取的是 A 到 B 的简写形式，可能会对后续的分组统计造成一定的困难。接下来我们使用上述序列构造技巧来解决此类问题。

案例中的原始数据做了一些简化，同时在处理的过程中会使用一些暂未讲解的功能，但比较简单，读者重点关注整体处理思路和序列构造的技巧即可。如图 9.33 所示的两张表格分别为"原始数据：统计分组"和"原始数据：实验结果"。可以看到分组是固定以 100 为单位间隔分布的，而实验结果数据则长短不一，使用"-"作为范围分隔符简写，最终希望达成的任务目标为统计各分组的结果频次。

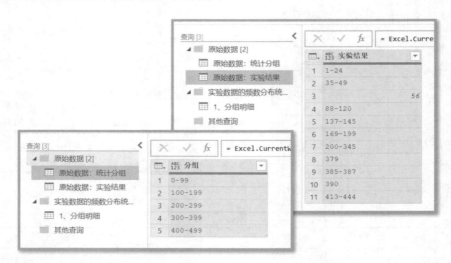

图 9.33　实验数据的频数分布统计：原始数据

（1）对原始数据进行预处理。可以看到，不论是分组还是结果数据均使用短横线"-"连接，这对于任何数据分析工作来说都是非常不友善的，因此首先需要将范围数据分解为单个数据点的列表，操作如下：

首先通过右键菜单"引用"命令查询表"原始数据：统计分组"，并重新命名为"1、分组明细"，以隔离原始数据表与数据处理过程，方便后期替换数据源或另为他用；然后选择其中的"分组"列字段，应用菜单栏"添加列"选项卡下"常规"功能组中的"重复列"功能，隔离原始列数据和处理列数据；最后对镜像列应用菜单栏"转换"选项卡下"文本"列功能组中的"按分隔符拆分列"功能，以"-"短横线为依据将分组字段拆分为两列，并将拆分结果列类型转换为整数数值类型，如图 9.34 所示。

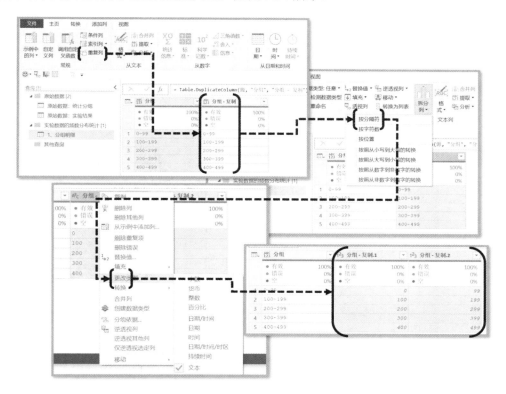

图 9.34 提取简写起点与终点信息（重复列+按分隔符拆分+更改类型）

⌂注意：类型转换的步骤不能丢，虽然数据是一样的，但是文本类型的数值无法在下一步构建数值序列，因此需要将其转换为整数类型。

（2）列写所有分组结果。在完成对分组依据起点与终点提取后，我们需要据此创建序列并平铺展开，用于后续的匹配工作。例如分组"0-99"应当拆分为 100 行，并且每行包含一个对应数值，其他分组依据类似，具体操作如下：

首先应用"添加自定义列"功能，并输入公式"={[#"分组 - 复制.1"]..[#"分组 - 复制.2"]}"代表以起点和终点构建数字序列；然后展开自定义列，完成对查询"1、分组明细"的处理，至此便完成了对辅助查询"1、分组明细"的处理，操作过程如图 9.35 所示。

（3）对原始数据中的实验结果表也采用相同的处理。

（4）匹配实验数据与分组依据并统计频次结果。在完成了两张原始数据表格的预处理后，就可以进行下一步的匹配与统计任务，操作如下：

首先选中查询表"1、分组明细"并应用"将查询合并为新查询"功能，在合并设置窗口中分别选中两张辅助查询表作为合并对象，并将两表中的展开列作为条件列建立左外部联接；然后展开查询结果中的值列，如果展开结果为空值则代表该标准未成功匹配到实验数据，如果不为空值则匹配成功，需要将其纳入统计范围，因此需要筛选清除展开列中为空值的记录；最后对原始分组情况列应用菜单栏"转换"选项卡下"表格"功能组中的"分组依据"命令，并统计各个分组下的行数，完成任务。操作如图 9.36 和图 9.37 所示。

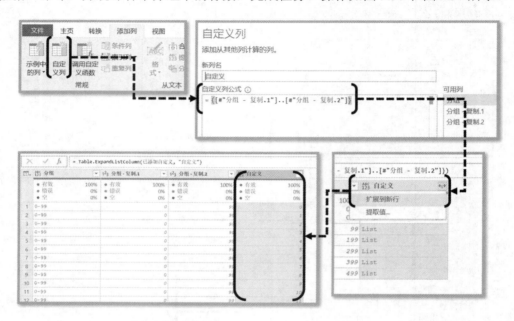

图 9.35　展开分组明细数据（自定义列+展开）

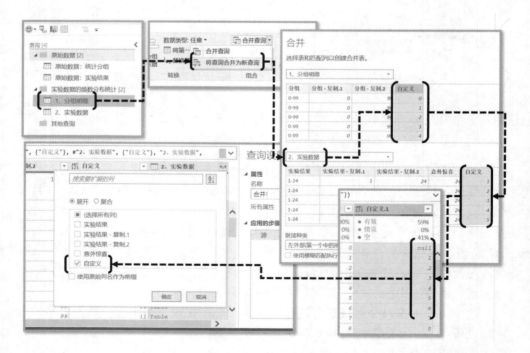

图 9.36　合并匹配分组明细数据并筛选

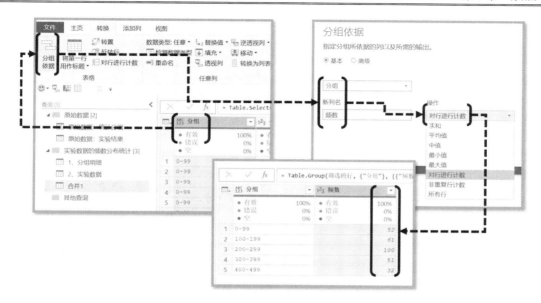

图 9.37　使用"分组依据"命令统计各组样本频数

7．案例2：两组列表数据的笛卡儿积构建

笛卡儿积是数学中的概念。如果我们换一种说法就很容易理解。你可以想象一下我们要做的是排列组合，比如麦克斯现在要去乘坐高铁，已知共有 10 站，那么麦克斯所有可能的上车和下车站点的排列组合就可以理解为一个笛卡儿积，共有 10×10=100 种可能性。

在本例中，我们将会利用 Power Query 自定义列功能来解决这类笛卡儿积问题：如何快速地获取多组数据的笛卡儿积？这里以图 9.38 所示的数据为例进行演示。

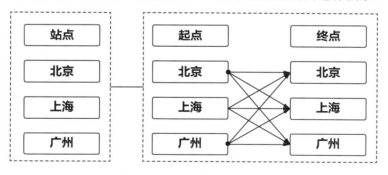

图 9.38　简化的笛卡儿积示意

以三站北京、上海、广州为例，要求列出所有可能的上下站点组合，即站点字段与站点字段自身的笛卡儿积。具体操作如下：

首先导入原始数据并引用原始数据查询，然后移动至结果组并重命名为"笛卡儿积"；然后将原始列重命名为"起点"，并添加自定义列公式"=#"原始数据：站点""，表示新建一个自定义列，在该自定义列中每行都存储了一张原始数据表格；最后展开自定义列并重命名为终点完成任务。操作过程如图 9.39 所示。

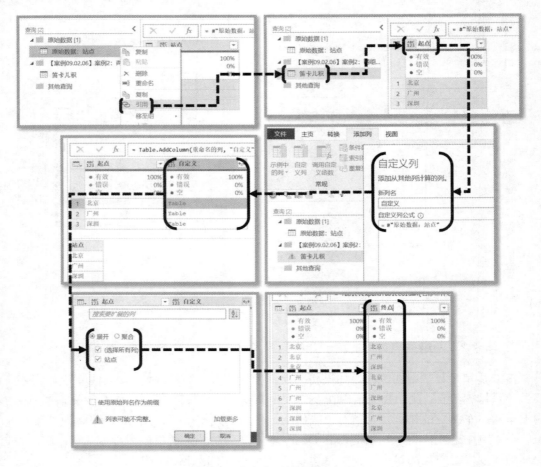

图 9.39　自定义列构建笛卡儿积

📑说明： 在引用时若表格名称无特殊字符，则可以直接输入公式"=表格名称"，但在本例中表格名称存在特殊字符"中文的冒号"，因此需要使用双引号对将表格名称包裹起来并在其开头位置添加井号"#"进行引用。

　　本例的关键操作在于使用自定义列对整张表格进行引用，这样可以使得新列中的每行记录都包含一张独立的表格。之后依次将每个站点作为起点，批量地完成对所有终点的连线，即完成了笛卡儿积的构建。

　　虽然从表面上看笛卡儿积的构建较为抽象，但是这属于典型的高级技巧之一。在更为复杂的场景中，常常使用此技巧完成对数据的遍历和"彻底的比较"。

9.3　本 章 小 结

　　本章我们对 Power Query 编辑器中"添加列"的相关功能进行了深入学习，依次学习了"添加列"选项卡的定位及其与"转换"选项卡的区别，还学习了"添加列"选项卡下的"常规"功能组中各项功能的使用，其中包含 6 大类添加列功能，如重复列、索引列、条件列、示例中的列、调用自定义函数和自定义列。添加列也属于 Power Query 中的重要功能，希望读者能够熟练掌握。

　　通过对本章内容的学习，相信读者已经基本掌握"添加列"功能的使用了。下一章将正式开启对数据表结构调整命令的学习，其中也包含多项极为重要的功能，可以帮助我们快速地将表格调整成目标形式。

第 10 章　调整数据表的结构

此前我们将数据结构调整简单地分为行列移动、行列保留、行列删除、列添加和表格结构变换 5 大类。通过前面章节的介绍，我们完成了前 4 类的学习，本章将重点介绍"表格结构变换"的相关内容。表格结构变换也是 Power Query 中灵活度和使用难度最高的命令组。

本章分为五部分讲解，首先讲解转置、逆透视列和透视列三项功能的基础应用、运行原理和操作案例，然后讲解"结构化列"功能组；最后对"分组依据"功能进行说明。

本章涉及的知识点如下：
- ❏ 转置表格的基本操作；
- ❏ 一维表和二维表的差异；
- ❏ 如何使用"透视列"和"逆透视列"功能对表格结构进行转换；
- ❏ 逆透视列不同模式的区别；
- ❏ 透视列与逆透视列的工作原理；
- ❏ 透视列功能中聚合的含义；
- ❏ 展开与聚合等结构化列功能的使用；
- ❏ 如何使用"分组依据"功能完成结构变换与数据统计。

10.1　转　置　表　格

在前面的章节中我们学习的对于表格数据结构调整的功能只是针对某一行或者列进行调整，要对表格的行列结构进行统一调整，"转置"功能便必不可少。

10.1.1　转置的基本操作

对表格应用"转置"功能，可以使其行列方向上的数据相互对调。例如原本位于第 3 行第 2 列的数据经过转置后会被置于第 2 行第 3 列，相当于在表格所在的平面沿着从左上角到右下角的"主对角线"进行了 180° 翻转，示意如图 10.1 所示。

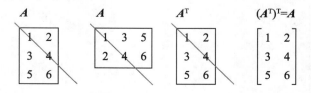

图 10.1　转置功能示意

　　如果要在 Power Query 中完成对表格的转置，操作非常简单。我们可以在菜单栏"转换"选项卡的"表格"功能组中单击"转置"按钮，便可完成表格的翻转操作，如图 10.2 所示。

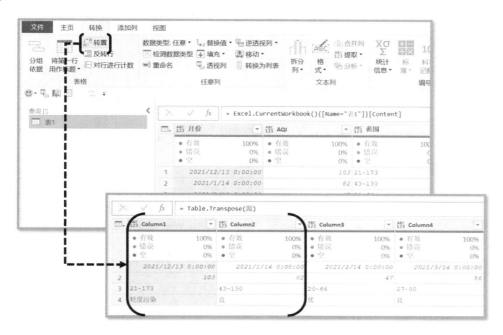

图 10.2　"转置"功能的基本使用

　　虽然"转置"功能的使用简单，但其意义重大。其实从前面所学的各类功能中可以看出，在 Power Query 中对于行和列的数据整理功能在设计上的差异是巨大的，并且所擅长的任务也是不相同的。通常来说，对于行方向上的处理能力要远强于对于列的处理，尤其在批量处理方面表现更明显。

　　因此"转置"功能的意义在于搭建了"字段列"与"记录行"之间的桥梁，使得两者之间有了转换的可能性。因此若某项工作在行方向上更容易处理，那么通常先对原表格转置，将列变为行、行变为列之后进行处理，完成处理后应用"转置"功能恢复表格的原始结构，反之亦然。

10.1.2　"转置"功能信息缺失问题

　　虽然"转置"功能的意义重大、使用简单，但是存在一个明显的缺陷，可能会给用户带来麻烦，那就是"转置"功能的信息缺失问题。

　　如果读者仔细观察图 10.2 可以发现，在转置后表格虽然被翻转了，但是原表格的标题行信息被系统自动抹掉了，也就是整个转置过程会导致信息缺失。

　　造成信息缺失的原因在于："转置"功能是对表格的数据区域进行翻转，而对标题不做处理。因为转置后的列（原来的记录行）没有对应的列标题，因此系统会自动使用默认的标题，如"列 1、列 2……或 Column1、Column2……"进行替代。这种情况并非我们愿意看到的，因为标题中包含的字段名称是标记该字段数据属性的重要依据。

因此在实际操作中使用"转置"功能,一般会配合标题的升/降级功能。例如首先对原表格进行标题降级处理,保证标题行数据进入数据区域;然后对表格整体应用"转置"功能并进行一系列的处理操作;最后在完成处理后,再对表格进行转置并提升首行为标题,恢复原表格结构,具体操作过程如图 10.3 所示。

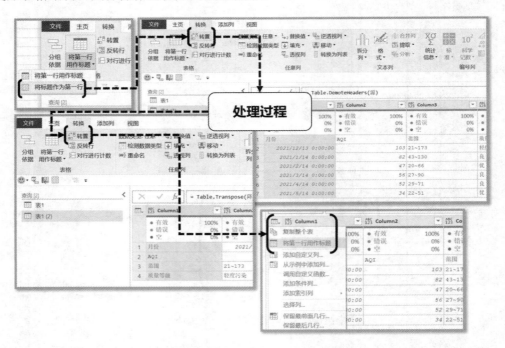

图 10.3　"转置"功能的信息缺失问题解决方案

🔔注意:信息缺失并不是只有"转置"功能中才存在,在其他 Power Query 功能中也存在。但这并非设计缺陷,很多时候是由于功能本身与保留所有信息存在冲突而造成的。所以对于用户而言,清晰地知道转换过程会保留哪些信息以及损失哪些信息是非常重要的。

10.2　逆 透 视 列

除了"转置"功能以外,Power Query 中最重要的结构调整功能是"透视列"与"逆透视列"。它们可以帮助用户实现一维表和二维表之间的快速切换,是 Power Query 中重要的功能。

10.2.1　什么是逆透视列

通过"逆透视列"这个名称很难理解它的含义,我们暂时不需要特别纠结,因为它是"透视列"的逆过程,后面学习了"透视列"功能后便会对它有进一步的理解。目前我们只需要知道“逆透视列”功能能够一键将二维数据表转换为一维数据表。

10.2.2　什么是一维表和二维表

如图 10.4 所示为两张数据表（存储的数据信息是完全相同的），这两张表是读者都非常熟悉的课程表。其中，左侧表称为一维数据表，右侧表称为二维数据表。通过观察可以看到，右侧的二维数据表是我们平时经常见到的课程表形式，列标题表示星期，行标题表示每节课程，行列标题的交叉位置表示具体的科目。左侧的一维数据表是将三个维度的信息用单独的字段进行表示。

一维数据表

星期	节次	课程
星期一	第一节	语文
星期二	第一节	数学
星期三	第一节	语文
星期四	第一节	数学
星期五	第一节	数学
星期一	第二节	数学
星期二	第二节	语文

二维数据表

节次	星期一	星期二	星期三	星期四	星期五
第一节	语文	数学	语文	数学	数学
第七节	英语	传统文化	思想品德	科学	思想品德
第三节	体育	美术	体育	美术	英语
第二节	数学	语文	数学	语文	语文
第五节	音乐	英语	综合实际	校园体育	习作
第六节	安全教育	体育	综合实际	音乐	习作
第四节	少先队	科学	英语	数学万花筒	校园体育

图 10.4　一维数据表与二维数据表对比

注意： 再次强调，虽然结构形式不同，但是两张表格存储的信息都是一样的。

通过上述简单的对比不难发现，虽然是相同的数据，但是表现形式上的差异会对数据信息的可读性产生较大的影响。其中，二维表在这方面明显优于一维表，因此在日常生活中看到的绝大多数表格都以二维形式呈现，如航班行程单、财务表格等，方便读者阅读和获取信息。

说明： 二维表的优势是便于人类阅读理解，而一维表则更加适合计算机批量阅读和处理，因此后续在做数据整理、分析时，常常需要将外部的二维数据表转换为一维数据表进行存储和使用；而在展示、呈现数据时经常需要将存储的一维数据转换为二维形式。这也是“逆透视列”和“透视列”功能在实际操作中被广泛应用的原因。

区分一维表或二维表的重要依据是观察表格某个字段的内容是否可以在水平方向上横向展开，如在课程表“星期”这一维度中，各个星期被横向平铺占用了行标题。反之，若表格中的每个维度都单独使用一个字段表示，则可以将该表格视为一维表。

注意： 一维表和二维表有不同的判定结果，即可能在 A 眼里是二维表，在 B 眼里则是一维表，根据实际需求判定即可（少数场景甚至需要反常规理解维度问题），在此仅作为提示，实际操作中大多数情况下不会存在分歧。

总之，逆透视列可以快速将二维数据表转换为一维数据表。

10.2.3　逆透视列的基本操作

通过前两节的介绍，我们已经能够理解逆透视列的基本作用了。接下来介绍逆透视列的功能。这里以简单的二维课程表为例，演示两种基础模式"逆透视列"和"逆透视其他列"的使用，操作如下：

（1）"逆透视列"模式的使用。如图 10.5 所示为原始数据表，在使用"来自表格/区域"模式导入 Power Query 后进行逆透视操作。首先按 Shift 键选中连续列字段"星期一"到"星期五"共 5 列内容；然后在菜单栏"转换"选项卡下"任意列"功能组中应用"逆透视列"功能，得到一维表；最后将属性列和值列重命名为星期与科目。

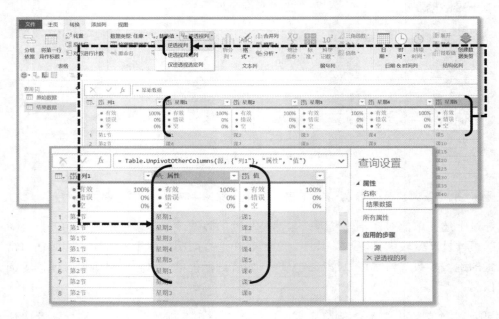

图 10.5　逆透视列的使用

（2）"逆透视其他列"模式的使用。相较于方法 1 直接选中所有展开的维度列，方法 2 更常用和高效。直接选中"列 1"（除了数值列外的所有行标题列），然后在菜单栏"转换"选项卡的"任意列"功能组中单击"逆透视列"下拉按钮，在其下拉菜单中选择"逆透视其他列"命令，得到一维表，最后将属性列和值列重命名为星期与科目，如图 10.6 所示。

技巧：一般不从菜单栏中选择"逆透视其他列"命令，而是选中列后用右键快捷命令更便捷。

以上便是使用逆透视列两种模式的演示，如果你有一定的工作表函数基础，可能就会对逆透视列的效果感到惊叹，因为这个复杂运算使用函数来解决是比较困难和烦琐的，而在 Power Query 中，完成这样的任务只需要选择+应用两步。

技巧：以上两种模式产生的效果是完全一样的，日常根据实际需求选取所需的操作方式即可。若平铺展开的值列多于行标题列则选择"逆透视其他列"模式；若行标题列较多而展开值列较少则建议使用"逆透视列"模式。在实际操作中绝大多数情况下都是使用"逆透视其他列"模式，因为展开的值列数多于行标题列。

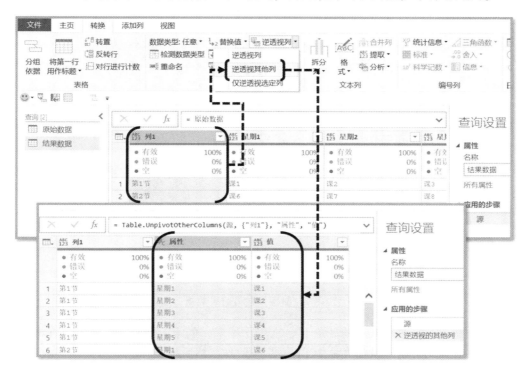

图 10.6　逆透视其他列的使用

10.2.4　逆透视列的运行原理及其重要特性

了解了逆透视的作用并学会两种逆透视列模式的使用后，我们进一步来了解逆透视列的运行原理和一些重要的特性。只有掌握了这部分知识，才可以在实际中灵活应用"逆透视列"功能。

1．执行原理

要理解逆透视列的运行逻辑，我们需要对比使用"逆透视"功能前后的两张数据表结构及其内容，这里依旧以课程表的逆透视列为例进行讲解。如图 10.7 所示为二维课程表以及经过逆透视列转换后的一维课程表数据。

首先观察其中值列的部分，可以看到，结果表中值列从原本的 7 行 5 列数值区域转换为单列数据，并且因为麦克斯对科目的命名，可以看到其中的值形成了自然序列"课 1、课 2……课 35"。

由此可以得知，"逆透视列"功能将值区域的每个单元格都转换为了一行记录，并且按照从上至下、从左至右的顺序进行数据提取。同时可以看到，在提取值的过程中，将该数据的行和列的维度属性值也一并提取出来并与值置于相同的记录中。

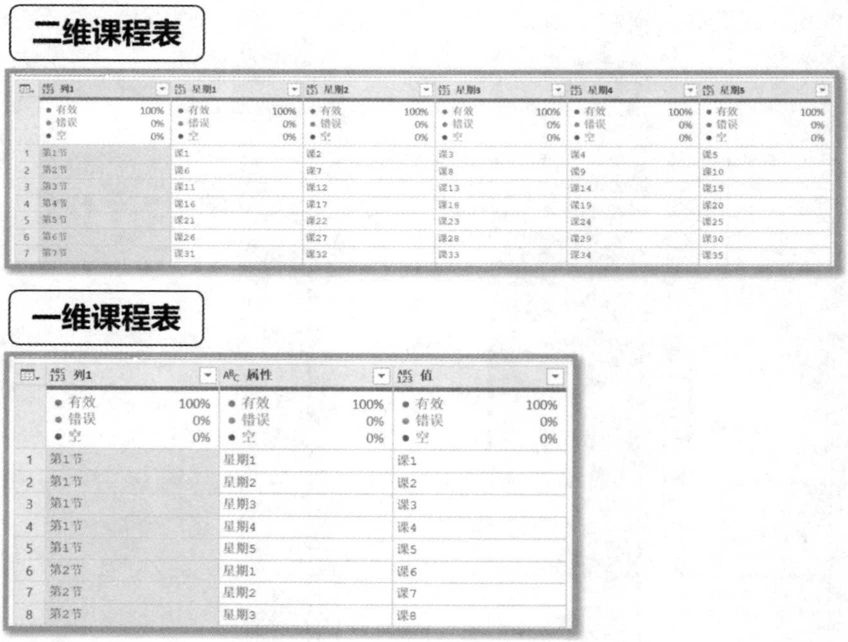

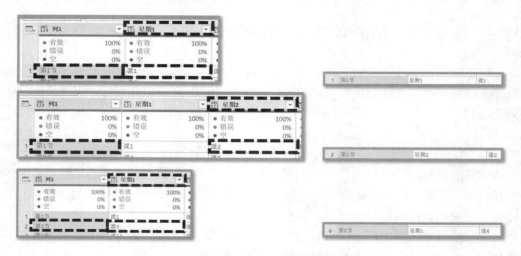

图 10.7　原始数据与结果数据

例如，首个提取的数据点是"课 1"，它属于星期一的第一节课，因此可以在最终的逆透视结果表中看到首条记录为"第 1 节/星期 1/课 1"，然后按照相同逻辑依次提取课 2、课 3……直到第一行所有数据点被提取完毕，再依次按照相同逻辑提取第二行数据点，以此类推，直至二维表中的所有数据点都被提取完毕，如图 10.8 所示。

图 10.8　逆透视列的数据提取过程

理解了"逆透视列"功能的运行逻辑后，可以预测出最终的结果。这里给读者留几个思考题：

❏ 如果你对课程表的前两列执行"逆透视其他列"命令，结果表会是什么形式？

❏ 如果原始数据表只有一列数据，对该列数据执行逆透视列，结果表会呈现什么样子？

❑ 如果在课程表中新增了周六的课程，上述两种方法构建的逆透视列还可以继续正常使用吗？

以上问题的答案便不提供了，如果不确定自己的想法是否正确，不妨打开 Power Query 尝试着去实现上面所描述的场景，验证一下。

2. "逆透视列"功能的几个重要特性

通过对逆透视列运行逻辑的介绍，逆透视列的一个非常重要的特性已经暴露出来了，那就是逆透视列的值的提取过程是"逐行扫描"而非"逐列扫描"的。这个特性有什么意义呢？它可以明确透视结果各项值记录的排序信息，方便我们进行特征数据的整理。一个典型的应用便是"提取二维表中每行/列记录最末尾的非空值"，利用逆透视列配合反转行和删除重复项可以轻松完成，具体在案例部分进行演示。

逆透视列的第二个非常重要的特性是"逆透视列会自动忽略二维表中的空值记录，不进行提取"。例如，若将课程表中的部分课次科目删除后再进行逆透视，会发现结果表中只包含值的记录，如图 10.9 所示。

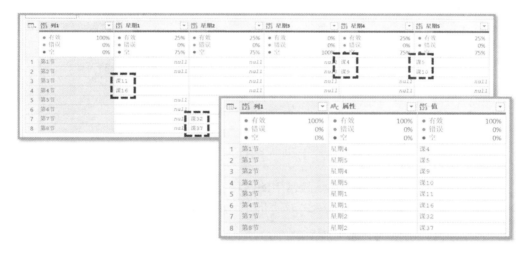

图 10.9　逆透视列转换忽略空值

可以看到，因为原表中仅保留了 8 次课程，因此最终的转换结果也只有这 8 次课程的记录数据，其余空值的记录全部被自动忽略，即便是星期/节次信息也会被省略。

这个特性在多数情况下是符合数据整理操作的预期效果的，但在少数情况下需要二维表中完整的框架信息（所有的行列标题维度的交叉点位）。因此若想要在逆透视列后保留所有的空值记录，可以采用以下步骤：

（1）全选二维表的值区域字段列，在菜单栏"转换"选项卡下"任意列"功能组中应用"替换值"功能。将所有空值替换为一个不常见的字符如"@"。

（2）使用"逆透视列"功能。

（3）使用"替换值"功能将不常见字符"@"替换为 null，如图 10.10 所示。

📑说明：剩余还有一些细节特性比如列标题字段在逆透视后被称为"属性"列，而数值区域在逆透视列后被称为"值"字段等，对于使用影响较小，多使用熟悉即可。

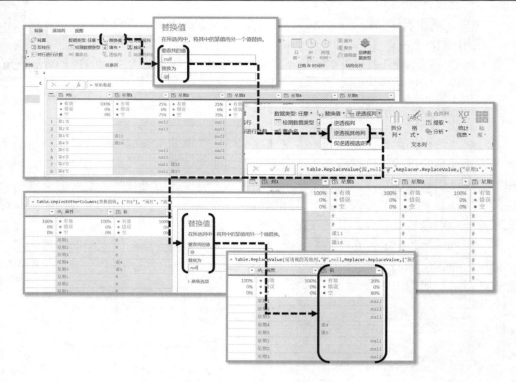

图 10.10　逆透视列后保留空值

10.2.5　逆透视列 3 种模式的差异

前面讲解的两种逆透视列模式是最常用的两种模式，其实 Power Query 提供的逆透视列共有 3 种模式，本节将对第三种模式进行介绍，然后对比这 3 种模式的差异之处。

1.　"仅逆透视选定列"模式的使用

"逆透视列"下拉菜单中的第三种模式为"仅逆透视选定列"，它的使用方式和逆透视列是相同的。以二维课程表为例，可以直接选中连续列字段"星期 1"到"星期 5"，然后在菜单栏"转换"选项卡的"任意列"功能组中单击"逆透视列"下拉按钮，在其下拉菜单中选择"仅逆透视选定列"命令即可，操作如图 10.11 所示。

2.　3 种逆透视列模式的差异

在引入模式 3 后，读者对于 3 种逆透视列模式的疑惑也就随之而来了。不像模式 1 可以直接从操作逻辑上看出差异，模式 3 在操作上和模式 1 是相同的，从效果上又难以看出模式之间的差异。因此很多人在学习 Power Query 逆透视功能时会感到困惑。

要理解这 3 种逆透视列模式的差异，必须从其原理入手，引入 M 代码进行分析。如图 10.12 所示为分别使用 3 种模式对原始的二维课程表进行逆透视列后的结果，从数据层面无法看出任何差异，但是在函数公式编辑栏可以看到分别应用了不同的逆透视列函数，即 Table.UnpivotOtherColumn 和 Table.Unpivot。

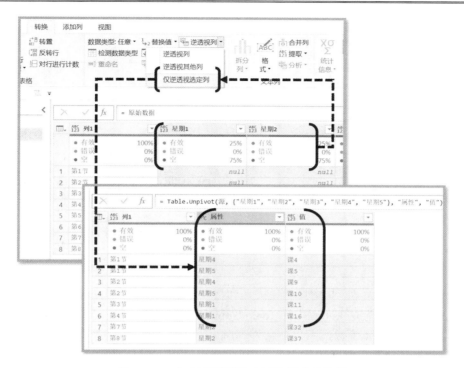

图 10.11　"仅逆透视选定列"模式的使用

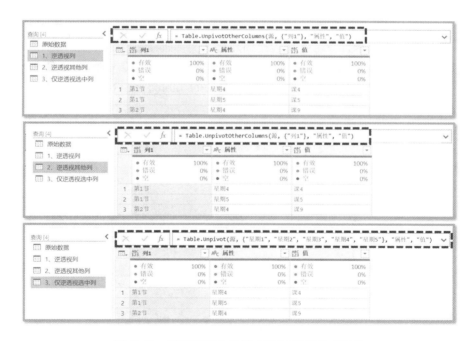

图 10.12　逆透视列 3 种模式的 M 函数公式对比

　　其中，Table.UnpivotOtherColumns 函数的作用是逆透视其他列，Table.Unpivot 函数的作用是逆透视选定列。通过图 10.12 可知，模式 1 和模式 2 使用的是逆透视其他列函数，而模式 3 使用的是仅逆透视选定列函数。因此综合操作模式及所使用的内核函数，可以得到表 10.1。

表 10.1　3 种逆透视列模式对比

模　式	功 能 属 性	操 作 方 法	实 际 执 行	特　征
1	逆透视列	选择 目标 逆透视列	系统反选后应用 Table.UnpivotOtherColumns 函数 逆透视其他列	在操作和执行上存在矛盾,可以理解为是后两种模式的混合体
2	逆透视其他列	选择 非目标 逆透视列	选定非目标逆透视列后应用 Table.UnpivotOtherColumns 函数 逆透视其他列	逆透视列的数量较多或后续可能会增加逆透视列
3	仅逆透视选定列	选择 目标 逆透视列	选 定 目 标 列 后 应 用 Table.Unpivot 函数 逆透视列	只针对特定名字的列进行逆透视

通过表 10.1 不难发现,其实只有模式 2 和模式 3 的操作与其内核函数是匹配的。其中,模式 2 是选定非目标逆透视列后执行 Table.UnpivotOtherColumns 函数;模式 3 是选定目标列后执行 Table.Unpivot 函数,所以非常好理解。

模式 1"逆透视列"属于"混血儿",在操作层面选定的是目标逆透视列,但是实际上系统会自动反选然后应用 Table.UnpivotOtherColumns 函数。

为什么微软开发团队会设计这种模式呢?这是因为对于初学者而言,选定目标列进行逆透视比逆透视其他列更容易理解,所以很多人会倾向使用"逆透视列"而不是"逆透视其他列"。但从实用性上来说,逆透视其他列能够在更多的场景中应用且不出错。例如,若对原始课程表添加"周六"的课程,使用"仅逆透视选定列"模式的 Table.Unpivot 函数查询会产生错误结果,而使用"逆透视其他列"模式的 Table.Unpivot 函数查询则不会报错,如图 10.13 所示。

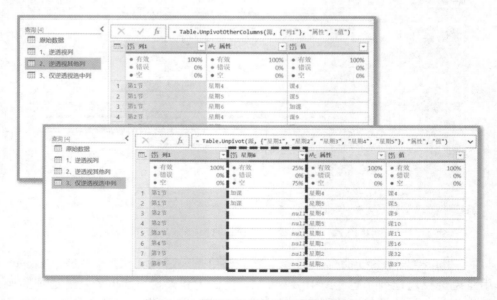

图 10.13　数据更新引发的处理逻辑错误

产生这种错误的原因在于两种函数处理逻辑不同，对于逆透视其他列而言，只要选中列或者行标题列不发生变化，值列的数量无论如何变化都可以正确进行逆透视；但对于“仅逆透视选定列”模式而言，因为选定列字段的名称是固定在公式内部的，新增或减少任何目标透视列都会导致逆透视结果不准确。而在实际操作中，多数数据的更新变动是维持行列维度结构不变，但数值数量会有所变动。因此日常推荐使用“逆透视其他列”模式。

10.2.6　逆透视列应用案例

本节举一个简单但经典的实际应用案例，依旧以课程表为原始数据，要求提取一周中每天的最后一节课，即二维数据表值列的最后一个非空值，原始数据与最终效果如图 10.14 所示。

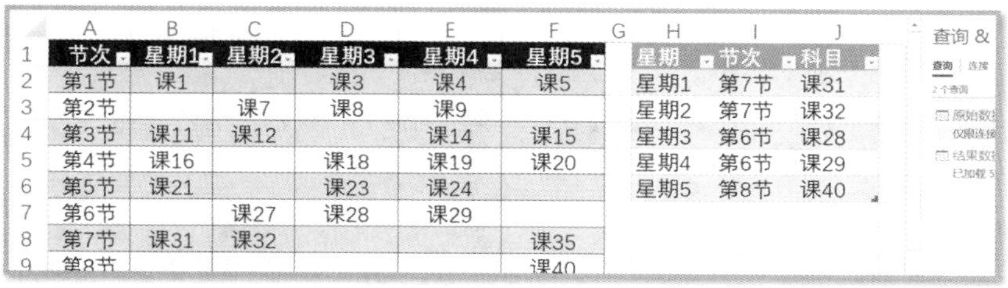

节次	星期1	星期2	星期3	星期4	星期5
第1节	课1		课3	课4	课5
第2节		课7	课8	课9	
第3节	课11	课12		课14	课15
第4节	课16		课18	课19	课20
第5节	课21		课23	课24	
第6节		课27	课28	课29	
第7节	课31	课32			课35
第8节					课40

星期	节次	科目
星期1	第7节	课31
星期2	第7节	课32
星期3	第6节	课28
星期4	第6节	课29
星期5	第8节	课40

图 10.14　逆透视案例的原始数据与最终效果

给读者的提示是使用的几个功能有（顺序打乱了）重命名列、逆透视列、删除重复值、反转行。

（1）二维数据表转一维表。导入原始数据后第一步是观察数据与目标之间的差异，可以看到原始数据为二维表，而目标数据是由星期、节次和科目构成的一维表。所以首要目标是将二维表转换为一维表。这里使用的是“逆透视其他列”功能，并且顺带借用了逆透视列的忽略空值的特性。具体操作为：选中节次列后右击，在弹出的快捷菜单中选择“逆透视其他列”命令，如图 10.15 所示。

（2）反转行并根据星期字段删除重复值，获取每列最后的非空值。在完成了逆透视列后，数据表结构已经与目标表统一了，剩下的任务是根据目标需求将多余的数据记录清除，仅保留目标记录。这就需要利用现有的条件，我们的目标是当日中最后一节课，因此一周的每一天中仅能保留一节课，这一步我们可以对“星期”列应用“去除重复项”功能来完成。但去重功能仅保留多条重复记录中首条记录，而非最后一条记录，因此我们需要对逆透视列结果表进行“反转行”操作，具体操作如图 10.16 所示。

说明： 按照逆透视列的运行原理，从上到下、从左到右逐行扫描，因此更早上的课程会在结果表中的上方，为了将末位课程暴露在前面，对结果表应用“反转行”命令。另外，反转行配合去重，保留单一记录的方法属于典型的组合技巧之一。

（3）重命名列、调整列顺序并按照星期升序排序即可获得最终结果。

说明： 提取二维表每行末尾非空值的思路和操作与本案例类似，不再赘述。

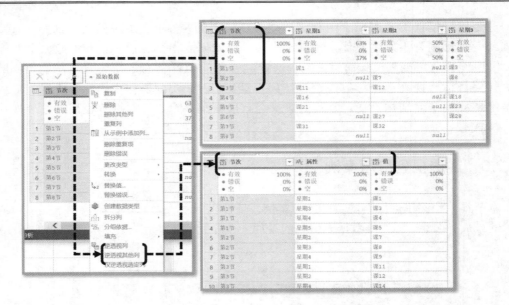

图 10.15　提取每列最后的非空值：二维表转一维表

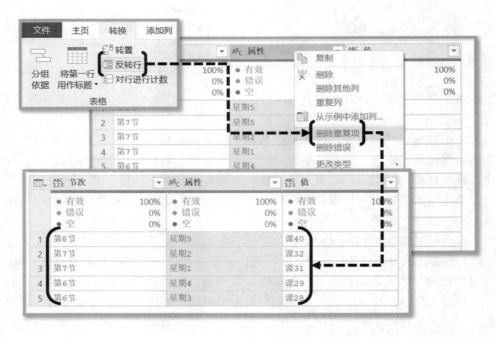

图 10.16　提取每列最后的非空值：反转行+去除重复项

10.3　透　视　列

在上一节中我们完成了对"逆透视列"命令的学习，了解了其执行原理和 3 种模式的使用及区别。本节学习"透视列"命令，它可以帮助我们快速地将一维表转换为二维表。

10.3.1　什么是透视列

首先来了解一下什么是透视列。例如前面案例中使用的课程表，将一维课程表转换为二维课程表的过程便称为透视列，如图 10.17 所示。

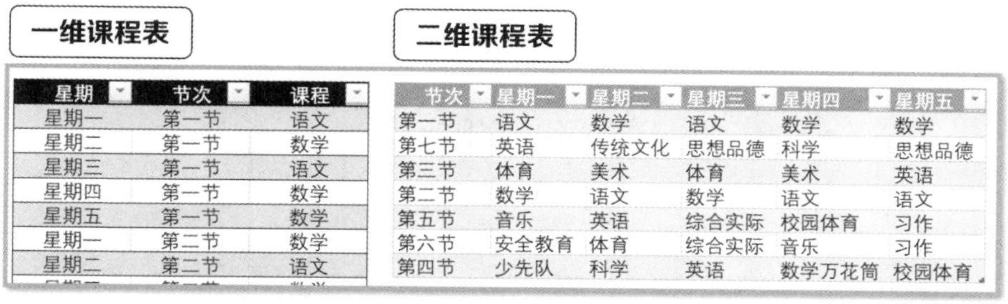

星期	节次	课程
星期一	第一节	语文
星期二	第一节	数学
星期三	第一节	语文
星期四	第一节	数学
星期五	第一节	数学
星期一	第二节	数学
星期二	第二节	语文

节次	星期一	星期二	星期三	星期四	星期五
第一节	语文	数学	语文	数学	数学
第七节	英语	传统文化	思想品德	科学	思想品德
第三节	体育	美术	体育	美术	英语
第二节	数学	语文	数学	语文	语文
第五节	音乐	英语	综合实际	校园体育	习作
第六节	安全教育	体育	综合实际	音乐	习作
第四节	少先队	科学	英语	数学万花筒	校园体育

图 10.17　透视列：一维课程表转换为二维课程表

透视列可以在一维表中，根据选定的目标透视列字段和值字段进行水平方向的值字段平铺，并且对拥有相同条件的值应用指定的聚合。这么说可能不好理解，通过后面的深入学习，读者会逐渐理解。

1. 如何理解“透视”一词

透视列的英文为 Pivot，与此前逆透视列的 Unpivot 对应，其单词原意为“枢纽.n,以…为中心旋转.v”，也因此有些人习惯性将其称为“枢纽”。但是将其称为“透视”应该如何理解呢？

我们之前也说到了一维表更适合计算机进行统计分析，而二维表更加适合人类大脑进行理解和查阅。所以绝大多数情况下如果人们面对数据维度多、数据记录也多的一维表，基本上是很难获取到有效信息的。因此，若能够将所选维度转换为二维表的形式，人们便有机会更加清楚地理解数据的本质（可以认为是一种简单的数据分析方法），类似于帮助人们“透视”数据，看清其本质。

2. Power Query透视列与Excel数据透视表

如果对 Excel 中的“数据透视表”功能模块熟悉的话，那么会更容易理解透视列功能。实际上，数据透视表和透视列功能本质上，都是对一维表进行二维转换，都叫作透视（Pivot），都拥有一定的统计功能，但二者的侧重点不同。例如，数据透视表功能对字段的构建更灵活，目的是从不同维度统计，是一种综合性更高的功能模块；而透视列更专注于单个维度数据结构的转换，附带简单的统计功能，属于单一性的功能。

说明： 一个典型的例子是数据透视表因为针对统计而设计，因此无法对文本列进行二维表转换，如课程表，但透视列功能无此限制。

10.3.2　透视列的基本操作

“透视列”功能不像“逆透视列”功能那样拥有多个不好区分的模式，直接使用即可，但其有几个参数需要设置后才可以正常使用。这里我们以一维课程表转换为二维课程表为例进行演示，操作过程如图 10.18 所示。

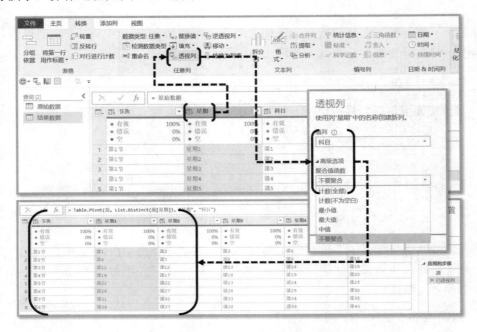

图 10.18　透视列的使用

原始数据是节次、星期和科目三个字段组成的一维表，包含一周中的所有课程。需要使用"透视列"功能将其转换为常规的二维课程表形式。

首先选中"星期"字段列，因为最终我们希望各星期显示在行标题上，其被称为"目标透视列"。然后单击"转换"选项卡"任意列"功能组下的"透视列"按钮，在弹出的"透视列"设置窗口中将"值列"参数设置为"科目"列（科目列需要最终作为数值放置在行列标题交叉处），在"高级选项"中，将"聚合值函数"参数设置为"不要聚合"；最后单击"确定"按钮获得二维课程表。

是不是非常简单？使用 1 个命令和 3 个参数就完成了一个复杂的转换过程。具体细节可能读者还有疑惑，这里先熟悉即可。关于透视列的参数和执行原理将在后面介绍。

10.3.3　透视列的主要参数

通过 10.3.2 节对透视列的学习，我们可以轻松地锁定"透视列"功能的 3 个参数，分别是目标透视列、值列和聚合值函数（也称为聚合方式）。这 3 个参数的设定会影响最终的呈现结果，因此需要明确理解各项参数的含义。

1. 目标透视列

因为在一维表中，各个维度的字段本身没有先后关系，都是同等地位的。所以在透视列时可以选择任何列作为目标透视列进行透视，如图 10.19 所示为分别使用"节次"和"科目"作为目标透视列的结果。

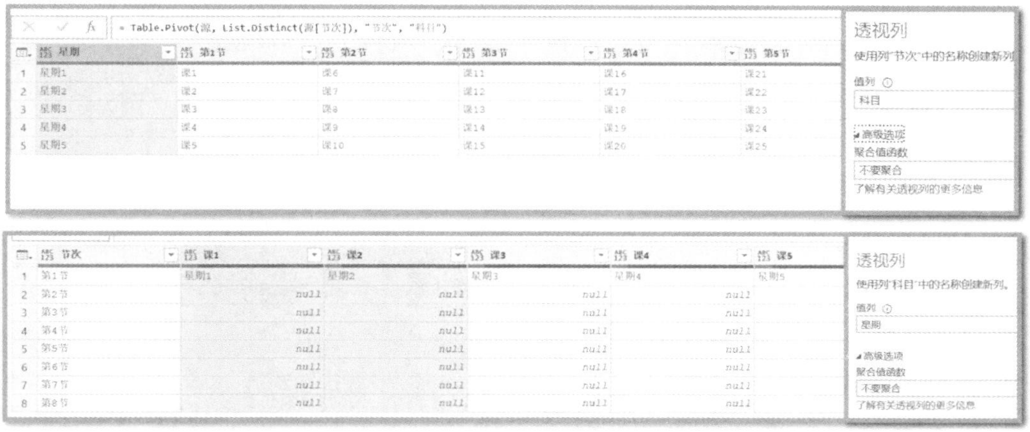

图 10.19　改变目标透视列的结果

图 10.19 所示的上表是使用"节次"列作为目标透视列,"科目"列作为值列进行的透视。读者可以先观察一下它和前面案例结果有什么区别?是不是行列标题刚好对调了呢?原本的结果表中是以星期为列标题,节次为行标题,现在恰恰相反,以星期为行标题、节次为列标题。

而图 10.19 所示的下表则是使用"科目"列作为目标透视列,"星期"列作为值列进行的透视。这个效果乍看就更加令人迷惑了,因为原理将在 10.3.4 节讲解,所以这里麦克斯就直接说答案了,它表示各门课程在一周内的哪些节次上。

但不论如何,通过上述两个例子的观察,可以明确一点:目标透视列用于控制一维表中的哪个列字段会成为二维表中的"列标题"。

说明:"透视列"功能无法同时选中多列字段进行透视,只能够对单列透视。

2. 值列

值列是在透视列设置窗口中需要确定的第一个参数,比较简单,在二维表中行标题和列标题交叉区域存放的便是"值"。因此需要将哪个字段中的值置于二维表的值区域即可将其对应设置为"值列"。这一点读者已经不陌生了,因为在使用"逆透视列"功能后,二维表值区域所提取出来的结果便被自动存储在一个叫作"值"的列中。

3. 聚合值函数

聚合值函数也称为聚合方式。虽然该选项需要打开高级模式进行设置,但是在实际操作中大多数情况都需要进行特别设置,因此可以将其理解为使用透视列的一个必备参数。

聚合值函数用于控制满足相同条件的多个数值所采用的聚合方式,默认是求和/计数(对文本值默认计数,对数值默认求和),除此以外还有"计数(全部)""计数(不为空白)""最小值""最大值""不要聚合"等模式。最常用的模式为"不要聚合"。

举个例子,假设课程表中存在一些特殊的课程,如周一的第一节课不仅仅是一门课程,而是多门课程的综合课。那么满足周一和第一节两个条件的课程便不唯一。此时便无法将多个结果直接存储在一个单元格中,需要经过"聚合值函数"的处理才可以完成透视过程,如图 10.20 所示。

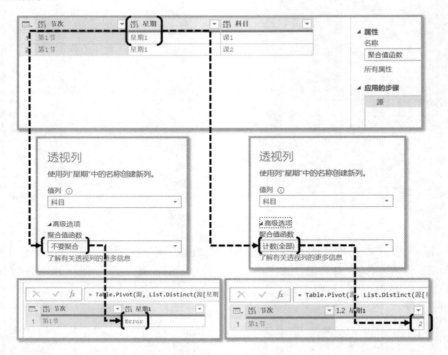

图 10.20 聚合值函数对比

我们简化并且调整了一维课程表的原始数据,在一维表中仅保留了周一第一节课程的相关记录,并且该时间段内完成了两门课程的学习。其中左侧为采用"不要聚合"的方式,右侧采用的是"计数(全部)"的聚合值方式。可以看到,左侧直接返回了错误值 Error,表示满足相同条件的多个结果无法直接存储于单个单元格中,而右侧因为采用了计数的聚合值方法,因此即便原始一维表中周一的第一节课中有多条记录,也可以根据这些满足条件的记录执行计数,最终返回结果 2。

技巧:在执行"透视列"命令时,预先选取的第一列为目标透视列。此时如果继续选取第二列不会视为同时选中了两列进行透视,而是会将第二列默认设置为值列。因此可以通过预选两列来完成快速透视列设置。

10.3.4 透视列的运行原理

了解透视列各项参数的含义后,我们再看一下透视列是如何工作的,依旧以课程表转换为例进行说明。

1. 根据目标透视列创建列标题

总体上,透视列的运行可以分为 3 个关键步骤。第一步是"根据目标透视列"构建二维表列标题。例如在一维课程表中选定"星期"列为目标透视列,系统便会根据星期列现有的顺序进行去重并且横向平铺,作为二维表的列标题进行存储,如图 10.21 所示。

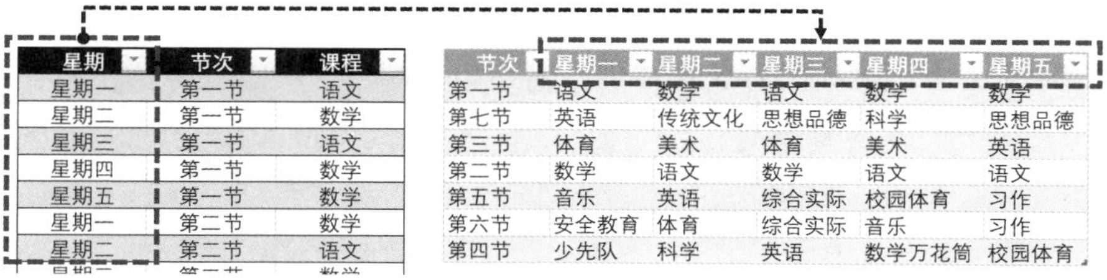

星期	节次	课程
星期一	第一节	语文
星期二	第一节	数学
星期三	第一节	语文
星期四	第一节	数学
星期五	第一节	数学
星期一	第二节	数学
星期二	第二节	语文

节次	星期一	星期二	星期三	星期四	星期五
第一节	语文	数学	语文	数学	数学
第七节	英语	传统文化	思想品德	科学	思想品德
第三节	体育	美术	体育	美术	英语
第二节	数学	语文	数学	语文	语文
第五节	音乐	英语	综合实际	校园体育	习作
第六节	安全教育	体育	综合实际	音乐	习作
第四节	少先队	科学	英语	数学万花筒	校园体育

图 10.21　根据目标透视列创建列标题

注意：因为一维表中的每条记录都是信息的最小单元，在转换为二维表之后很多相同的信息都会被折叠显示，行列标题可以被重复利用，因此在转换行列标题时都会执行一个“去重”操作，即相同的列标题不会出现第二次。

2. 根据剩余列创建行标题

第二步是“根据剩余列创建行标题”。除去设置的目标透视列和值列两个特殊列外，其他列均会被作为条件列，经过多条件去重后纵向摆放作为行标题而存储，如图 10.22 所示。

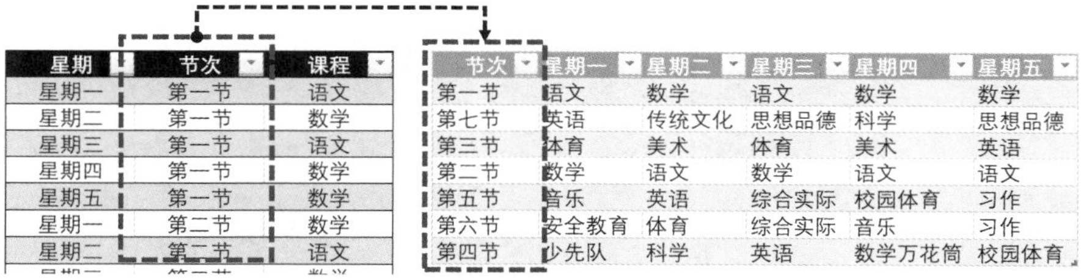

星期	节次	课程
星期一	第一节	语文
星期二	第一节	数学
星期三	第一节	语文
星期四	第一节	数学
星期五	第一节	数学
星期一	第二节	数学
星期二	第二节	语文

节次	星期一	星期二	星期三	星期四	星期五
第一节	语文	数学	语文	数学	数学
第七节	英语	传统文化	思想品德	科学	思想品德
第三节	体育	美术	体育	美术	英语
第二节	数学	语文	数学	语文	语文
第五节	音乐	英语	综合实际	校园体育	习作
第六节	安全教育	体育	综合实际	音乐	习作
第四节	少先队	科学	英语	数学万花筒	校园体育

图 10.22　根据剩余列创建行标题

注意：在本例中仅剩余单列“节次”作为行标题列，在实际操作中经常会遇到剩余多列的情况，可以将多列合并为一个整体来理解，处理逻辑和单列一致。

3. 根据行列标题从原表中读取值数据并应用聚合值函数

在搭建完目标二维表框架后，便可以根据行列标题所限定的条件在原始一维表中找到满足条件的相关记录了。对满足条件的多条记录中的“值列”字段进行聚合，所采用的方式为此前所设置好的聚合方式，若聚合方式不正确导致无法显示结果则返回错误值 Error，如对文本进行求和、对多条记录不进行聚合等，如图 10.23 所示。

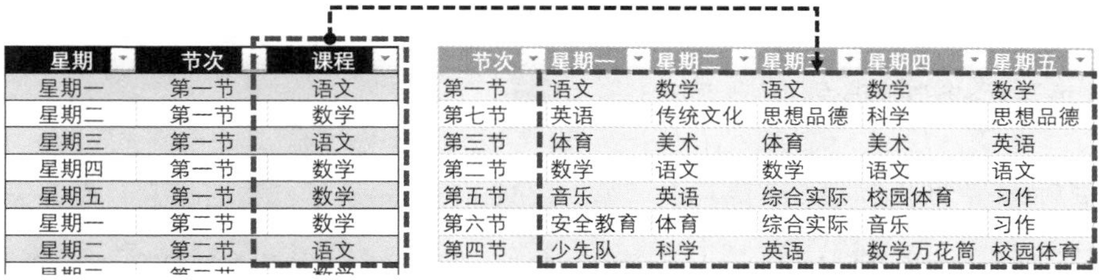

星期	节次	课程
星期一	第一节	语文
星期二	第一节	数学
星期三	第一节	语文
星期四	第一节	数学
星期五	第一节	数学
星期一	第二节	数学
星期二	第二节	语文

节次	星期一	星期二	星期三	星期四	星期五
第一节	语文	数学	语文	数学	数学
第七节	英语	传统文化	思想品德	科学	思想品德
第三节	体育	美术	体育	美术	英语
第二节	数学	语文	数学	语文	语文
第五节	音乐	英语	综合实际	校园体育	习作
第六节	安全教育	体育	综合实际	音乐	习作
第四节	少先队	科学	英语	数学万花筒	校园体育

图 10.23　根据行列标题从原表中读取值数据并应用聚合值函数

以上便是透视列运行的 3 个主要步骤，它可以帮助我们理解其执行过程，也是理解透视列特性的基础。这里特别说明一个细节，虽然在讲解原理的时候为了便于理解，我们是先搭建框架再读取结果，但实际上计算机的执行顺序是逐条进行信息提取和重组，如先提取星期一的第一节课程"语文"，按照列标题、行标题和值的顺序放置，然后依次执行后续记录的分析结果从而获得最终的结果。

10.3.5　透视列的重要特性

1．一维数据表数据顺序影响二维数据表数据的排序

透视列的第一个重要特性是"排序特性"，通过调整一维数据表中数据的排序，可以直接影响最终转换的二维数据表中的列的顺序，以满足实际需求。为了使这个特性突显出来，我们在基础课程表案例的基础上提前对一维课程数据表信息进行整表的"反转行"操作，再进行常规的透视列操作，操作及效果如图 10.24 所示。

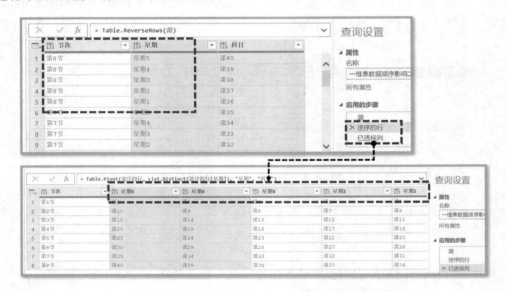

图 10.24　一维数据表数据顺序影响二维数据表数据的排序

可以看到，因为对一维数据表进行了反转行，导致所有的节次和星期都是从大向小进行排序，因此最终结果各列是由"星期五"到"星期一"排序的，而非此前的"星期一"到"星期五"排序。

注意：行记录排序不受一维数据表数据排序的影响，但可以在透视后根据需要使用"排序"功能进行调整。

2．目标透视列唯一

透视列的第二个重要特性是"目标透视列唯一"，即每次执行透视列仅选定单个目标透视列。即使选中多列后执行透视列命令，系统也会判定第二列为"值列"而非将两列都视

为目标透视列，如图 10.25 所示。

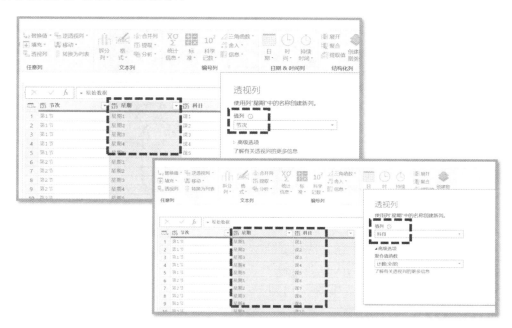

图 10.25　目标透视列唯一

10.3.6　透视列应用案例

1.　案例1：统计公司各年各月的销售额

本节通过几个简单的案例带领读者熟悉透视列的使用。第一个案例是根据提供的某公司每日销售额记录表（按销售额降序排序）统计各年各月的销售额，原始数据及最终的效果如图 10.26 所示。

年	月	日	销售额
2021	2	2	500
2022	11	4	500
2023	2	15	500
2024	1	11	500

年	1	2	3	4	5	6	7	8	9	10	11	12
2021	9743	8458	9469	8337	9567	9733	8553	7879	8836	10239	9190	9647
2022	8459	8320	9920	7888	9306	8008	8767	9202	9058	10111	9142	9472
2023	9133	7959	9198	9353	8659	8621	9330	8881	8826	9911	9104	8459
2024	10339	7888	9639	9579	9303	8360	9669	10241	8463	9074	7731	9400

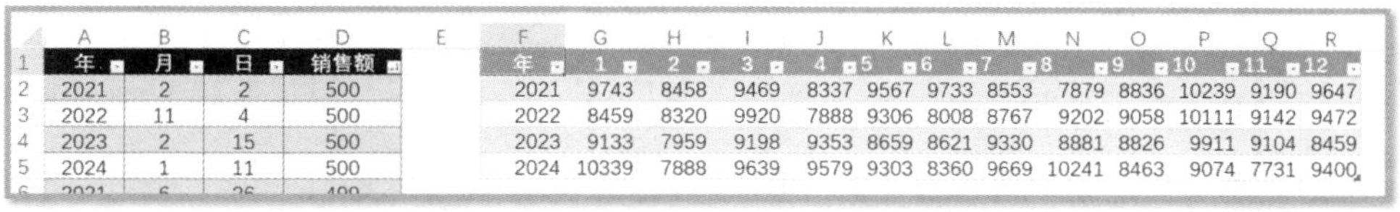

图 10.26　统计公司各年各月的销售额：原始数据及最终的效果

（1）删除冗余列。首先需要删除冗余列“日”，而并非直接透视。因为该列在透视后会形成一个条件，导致销售额无法得到汇总。

（2）按照年月依次执行升序排序。原始数据是按照销售额降序排序的，这会导致最终得到的表格月份无法按照常规的 1 月到 12 月的顺序进行呈现。因此需要依次对“年份”列和“月份”列完成多条件的升序排序，以规范二维表的列顺序。这一步利用了透视列的第一个特性。前两步的操作过程如图 10.27 所示。

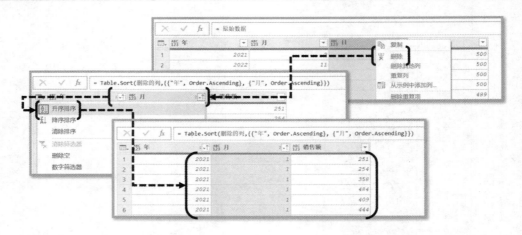

图 10.27　统计公司各年各月的销售额：删除冗余列+多条件排序

（3）使用透视列汇总销售额。待数据准备工作处理完毕后，可以选择月份列为目标透视列、销售额列为值列，以默认的"求和"聚合值函数进行透视，得到最终结果。操作及效果如图 10.28 所示。

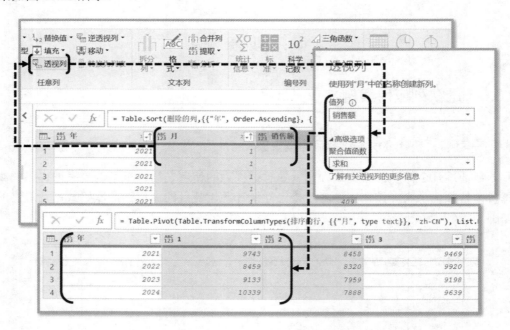

图 10.28　统计公司各年各月的汇总销售额：透视列汇总统计销售额

2．案例2：构建乘车价目表

前面学习添加自定义列时，我们对如何构建数组的笛卡儿积进行了讲解和演示。本次的案例便是在这个案例的基础上进行拓展，在获得的站点笛卡儿积后添加对应的价格列，并在最后使用"透视列"功能将其制作为二维价目表。原始数据及最终效果如图 10.29所示。

	A	B	C	D	E	F	G	H
1	起点	终点	价格		起点	北京	广州	深圳
2	北京	北京	0		北京	0	800	900
3	北京	广州	800		广州	800	0	100
4	北京	深圳	900		深圳	900	100	0
5	广州	北京	800					
6	广州	广州	0					
7	广州	深圳	100					
8	深圳	北京	900					
9	深圳	广州	100					
10	深圳	深圳	0					

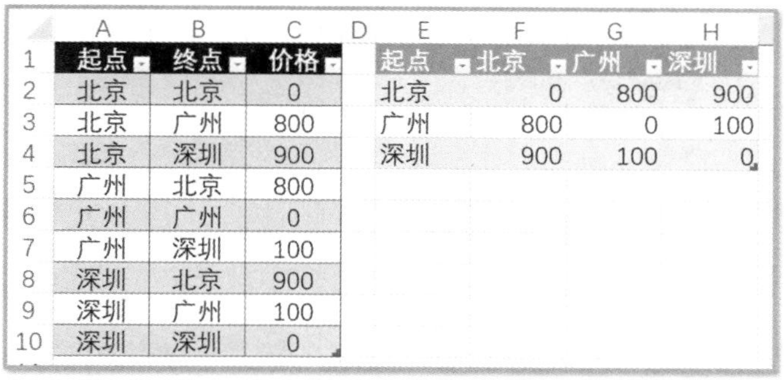

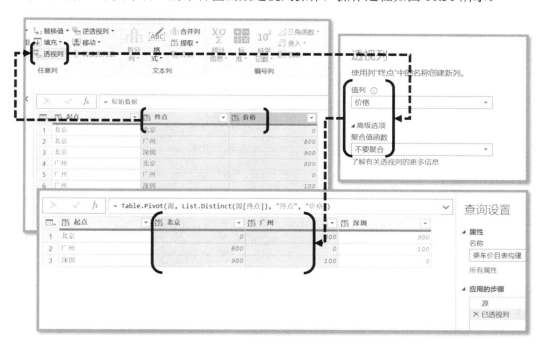

图 10.29　构建乘车价目表：原始数据及最终效果

因为前面已经完成了笛卡儿积的构造，获得了包含起点和终点的一维表信息作为数据输入，因此完成该项任务非常简单，直接选择“终点”列作为目标透视列后，以“价格”列为值列进行“不要聚合”的聚合值函数透视列操作，操作过程如图 10.30 所示。

图 10.30　构建乘车价目表：透视列

10.4　结 构 化 列

本节我们学习一个特别的功能组：结构化列。听名称就知道它可以帮助我们实现对表格数据结构的调整。“结构化列”功能组位于菜单栏“转换”选项卡下，主要包括展开、聚合、提取值和创建数据类型四项功能，如图 10.31 所示。

图 10.31　"结构化列"功能组

10.4.1　展开

"展开"功能在数据容器中有不可或缺的作用，已经在前面的学习过程中用过多次了，相信读者对它不会感到陌生。

1. "展开"功能介绍

"展开"功能可以将单元格中的数据进行平铺。可以理解为将数据容器中的数据像水一样倒出来并放到盘子里。如图 10.32 所示为"展开"功能的使用。

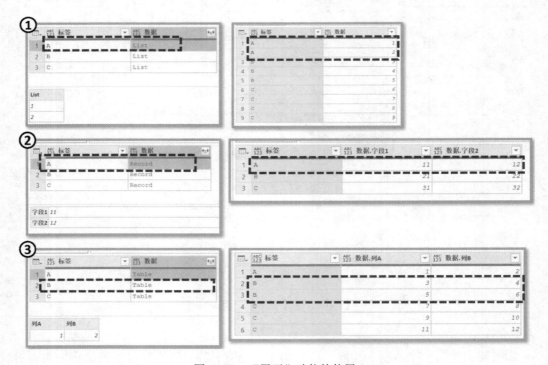

图 10.32　"展开"功能的使用

❑ 例①的目标展开列全为 List 类型的数据容器，经过展开后该列中所有 List 中的数据都被提取并纵向平铺在表格中。

❑ 例②的目标展开列全为 Record 类型的数据容器，经过展开后该列中所有 Record 中的数据都被提取并横向平铺在表格中。

❑ 例③的目标展开列全为 Table 类型的数据容器，经过展开后该列中所有 Table 中的数据都被提取并在横纵方向上平铺在表格中。

通过上面的例子可以看出，"展开"功能是针对数据列的，数值列是无法应用的，这也是为什么我们在很多情况下看到该功能组命令处于灰色禁用状态的原因。"展开"功能可以实现横向和纵向两个维度的数据平铺。

2．"展开"功能的使用

一个列能否执行"展开"功能是非常容易辨别的，如果列标题右侧的筛选下拉按钮被左右箭头按钮替换，则证明该列可以执行展开操作。只需要单击该按钮并选择对应模式即可实现展开效果。

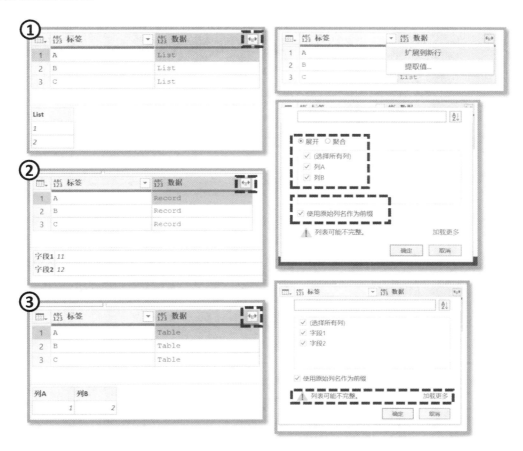

图 10.33　"展开"功能的 3 种操作对比

如图 10.33 所示是对列表、记录和表格 3 种不同的数据列进行展开的操作对比，其中主要分为两种模式：

❑ 对于 List 列的展开比较特别，可以执行"扩展到新行"和"提取值"两种模式，"展开"功能通常是指"扩展到新行"，而"提取值"属于一种独立的结构化列功能，只能够针对 List 列进行操作，具体将会在后面的小节中说明。

❑ 对于 Record 列和 Table 列来说，因为水平方向上存在多列，因此展开窗口中提供了可展开列供用户选择，在展开时只需要勾选需要的列确认即可。

3. "展开" 功能的特性

（1）"展开" 功能在正常的数值列中是无法使用的，并且在一列中存在多种数据容器的混合列场景中同样无法使用，如图 10.34 所示。这一点知悉即可，因为在实际操作中多数情况是对整列进行批量处理，因此 "展开" 功能一般用在前面演示的 3 种典型模式中。

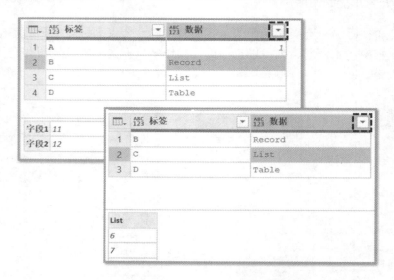

图 10.34 "展开" 功能的特性：适用范围

（2）目标列展开后，其他非目标列的数据会自动进行重复拓展，以防止空值出现。这个特性在我们学习使用自定义列构造序列时便有所体会，其也常用于进行指定次数的数据重复，如图 10.35 所示。

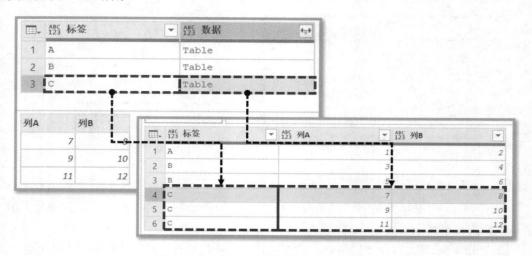

图 10.35 "展开" 功能的特性：重复拓展

10.4.2　聚合

我们在使用 Power Query 时提到的聚合多数是指"聚合"功能。

聚合（Aggregation）在信息科学中是指对有关数据进行挑选、分析、归类，最后得到想要的结果，主要是指任何能够从数组中产生标量值的数据转换过程。

上述定义过于晦涩难懂，不妨理解为抽象一组数据的某个特征就是数据聚合，如对一组数据求和、求平均值等都可以视为数据聚合过程。我们在学习和使用 Power Query 的过程中会多次用到"聚合"功能。

1.　"聚合"功能介绍

"聚合"功能可以理解为"展开"功能的逆向，不再是将数据容器中的数据平铺，而是将一组收据"压缩"成单值。它可以将一组数据具有的特征提取出来，比如常见的"总计""均值""最值"提取等，范例演示如图 10.36 所示。

图 10.36　"聚合"功能

可以看到，通过聚合操作可以直接获取"数据"列中各项 Table 值的数量，完成了一次对各表格数据计数的工作，将整张表格数据"聚合"成为单个数据值，该数据值包含原始数据集的某些特征。

2.　"聚合"功能的使用

"聚合"功能非常简单，与"展开"功能类似，通过列标题右侧的左右箭头按钮可以进入聚合功能设置面板，切换到"聚合"模式后，勾选对应列并在下拉菜单中设置聚合方式即可，具体操作如图 10.37 所示。

📑说明：根据列数据类型不同，聚合的可选方式也有所差异，通常，数值模式会多于文本。

通过图 10.37 可知，展开与聚合共用了一个面板，可以通过"展开"和"聚合"单选按钮进行切换。聚合的设置界面与"展开"功能类似，但有一点不同，可以单击右侧的下三角按钮，在其下拉菜单中对每列的聚合方式进行设置。

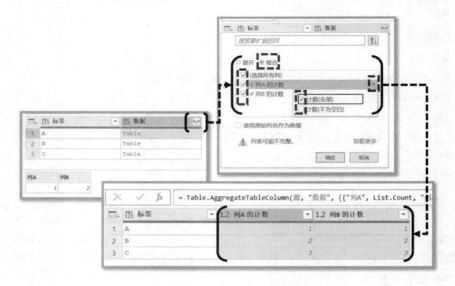

图 10.37　"聚合"功能的演示

3. "聚合"功能的特性

（1）"聚合"功能不适用于列表列和记录列（即 List 列和 Record 列），适用于表格列（Table 列），如图 10.38 所示。

图 10.38　"聚合"功能的特性：应用范围

（2）可以一次性对多列聚合，也可以一次性对单列实施不同的聚合方式。这个特性可以帮助用户构建所需的聚合值，使用较为灵活。不仅各列可以多选，聚合方式也可以进行多选，如图 10.39 所示。

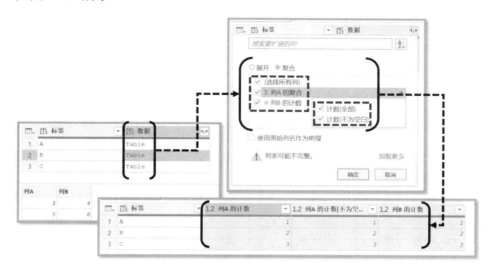

图 10.39　"聚合"功能的特性：批量聚合

可以看到，在"数据"列中 Table 表格的两列内容均被选中，并且对 A 列中的数据同时应用了"计数（全部）"和"计数（不为空白）"两种聚合模式，B 列以默认模式进行聚合。因此返回了 3 列聚合结果。

10.4.3　提取值

结构化列中的第 3 个功能是"提取值"，可以认为是列表聚合的特殊模式。它可以将 List 列中的所有元素进行合并，操作及效果如图 10.40 所示。

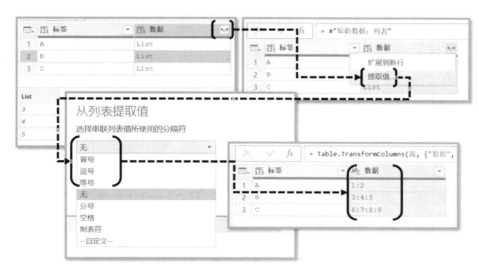

图 10.40　提取值

"提取值"的使用较为简单，注意操作对象必须包含 List 元素的列。在确认可以应用"提取值"功能后，单击列标题右侧的左右箭头按钮可以启用"提取值"功能，在设置窗口中可以自定义用于串联 List 元素的分隔符，效果如图 10.40 所示。

> 技巧：实际操作中偶尔会需要将 List 中的元素横向平铺，但是获得的结果是纵向展开的表格，此时可以借助"提取值"功能合并 List 中的内容后再利用"拆分列"功能达到目的。

10.4.4　创建数据类型

"结构化列"功能组的最后一项功能为"创建数据类型"，该功能推出时间较晚，目前并非所有版本的 Power Query 都包含该功能，下面简单介绍一下其功能。

"创建数据类型"功能允许用户将表格中的多列数据以一种数据类型的形式集中在一列中，类似于将多列数据堆叠，将结果表导入 Excel 表格中后，"数据类型"列会存在一些特殊的功能，如可以快速引用"数据类型"涵盖的列数据等，效果如图 10.41 所示。

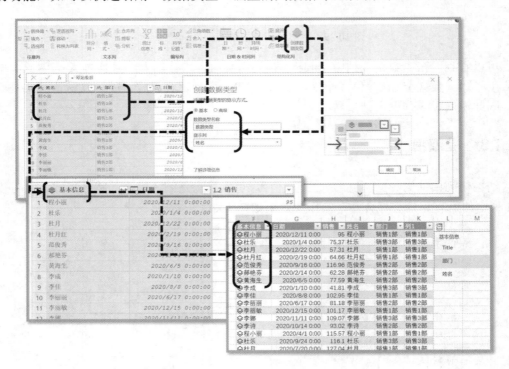

图 10.41　创建数据类型范例

在图 10.41 中，我们使用"创建数据类型"功能新增了一个"基本信息"列，它是原表格中"姓名"和"部门"两列的集合（可以折叠更多的列），在默认情况下会显示"姓名"列。因此，原表格的 4 列数据使用"创建数据类型"功能后变为 3 列，其中的两列被"压缩折叠"为单列显示。但需要注意，数据并没有丢失，仅仅是折叠不显示，可以使用"展开"功能恢复。

在 Power Query 中创建的数据类型，导入 Excel 工作表中依旧生效。特殊类型的列会有一个折叠的小图标，该类型包含的所有数据都可以直接引用和使用公式进行计算，但是不会显示出来，从而使表的整体版面更简洁。

10.5　分　组　依　据

本节介绍一个功能强大的结构调整命令"分组依据"。将其称为结构调整并不严谨，它不仅可以对表格数据的结构进行调整，而且具备非常强大的统计功能，让我们一起来学习吧。

10.5.1　什么是分组依据

从字面上看，"分组依据"并不好理解，但是"分组依据"命令对我们并不陌生。如果我们将其称为"分类汇总"或"条件统计"，可能读者就会有一种恍然大悟的感觉。

这里首先介绍两个在使用 Excel 时经常出现的需求，即"分类汇总"和"条件统计"，看看如何利用 Excel 中的功能模块来满足这两个需求，同时，作为后续分组依据的对比，我们可以更清晰地看到"分组依据"功能在数据整理和统计分析方面的灵活性。

1. 使用"分类汇总"功能统计各组销售额

原始数据为某公司各销售部门所有员工的销售记录，共有 4 个维度字段的数据，包括姓名、部门、日期和销售额。目标为汇总各个部门的总销售额，原始数据及操作过程如图 10.42 所示。

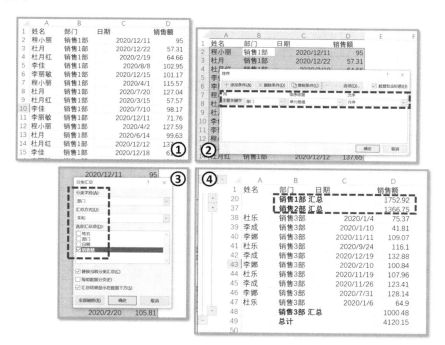

图 10.42　使用"分类汇总"功能统计各部门的销售额

因为是使用"分类汇总"功能完成任务，所以首先使用 Excel 排序功能对"部门"列进行升序排序；然后对表格数据应用"分类汇总"功能，选择以"部门"字段为分类条件、"求和"为汇总方式，并选择汇总"销售额"列；最后的统计结果见图 10.42④，各部门的总销售额呈现在各组数据的下方。

2．使用函数公式统计各组销售额（条件汇总）

相比使用现成的分类汇总功能模块，使用函数公式完成条件求和的任务更灵活，统计结果可以根据需要放置在表格的任意位置。

如图 10.43 所示，原始数据不变，只需要在 F 列提供各部门名称便可以在 G 列使用函数 SUMIF 构建公式快速完成对各部门销售额的汇总任务。

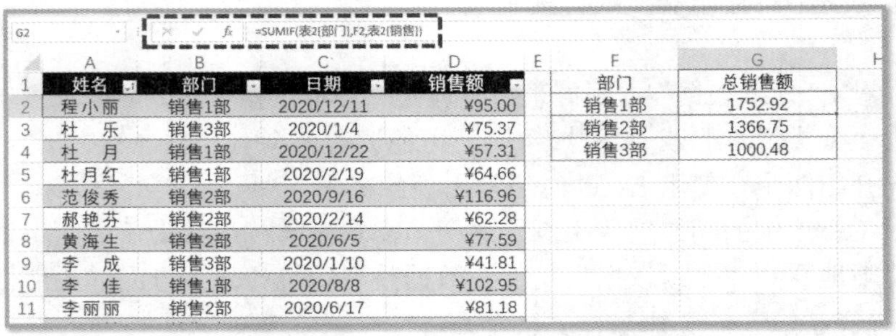

	A	B	C	D	E	F	G	H
	姓名	部门	日期	销售额		部门	总销售额	
1								
2	程小丽	销售1部	2020/12/11	¥95.00		销售1部	1752.92	
3	杜 乐	销售3部	2020/1/4	¥75.37		销售2部	1366.75	
4	杜 月	销售1部	2020/12/22	¥57.31		销售3部	1000.48	
5	杜月红	销售1部	2020/2/19	¥64.66				
6	范俊秀	销售2部	2020/9/16	¥116.96				
7	郝艳芬	销售2部	2020/2/14	¥62.28				
8	黄海生	销售1部	2020/6/5	¥77.59				
9	李 成	销售3部	2020/1/10	¥41.81				
10	李 佳	销售1部	2020/8/8	¥102.95				
11	李丽丽	销售2部	2020/6/17	¥81.18				

G2 的公式栏：=SUMIF(表2[部门],F2,表2[销售])

图 10.43　使用函数公式统计各组销售额（条件汇总）

注意，虽然两次任务的形式差异很大，但是它们有一个共同特征，就是"以某个或多个字段列为条件对数据进行分组，然后对分组数据的部分列执行指定的聚合运算从而得到结果"。而实际上 Power Query 的"分组依据"功能便是这个逻辑的抽象。

10.5.2　分组依据的基本操作

本节一起学习 Power Query 的"分组依据"命令，看一看它是如何工作的，能不能快捷地帮助我们解决上述问题。

首先将同样的数据导入 Power Query 中，若需要统计各个部门的总销售额，则可以选择"部门"列作为分组条件，单击"应用"转换选项卡的第一个功能按钮，启动"分组依据"功能，然后在"分组依据"设置窗口中完成对"销售额"列执行"求和"的运算设置，即可得到最终结果，具体操作过程设置如图 10.44 所示。

说明：在 Power Query 的菜单栏中有两个"分组依据"命令。一个位于菜单栏"主页"选项卡的"转换"功能组中，另一个位于菜单栏"转换"选项卡的"表格"功能组中。重复放置且位于"转换"选项卡的首要位置说明该功能的重要性，其也属于 Power Query 的重要功能之一。

通过演示可以看到，分组依据很好地解决了我们的问题，并且操作过程简单，完全没有冗余的操作，只需要向 Power Query 提供你的条件和目标需求，系统便会自动根据条件分组完成统计工作，比"分类汇总"功能更加智能，不需要预先排序，还能够快速处理多个条件；相比"函数公式条件统计"功能则免去了数据准备和编写代码的环节，优势是显而易见的。随着我们对 Power Query 的学习越来越深入，可以用 Power Query 解决的问题读者可能不会再选择 Excel 功能模块或函数公式来完成。

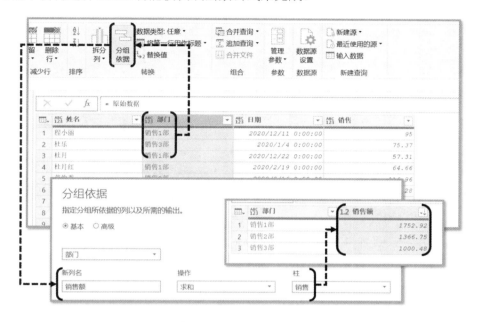

图 10.44　分组依据的使用

10.5.3　分组依据的主要参数

1. 分组条件

分组依据主要有 3 个核心参数需要设置，分别是分组条件、目标统计列（柱）和聚合方式（操作）。

首先来说第一个参数"分组条件"，该参数用于控制原始数据表根据什么字段进行分组统计，比如上面案例中的"销售部门"有 3 个，如果以该列为分组条件，则系统会将数据表一分为三，单独执行聚合运算得到结果。

比较特别的是，如果需要根据多个字段条件进行分组统计，也可以直接使用"分组依据"设置窗口中的高级模式进行添加，使用上非常自由和完善，如图 10.45 所示。

技巧：使用"分组依据"功能时，条件参数的设定不会在"分组依据"窗口中进行选择，而在应用"分组"依据命令前手动选择需要作为条件的多个字段列，然后启动"分组依据"功能，系统便会自动将前面选择的列视为条件参数，推荐使用这种设置方式。

2. 目标统计列（柱）

"目标统计列（柱）"参数与"聚合方式"参数绑定在一起进行设置才可以生效。例如案例中需要对"销售额"列进行"求和"的聚合运算。该参数可以设置原始数据表中的任意列，即便是用于分组的条件列也可以进行选取。

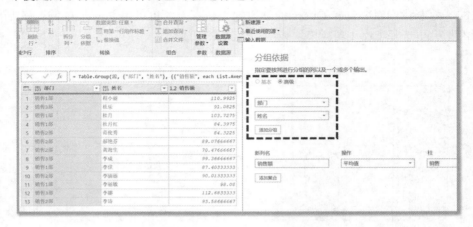

图 10.45　多分组条件的分组依据

> 📖**说明**：分组依据设置窗口中的"柱"指的是对应的"列"，此处为翻译问题，对应的英文为 Column。在很多设置窗口都会这样显示，如条件列等。知悉即可。

3．聚合方式（操作）

"聚合方式（操作）"参数用于设置对分组数据进行运算的逻辑，与在使用"透视列"功能时所设置的"聚合值函数"功能类似。需要特别注意的是，聚合方式仅针对其对应的柱，并且可选类型会根据"柱"的类型不同而有所区别。常用的聚合方式有"求和""均值""中值""最值""行计数""非重复行计数""所有行"。

常规的聚合操作都比较简单，其中，"所有行"模式最为特殊，在该模式下不需要设置目标统计列参数。系统会自动根据分组条件返回数据表的所有行，如图 10.46 所示。

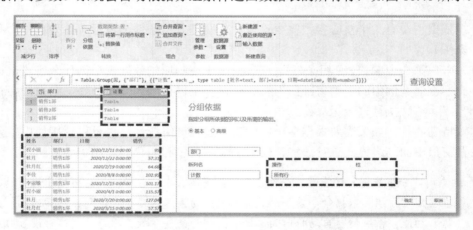

图 10.46　特殊的操作模式：所有行

> 📖**说明**：严格来说，"所有行"模式只能算作操作模式，不属于聚合模式，相当于不对分组结果的数据进行聚合。该模式在 Power Query 高级操作中常常出现。

10.5.4　分组依据的运行原理

在了解了分组依据的基本使用方式和其 3 个核心参数后，本节我们讲解一下分组依据是如何一步一步完成统计分析的。

分组依据的运行可以分为以下 3 步。

1．根据条件字段完成对原始数据表的分组

根据条件字段对原始数据表进行分组是"分组依据"功能最重要的一个环节，它体现的是"分组"的特性。以总销售额分组统计案例为例，第 1 步因为指定的是"部门"列，因此系统会自动根据"部门"列中的值字段将表格中的数据记录划分为"销售 1 部""销售 2 部""销售 3 部"3 张独立的子表（此过程用户是不可见的），如图 10.47 所示。

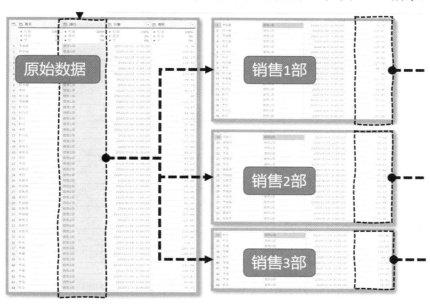

图 10.47　根据条件字段完成对原始数据表的分组

📝说明：如果想要检查数据的分组情况是否正确，可以应用"所有行"操作模式，通过结果中的 Table 列可以清晰地查看所有分组数据的子表格。如果换一种理解方式，可以理解为"所有行"模式将跳过执行聚合的步骤（2），只执行了步骤（1）和步骤（3）。

2．根据指定字段的聚合方式完成统计工作

完成数据按条件分组后，需要根据每组数据按照指定的统计方式进行聚合，获得最终的计算结果，如图 10.48 所示。因为第 1 步返回的数据是分组后的表格，所以要完成统计工作还需要读取第二参数和第三参数，告诉 Power Query 应该对哪些列执行聚合运算。在简单情况下针对单个列进行单个统计即可，在复杂条件下一定要明确所有的统计方式都是绑定特定字段的，并不是针对所有的列字段。同时，每一组聚合条件会生成一个新的列，

用于存放统计结果。

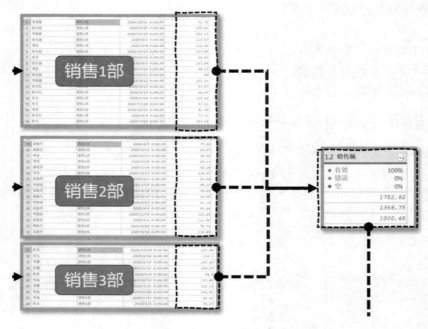

图 10.48　根据指定字段的聚合方式完成统计工作

3. 将条件字段数据与统计结果列组合形成结果表

完成了前两步的工作后，系统会根据条件列和按照聚合条件统计的结果列合并生成最终的表格，如图 10.49 所示。此步骤需要注意的是最终表格中包含的列的数量及其组成。可以认为结果表由两个部分组成：

（1）前面选为条件列的若干字段会在结果表中全部保留，且顺序与设置的顺序相同，优先进行第一部分的放置。

（2）在统计结果列中，每组聚合设置会形成一列结果，并且按照设置的顺序跟在第一部分后进行排列。

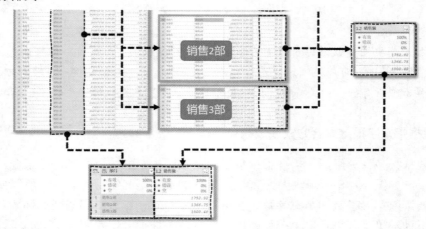

图 10.49　将条件字段数据与统计结果列组合形成结果表

🔔**注意:** 除了特别说明的列之外,原表格中的其他列会被自动删除,不在结果数据表中保留。在实际操作中也会利用此特性进行冗余列的删除。

10.5.5 分组依据的重要特性

1. 结果表格只包括条件列和统计列

前面已经提过分组依据的这个特性,即"分组依据结果表中只包含条件字段列和统计结果列,原始表格中的其他列会被自动删除"。这个特性刚开始使用"分组依据"功能时很容易被忽视。例如,有时候以"列 A"为条件便可以将数据分组并且正确地得到统计结果,如果原始表格中的"列 B"也需要保留,则在选择条件时,即使表面看上去是冗余的,也应当将"列 A"和"列 B"均选中作为条件参数参与分组依据的运算中(前提是不会影响分组结果),如图 10.50 所示。

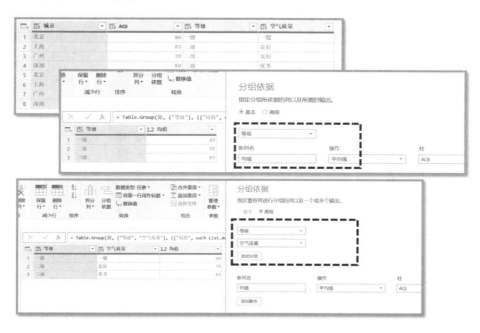

图 10.50 分组依据特性:结果表格只包括条件列和统计列

2. 可以对单列执行多次聚合操作

在实际操作中我们经常需要对某列数据提取多组特征值,最为典型的就是以某列为条件查看某个数据指标的范围,如"所有城市的 AQI"。解决这个问题便需要使用到分组依据的第 2 个特性,即"可以对单列同步执行多次聚合",演示效果如图 10.51 所示。

通过上例可以看到,想要提取目标列在特定条件下的数值范围,我们只需要按照目标条件分组后对同一字段同时进行最大值与最小值的聚合即可。这就利用了分组依据可以对单列执行多次聚合操作的特性。

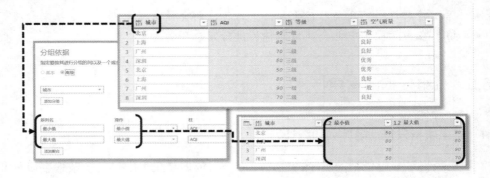

图 10.51　分组依据特性：可以对单列执行多次聚合操作

10.5.6　分组依据应用案例

在实际的数据整理问题中，经常需要清除重复值和提取唯一值。关于重复值的清除，我们可以使用 Power Query 现有功能快速完成多条件去重，但是对于唯一值的提取，没有预设的功能可以直接完成，因此需要借助"分组依据"功能来解决，操作演示如图 10.52 所示。

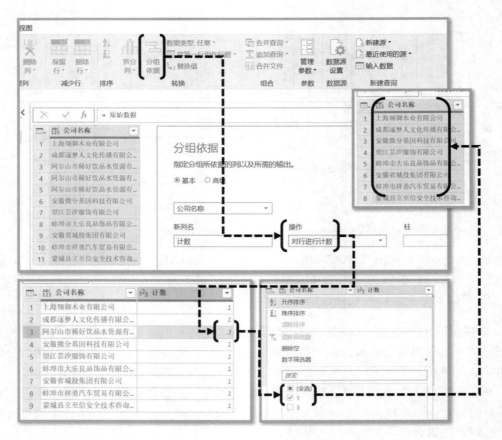

图 10.52　筛选数据列中的唯一值

原始数据"公司名称"列存在重复值，要提取该列中的不重复值，操作为：选中目标需要提取唯一值的列，直接启用"分组依据"功能，采取默认设置进行统计（按公司名称对分组的行进行计数），获得各项统计结果。然后筛选统计结果中计数不为 1 的记录并删除，最终完成任务。

注意：很多读者容易混淆"去除重复项"和"提取唯一值"这两个概念。前者是指将数据集中多个重复的值去重后保留一项，后者是提取数据集中仅出现过一次的值，二者是不同的。例如，数据集"1，1，0"经过去重后可以得到列表"1，0"，而经过唯一值提取后仅能得到"0"，其中的"1"不属于唯一值。

10.6　本 章 小 结

本章我们对 Power Query 编辑器的"数据结构调整"的相关功能进行了详细介绍，依次讲解了转置、逆透视列、透视列这些重要的结构调整功能，同时也补充介绍了结构化列中 4 种用于处理数据结构的方法，并在最后集中讲解了集结构调整与数据统计于一体的"分组依据"功能。这些都是 Power Query 中非常重要的功能，学习难度增大了，本章的目的是为读者打下扎实的理论基础，还是需要读者在实际操作中多多体会。

通过对本章内容的学习，相信读者已经基本掌握 Power Query 数据结构调整功能的使用了。下一章我们将学习如何修改数据表内容。

第 11 章　修改数据表的内容

在前面的章节中介绍了 Power Query 的运行环境、工作流程和软件界面等内容，对 Power Query 的功能介绍遵循数据整理的工作流程，即从数据导入和导出开始，然后深入中间的数据整理环节，并且在介绍数据整理环节的各项功能时，按照范围从大到小的层级循序渐进地讲解，如首先介绍查询表与表之间的综合运算，然后介绍单张表的行和列以及行列结构的调整。本章我们深入某列或者某些特定的单元格，来看一看 Power Query 中有哪些功能可以帮助我们完成对表格内容的修改。

本章分为四个部分进行讲解，分别是数据类型转换（自动检测数据类型、手动设置数据类型等）、一些常用的数据内容修改功能（如替换、填充）、数值运算功能（如统计、修约、日期计算）以及文本运算功能（如文本拆分、提取、合并、分析等）。由于都是对表格内容进行修改，虽然命令数量较多，但总体难度不大，注意在实际应用中灵活使用即可。

本章涉及的知识点如下：

❑ 如何对数据类型进行转换；
❑ 如何自动检测数据类型；
❑ 替换和填充等常用功能的使用；
❑ 使用数值运算功能；
❑ 格式、提取列、合并列、分析列等文本运算功能的使用。

11.1　数据类型转换

如果要对数据内容进行修改，首先需要对 Power Query 中数据类型有所了解。本节将介绍 Power Query 中的数据类型。以及如何对数据类型进行转换。虽然难度不大，但是会涉及很多实用的技巧，下面一起来学习吧。

11.1.1　Power Query 中的数据类型

首先来看 Power Query 中有哪些数据类型。如图 11.1 所示为麦克斯绘制的 Power Query 数据类型分布图，其中列出了我们能够在 Power Query 中看到的所有数据类型，主要分为数字类、日期/时间（特殊类数字）类、文本类、逻辑类和特殊的二进制类数据。

如果读者对 Excel 或其他编程语言熟悉的话，类比理解会更加轻松。主要的 3 类"数字、文本、逻辑"在多数软件或语言中都是涵盖的。但在 Power Query 中较为特殊的是数字类型被分为了"小数、货币、整数和百分比"几种；同时演化出了一种特殊的数字类型，即"日期/时间"类数据，其包括"日期/时间、日期、时间、日期/时间/时区、持续时间"

这 5 种类型。除此以外，Power Query 还包含一种"任意型"和二进制文件专属的数据类型 Binary，专门用于数据读取（在数据导入时我们曾经见过）。

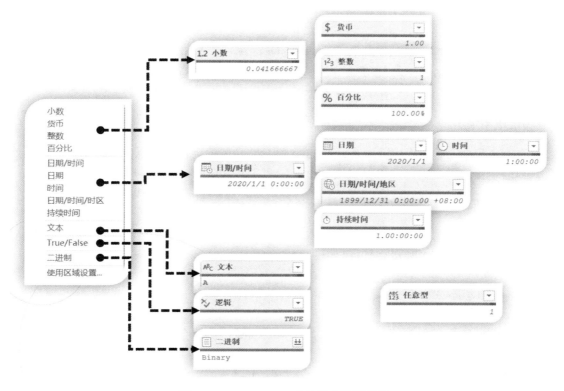

图 11.1　Power Query 中的核心数据类型

⚲**注意**：虽然每种数据类型在默认的显示格式上均有各自的特征（如逻辑值会斜体大写、文本会左对齐、二进制数据会显示为浅绿色 Binary 字样等），但是仅通过格式判定并不准确，容易混淆和发生错误。因此在实际操作中区分数据类型可以看列标题左侧的数据类型图标，每种类型都有自己的专属图标，见图 11.1。

在众多的数据类型中，大部分都比较容易理解，但有一些特殊的数据类型需要介绍一下。

1. 任意型

"任意型"其实在 Excel 中便存在，其可以承装的数据类型没有限制。对于我们直接从外部导入的数据，如果不自动进行类型检测或手动调整数据类型则会默认为"任意型"（主要是出于兼容性考虑，让数据更容易导入）。同时，因为在 Power Query 中对于类型的要求比较严格，因此在转换类型的时候并没有相应的选项支持我们将数据转换为任意类型。

2. 日期/时间、日期、时间、日期/时间/时区

日期/时间、日期、时间、日期/时间/时区这 4 种类型均用于存储日期和时间信息，它们分别存储的是：日期和时间信息，即年、月、日、时、分、秒信息；纯日期信息，即年、

月、日信息；纯时间信息，即时、分、秒信息；日期时间和时区信息，即年月日时分秒和时区信息。

3．持续时间

持续时间是用于表示时间段的一种特殊的时间类型，其由天、时、分、秒四个部分组成，如"10.12:34:56"代表 10 天又 12 个小时 34 分钟 56 秒的持续时间，天与时、分、秒使用英文状态下的句点分隔，其余时间类型一致使用英文状态下的冒号分隔。

4．逻辑值

在 Power Query 中并非输入 true 或 false 之后，系统便会自动判定为逻辑值，需要将列数据类型设置为逻辑类型才可以生效。

5．二进制

二进制类型使用较少，当从外部导入数据时系统会将文件以二进制的形式进行读取，然后通过特定类别的函数进行翻译以获取可用的数据。

11.1.2　自动检测数据类型

为了保证数据类型都符合系统要求，Power Query 默认会在数据导入编辑器后自动执行一次"自动检测数据类型"命令。这也是为什么很多同学疑惑自己没有对数据做任何操作时，"应用的步骤"栏中便已经存在一个"更改的类型"步骤，如图 11.2 所示。

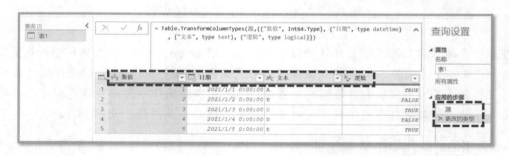

图 11.2　自动检测数据类型

如果读者的导入数据也存在"更改的类型"步骤，则说明系统自动为数据判定了具体的类型。值的注意的是，对该类型的判定是在导入数据及某些步骤时自动添加的，若原始数据发生变化，则新的数据不会参与判定。

11.1.3　半自动检测数据类型

如果需要手动开启对某些字段列的自动检测数据类型功能，可以选中对应字段后，选择菜单栏"转换"选项卡下"任意列"功能组中的"检测数据类型"命令，效果与默认启动的"自动检测数据类型"命令完全相同，如图 11.3 所示。

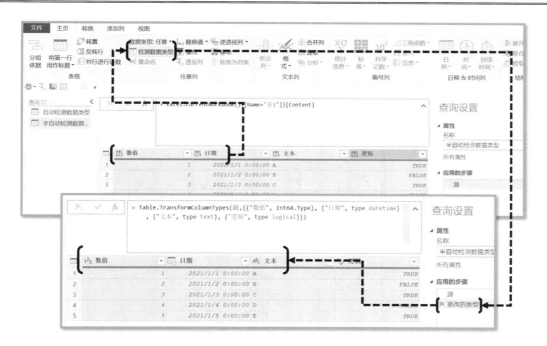

图 11.3 半自动检测数据类型

11.1.4 关闭"自动检测数据类型"功能

系统自动进行数据类型检测，使得数据在导入的时候就已确定了数据类型，这样会导致后续处理的诸多限制（Power Query 约束了什么类型的数据可以执行什么类型的命令，而任意类型无此限制）。此外还存在判定不准确的情况，如编号列因为使用的是纯数字编号被判定为数值，而实际上其应当是文本型。

说明：Power Query 对数据类型的要求较高，不同数据类型之间进行运算可能存在障碍、同列不同类型也容易出错，所以需要在计算前予以规范。最典型的如 Excel 中允许的数值和文本数值运算在 Power Query 中会报错，如数字 1 加文本 1 会报错，1 + "1" => Error。

遇到上述问题时通常的做法是找到"自动检测数据类型"的步骤后删除，但如此操作稍显烦琐，因此对该功能感到困扰的读者可以关闭"自动检测数据类型"功能，具体操作如图 11.4 所示。

选择"文件"选项卡，从中找到对应的"选项和设置"|"查询选项"命令，弹出"查询选项"综合设置窗口。在"全局"分区的"数据加载"栏中，在"类型检测"设定中选中"从不检测未结构化源的列类型和标题"单选按钮，即可避免在操作过程中自动进行数据类型检测。

关闭"自动检测数据类型"功能后可以看到，导入的全部数据列默认为任意型，不再影响操作，如图 11.5 所示。

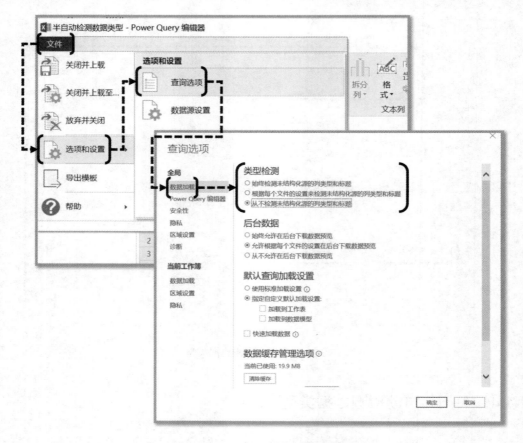

图 11.4　关闭"自动检测数据类型"功能

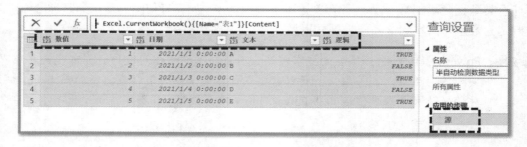

图 11.5　关闭"自动检测数据类型"功能后的效果

关闭"自动检测数据类型"功能并非表示数据类型不重要，而是出于便利性考虑，在数据整理的过程中需求多变、问题复杂，因此类型的限定会产生不必要的麻烦，但在数据整理完毕导出数据前需要手动确认各字段列都属于合理的数据类型。

11.1.5　手动设置数据类型

如何手动调整数据类型呢？一般有两种操作方式。

1．使用列标题类型符号切换数据类型

第 1 种方式是单击需要变更数据类型的列标题左侧的类型图标（该图标不仅可以区分数据类型，而且可以用于类型转换）。根据需要选择切换的目标类型即可，如图 11.6 所示。不过该功能的最大缺陷是仅能够针对当前列进行类型转换，如果需要同时对多列进行数据类型切换则需要使用第 2 种方式。

图 11.6　使用列标题类型符号切换数据类型

2．使用"数据类型"命令切换数据类型

第 2 种方式是使用功能命令完成数据类型切换，操作如图 11.7 所示。选中需要切换的列（可以同时对多列进行批量切换）后，在菜单栏"转换"选项卡下"任意列"功能组的"数据类型：任意"下拉菜单中选择相应的数据类型进行切换。

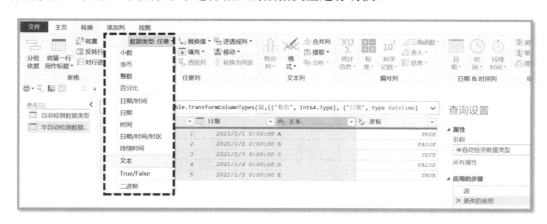

图 11.7　使用"数据类型"命令切换数据类型

除此以外，还可以右击列后的列标题，通过快捷菜单完成对数据类型的切换，如图 11.8 所示。该操作方式实际上使用的也是"数据类型：任意"命令。

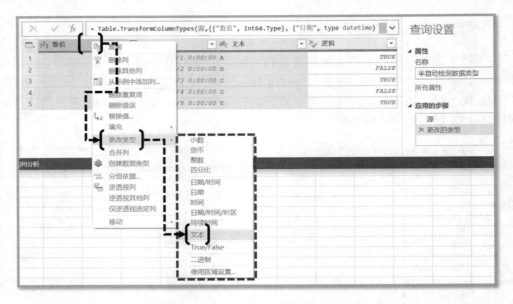

图 11.8　使用"数据类型"命令切换数据类型的快捷方式

11.1.6　使用"数据类型转换"命令规范数据

虽然"数据类型转换"命令是为类型服务的，但是对于经验丰富的 Power Query 使用者而言，它还是整理数据、规范数据格式的利器，有些在 Excel 中需要特殊技巧才能完成的数据规范任务，在 Power Query 中只需要将其转换为对应的数据类型便会被自动规范，以下是几个典型的应用案例。

1．使用数据类型规范非标准日期数据

常见的非标准日期格式如 1234.5.6、1234-05-06、5.6 等，它们都是在数据清洗过程中令人头疼的格式，我们可以直接将该日期字段类型转换为"日期"数据格式，转换后的效果如图 11.9 所示。

图 11.9　使用数据类型规范非标准日期数据

注意：若缺少年份信息，Power Query 编辑器会自动使用当前系统日期所在的年份。

2．使用区域设置规范不同地区的日期数据

在转换数据类型的时候有一类特别的问题，就是日期的表示格式会随地区不同而发生变化，导致日期信息出现错误。例如日期 2016 年 3 月 29 日，在中国被标记为"2016/3/29"，在美国被标记为"3/29/2016"，在英国被标记为"29/03/2016"，存在比较大的差异，因此若采用错误的规范去理解日期数据便会出现错误。

此时可以使用"类型转换"命令中的"使用区域设置"功能来解决问题。如图 11.10 所示为中/美/英三地的一些日期数据，可以看到，正常情况下对数据字段进行类型转换时只能正确识别当前系统的日期，对于其他地区的日期编辑器无法准确判定。

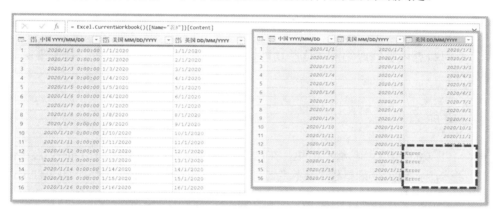

图 11.10 不同地区的不同日期规范导致数据转换出现错误

因此我们可以对不同字段的日期数据进行独立的区域性设置，例如，为英国的日期设置英国地区，为美国的日期设置美国地区，遵循当地的日期/时间规范，具体操作如图 11.11 所示。

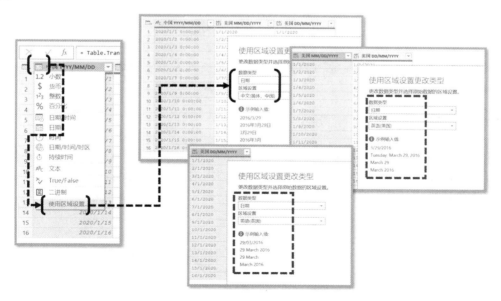

图 11.11 使用区域设置规范不同地区的日期数据

通过"数据类型转换"中的"使用区域设置"功能，我们可以为每列数据设定其专属的"地区识别规范"。在"使用区域设置更改类型"窗口中选取"日期"数据类型及与源数据匹配的区域设置选项即可解决问题，最终，所有的日期数据都正确地转换为中文日期规范的顺序。

说明：如果不了解地区的规范，可以通过"使用区域设置更改类型"窗口中对应地区的范例进行确认。

11.2　常　规　功　能

本节学习数据内容修改功能，这些功能比较简单且常用，如重命名、替换错误、向上/向下填充等。

11.2.1　重命名

"重命名"功能相信读者都不陌生，在这里只强调一点：虽然 Power Query 为重命名列单独提供了一个按钮（在菜单栏"转换"选项卡的"任意列"功能组中），如图 11.12 所示。但实际操作应用中几乎不会使用，甚至右键快捷菜单的"重命名列"命令也不常用，一般是通过直接双击列标题的中间部分进行重命名。

图 11.12　"重命名"按钮

技巧：对于查询的重命名，也可以直接使用双击查询完成重命名。

11.2.2　替换

虽然查找与替换在很多软件中都是一起使用的，但是在 Power Query 中因为是针对行列进行操作，没有单独选中某个单元格进行操作的需求，所以仅配备了"替换"功能。该功能分为两种模式，分别是"替换值"和"替换错误"，如图 11.13 所示。

图 11.13　"替换"功能的两种模式

1．替换值

因为替换值会根据数据环境不同而发生变化，这里我们通过几个案例进行说明。

（1）替换数值列中的数字 1 为 9。如图 11.14 所示的数值列中全部为数值，当选中数值列启动"替换值"功能后，我们将参数"要查找的值"设置为 1，参数"替换为"设置成 9。最终只有单元格中内容为 1 的数据被替换为 9，而其余包含数字 1 的数据未发生改变。

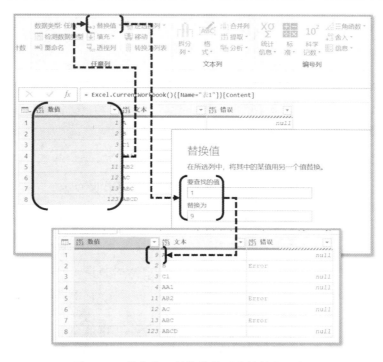

图 11.14　替换值：替换数值列中的数字 1 为 9

🔔**注意**：因为 Power Query 对数据类型的要求严格，所以在执行"替换"功能时，数值列的"替换为"参数也必须是数值类型，否则无法替换。

（2）替换文本列中的数字 1 为 9。这一次我们执行相同的替换，但是应用的对象变更为文本列，可以看到，文本列中所有的 1 全部被替换为 9，如图 11.15 所示，并没有限定要求单元格整体为 1 才进行替换，这是文本列和数字列替换的主要区别之一。

如果需要在替换文本列数据时按照单元格进行匹配（即单元格内容相同才执行替换），则需要在替换设置中启用"高级选项"并勾选"单元格匹配"复选框。除此以外，文本列的数据替换高级选项还支持"使用特殊字符替换"模式。

（3）替换文本列中的字符 B 为换行符"#(lf)"。启用"替换值"窗口中的"高级选项"，并勾选"使用特殊字符替换"复选框，可以实现如"换行符#(lf)""回车符#(lf)""制表符#(tab)""不间断空格#(00A0)"等特殊字符的替换，如图 11.16 所示。

📄**说明**：特殊字符均使用代码表示，无须记忆，可以直接在"高级选项"中的"插入特殊字符"下拉菜单中选择。

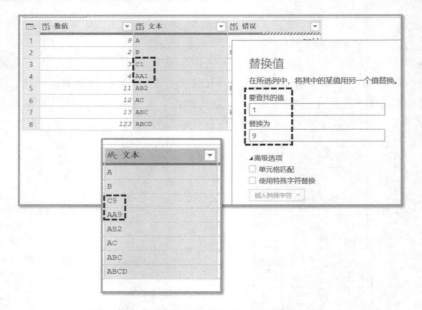

图 11.15　替换值：替换文本列中的数字 1 为 9

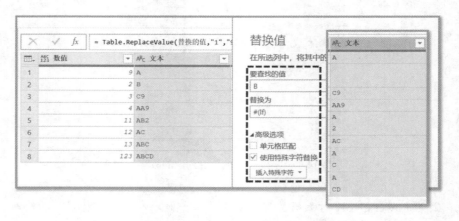

图 11.16　替换值：替换文本列中的字符 B 为换行符"#(lf)"

（4）替换数值列的 2 为字符 A。当尝试这样替换的时候便会发现是不允许的。因为数据类型不匹配，数值列只允许将数值替换为数值，如图 11.17 所示。

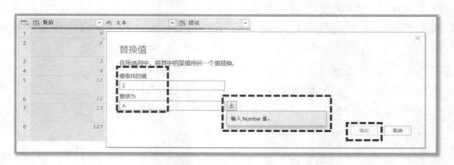

图 11.17　替换值：替换数值列的 2 为字符 A

要完成上述任务，一个很好的办法是将数据列暂时转换为文本类型，替换完成后再恢复。虽然也能够解决，但是这样的操作比较烦琐。这里麦克斯告诉读者一个小技巧，只需要同时选中数值列和旁边的文本列然后进行替换，此时原本对单列的数据类型限制就消失了，可以正常替换，如图 11.18 所示。

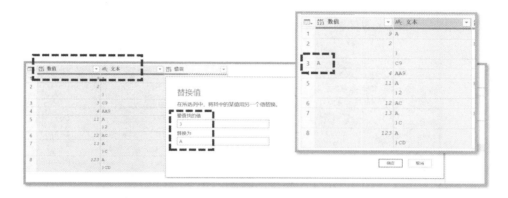

图 11.18　替换数值列的 3 为字符 A

注意：因为改变了替换值的检索范围，所以使用上述方法的前提是要保证多选的列不会造成额外的错误替换，即防止"误伤"正常数据。这也是图 11.18 中"要查找的值"参数会由 2 改为 3 的原因。

2. 替换错误

"替换错误"模式相比"替换值"的复杂情境，对于错误值的替换简单、直接许多。该模式专门针对所选字段范围内的错误值进行替换。因为这类错误值是特殊的形式（左对齐浅绿色字体），使用"替换值"命令无法完成，因此需要使用"替换错误"模式，使用范例如图 11.19 所示。

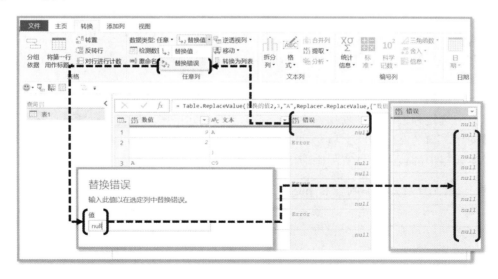

图 11.19　替换错误值

11.2.3　填充

"填充"功能分为向上填充和向下填充两种模式，可通过菜单栏"转换"选项卡下"任意列"功能组的"填充"下拉菜单进行选择。"填充"功能可以将 null 单元格中的数据自动填充为其相邻上方或下方的值，具体操作如图 11.20 所示。

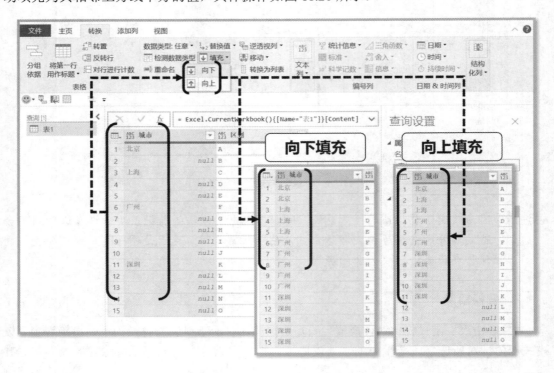

图 11.20　向上填充和向下填充

原始数据由城市列和区划列组成，其中，城市列进行了简写，仅在城市标签发生变换时才对数据进行标记，其余值则未填写。虽然读者在阅读这样的数据表时能够清晰地分辨"北京的区划有 A/B""上海的区划有 C/D/E"等，但这类数据无法在计算机中得到处理，因为存在数据缺失，属于不规范数据。

因此通常需要对缺失数据按规律进行补齐，此处便可以使用向下填充功能一次性解决。该功能会将选定列中的 null 使用其上方相邻的非空单元格中的内容进行填充，在清理数据时经常使用。与之对应的向上填充功能则恰好相反，它可以将 null 单元格填充为下方相邻的非空单元格中的值，不过实际操作中使用较少。

🔔**注意**：　"填充"功能只针对空值 null 生效，文本 null 或空白的单元格均不会受向上和向下填充功能的影响。如果实际中遇到原始数据质量较差，存在空白单元格，需要应用"填充"功能时，可以配合"替换"功能将空白单元格替换为 null，再进行填充，具体操作演示如图 11.21 所示。

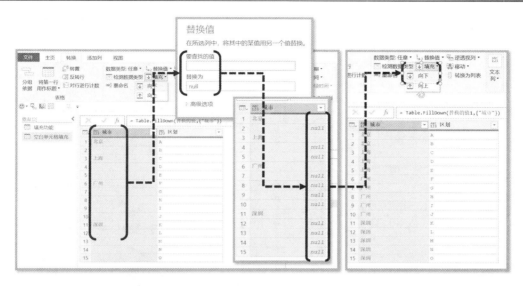

图 11.21　空白单元格的向下填充

11.3　数　值　运　算

本节介绍 Power Query 中丰富的运算功能，先从"数值运算"开始讲起。数值运算总体分为"统计、标准、科学记数、三角函数、舍入、信息、日期、时间和持续时间"九大类，虽然功能较多，但是使用逻辑都比较简单。

11.3.1　统计运算

统计类运算功能按钮位于菜单栏"转换"选项卡下"编号列"功能组的"统计信息"下拉菜单中，共包括 8 种基础统计运算，如求和、最小值、最大值、中值、平均值这 5 大常规统计指标，以及标准偏差、值计数和对非重复值进行计数等特殊统计指标，如图 11.22所示。

在使用上，各个功能的操作方法基本相同。直接选中需要运算的字段列后执行对应的命令即可，操作及效果见图 11.22，若无特殊情况不再单独说明。

💭注意：因为统计类运算的本质属于"聚合"过程，所以该类下的所有运算针对的是列，但结果均为单值，这是统计类运算命令和其他运算命令最大的差异。

在上述 8 种统计运算功能中，有几个功能较为特别，下面进行简单介绍。

1. 值计数

值计数本质上统计的是选定列中"非空值"的数量，对应使用的 M 函数为List.NonNullCount。如图 11.22 所示，共有 10 行原始数据，其中末位存在一个空值 null 单元格，因此最终的统计结果为 9，而非 10。

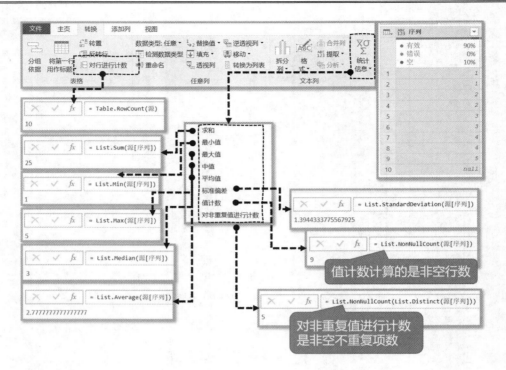

图 11.22　统计信息运算功能

2．对非重复值进行计数

对非重复值进行计数本质是先对列数据进行"去重"运算，再执行"值计数"，对应使用的 M 函数不仅有 List.Distinct 用于去重，还包括 List.NonNullCount 用于统计非空值。如图 11.22 所示，共有 10 行原始数据，其中，1、2、3、4 均有重复值，因此去重后共有"10-4=6"种值，再经过非空值计数，最终得到的结果为 5。

3．对行进行计数

对行进行计数本身并不属于统计运算功能，而是独立出现在菜单栏"转换"选项卡的"表格"功能组中。但因其功能与统计运算极为相似，因此这里一并进行讲解。

顾名思义，对行进行计数的作用是对查询表的行数进行统计。在表格状态下直接使用该功能便可以获得表格行数的统计信息。

11.3.2　标准运算

标准运算功能可以实现在原始数据列的基础上进行四则运算等功能。因为其属于最基础的运算，所以被称为"标准运算"。它共包含 8 种运算，有最基础的四则运算"添加""乘""减""除"，还有特殊的"用整数除""取模""百分比"运算，如图 11.23 所示。

在使用方面，直接对选中的原始列应用运算命令，然后提供所需参数即可完成任务。例如，对原始列进行参数为 1 的"添加"运算，可以批量将选中列中的所有值都加 1。其他功能的使用类似，不再赘述。

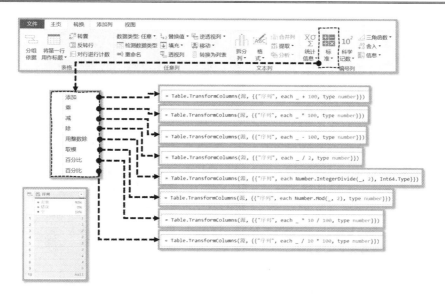

图 11.23　标准运算功能

在上面 8 种标准运算功能中有几个功能较为特别，下面进行简单介绍。

1．"除"和"用整数除"

"除"运算就是除法运算，而"用整数除"则较为特殊，也是我们俗称的"地板除"，其是在数据进行除法运算后进行取整，如"3 地板除 2"的运算过程为"3 除 2 得 1.5"，然后取整得"1"，完成运算。对应使用的 M 函数为 Number.IntegerDivide。该功能常常在通过索引列构建重复序列时使用，如图 11.24 所示。

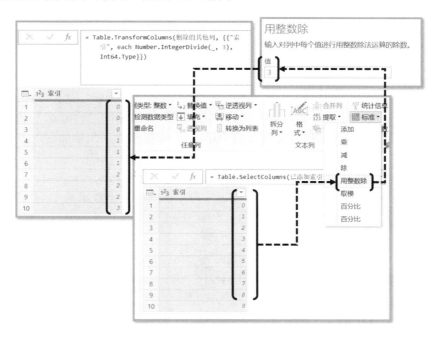

图 11.24　使用"用整数除"运算构建重复序列

2. 取模

取模运算是指取余数运算，如"3 取模 2 余 1"，最终返回的结果是余数 1。该功能常常在通过索引列构造循环序列时使用，如图 11.25 所示。

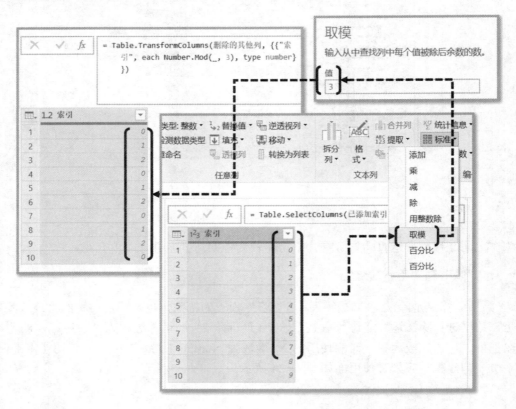

图 11.25　使用"取模"运算构建循环序列

3."百分比"和"百分比"

在"标准"下拉菜单中，因为翻译偏差，提供了两个同名的"百分比"功能。很多用户在使用时会有所疑惑，它们是否相同？若不同，差异在哪里？此处简称上方的百分比功能为"百分比上"，下方的百分比功能为"百分比下"。

首先明确一点，两个百分比功能发挥的作用不相同。

其中，"百分比上"以"单位 1"为单位进行显示。例如原始数据为 1，总数设定为 10，需要计算原始数据占总数的百分比。若使用"百分比上"进行运算，则返回结果为 0.1，代表 10 个百分点，如图 11.26 所示。

"百分比下"以百分之一为单位进行显示。例如原始数据为 1，总数设定为 10，需要计算原始数据占总数的百分比。若使用"百分比下"进行运算，返回结果为 10，代表 10 个百分点，如图 11.27 所示。

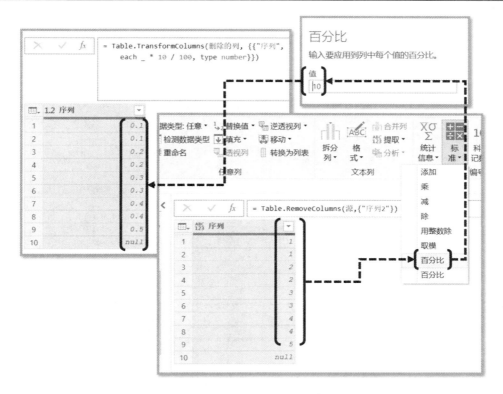

图 11.26　"百分比上"运算

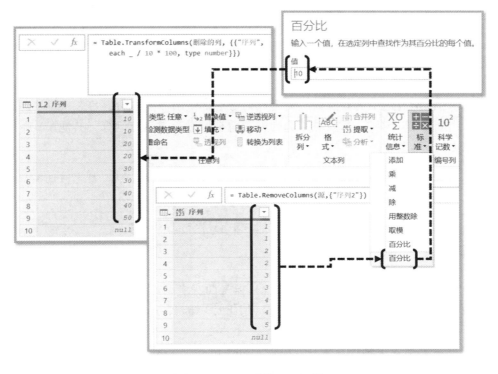

图 11.27　"百分比下"运算

11.3.3　科学记数运算

"科学记数"也是我们在日常工作中经常使用的数学运算，其中包括绝对值、幂次、平方根、求幂、对数、阶乘等运算，具体命令位置及功能演示如图 11.28 所示。

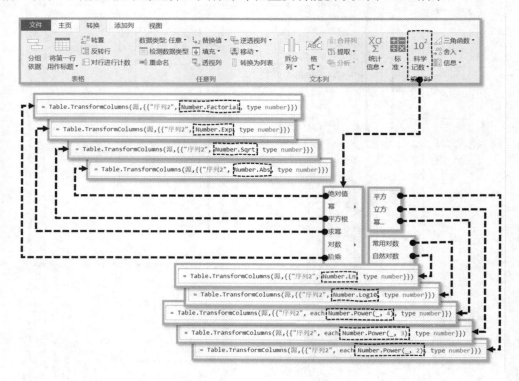

图 11.28　"科学记数"功能

使用时，直接对选中的原始列应用运算命令后提供所需的参数即可。例如对原始列进行参数为 5 的"幂"运算，可以对所选列中的所有值进行 5 次方运算。其他模式的使用方法基本类似，不再赘述。

📓说明：运算类命令与很多程序语言及 Excel 工作表中的函数类似，因此通过类比学习可以轻松掌握。

在上面几种运算功能中有几种较为特别，下面进行简单介绍。

1. "幂"与"求幂"

虽然"幂"与"求幂"都被称为幂运算，但是两者之间是存在差异的。"幂"运算相当于 Excel 中的 POWER 函数和"^"运算符，用于计算幂次方，如 2 的 3 次方、3 的 2 次方等，需要用户提供幂次作为参数，如图 11.29 所示。

"求幂"运算则属于幂运算的特殊情况，计算的是自然常数 e（e≈2.71828…）的 N 次方的值（N 为原始数据列中的值），不需要用户提供额外的参数，如图 11.30 所示。

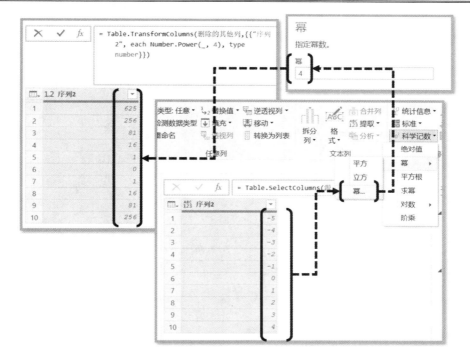

图 11.29　幂次运算

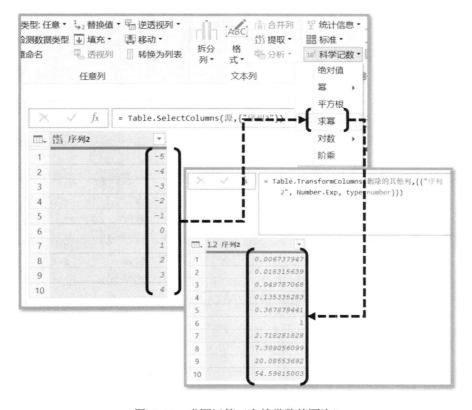

图 11.30　求幂运算（自然常数的幂次）

2．平方根

平方根运算本身并没有特别值得说明的地方，但它的使用却反映了一类典型的问题，那就是"未遵循数学规律而引发的错误"。这里我们通过平方根运算进行演示说明，如图 11.31 所示。

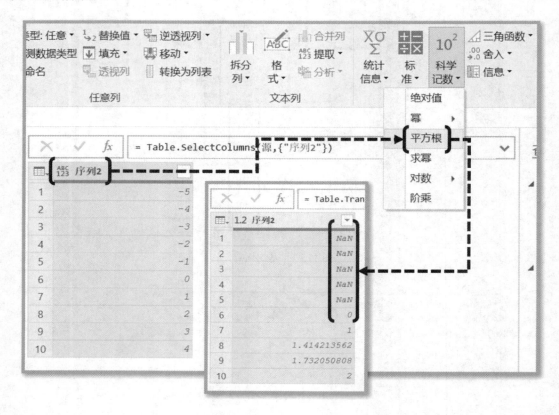

图 11.31　未遵循数学规律而引发的错误

可以看到，目标列中包含负数，而我们又对其执行了平方根运算，系统并未返回错误值 Error，而是返回了一个名为 NaN 的值。这个值后续也是无法使用的，是系统提示我们运算出现了问题。NaN 全称为 Not a Number，意为不是一个数字。因为我们对负数执行了平方根运算，而 Power Query 并非专业的数学软件，并不支持"复数"表示，因此会产生上述提示。对于这类问题，我们统称为"未遵循数学规律而引发的错误问题"。

除了在平方根运算中常见此类问题外，经常出现该问题的场景还有没有负数的阶乘、不能对负值进行对数运算、负值不能开偶次方等，使用时稍加注意即可。

说明：除了 NaN 这类特殊值外，在运算过程可能还会遇到 Infinity 和 -Infinity 的情况，表示计算结果为"正无穷"或"负无穷"。

3．阶乘

"阶乘"功能用于计算某个正整数的阶乘，表示为 $n!$，如"3!=3×2×1=6"。阶乘运算可以计算当前值以步长为-1 逐步降低的累乘结果。

11.3.4　三角函数、舍入、信息运算

"三角函数""舍入""信息"这 3 类运算功能的使用较少，合并讲解。它们的功能概览及使用的 M 函数如图 11.32 所示。

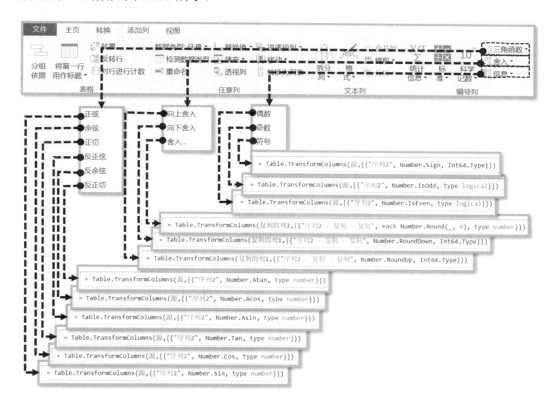

图 11.32　"三角函数""舍入""信息"功能演示

在这 3 类运算功能中，三角函数可以帮助我们完成简单的正弦、余弦、正切及其逆运算，属于基础运算，因使用频次较低不再展开介绍。需要重点理解的是其余两项运算功能。

1．舍入运算

舍入运算实际上指对数据的"修约"，简单理解就是"四舍五入"。舍入运算共分为 3 种模式，其中，向上舍入和向下舍入是指将数值的小数部分舍弃，并向距离最近的整数舍入（向上是指向数轴正方向，向下是指向数轴负方向）；而"舍入"功能可以将目标数值按指定位数进行四舍五入，操作演示如图 11.33 所示。

2．信息运算

信息运算可以笼统地理解为提取目标列中的数据信息，如获取数据的奇偶信息或者正负信息等。信息运算分为 3 种模式，分别为"偶数""奇数""符号"。

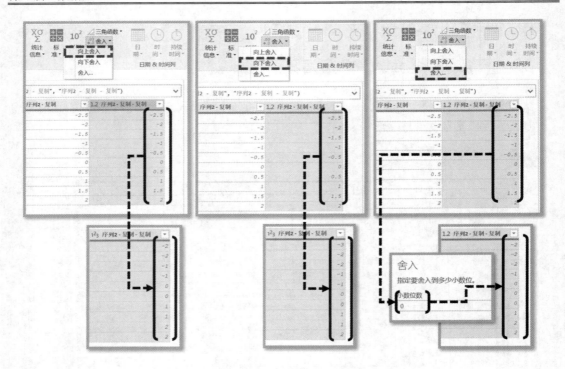

图 11.33　舍入运算演示

其中，"偶数"与"奇数"功能用于判定数据的奇偶性，若对数据列使用"偶数"判定功能，则数据为偶数时返回逻辑真值，为奇数时返回逻辑假值。使用"奇数"判定的返回值恰好相反，如图 11.34 所示。

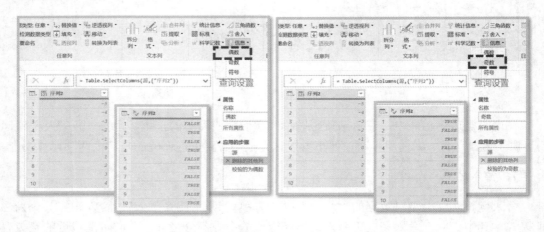

图 11.34　信息运算：偶数与奇数判定

"符号"模式专门用于提取数据的正负符号，若数字为整数则返回 1，若数值为 0 则返回 0，若数字为负数则返回-1，如图 11.35 所示。

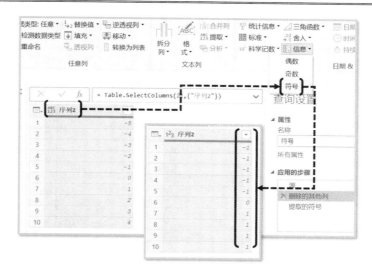

图 11.35　信息运算：获取数字和符号信息

11.3.5　日期

日期、时间和持续时间这 3 类运算都是针对日期/时间类型，特点是难度低，数量庞大，所有功能加总在一起达到 50 多项，整体功能概览如图 11.36 所示。

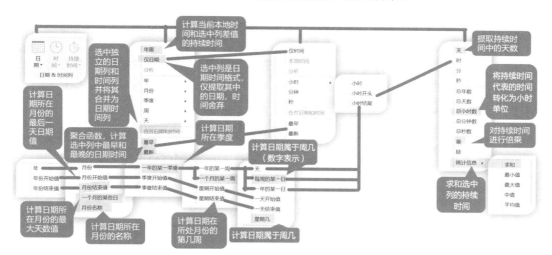

图 11.36　"日期""时间""持续时间"功能

从图 11.36 中可以看到日期、时间和持续时间 3 类运算模块下的所有功能，因为数量较多，读者暂时无须深究细节，先了解整体分布即可。下面介绍"日期"运算模块中较为重要的功能。

1．年限

"年限"功能从表面上看很容易被误认为用于"提取日期列中的年份信息"，但实际上不是，它用于计算当前系统时间与目标日期列中的日期的间隔年份，操作演示如图 11.37 所示。

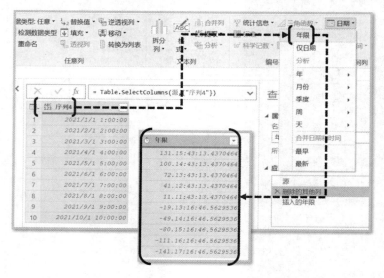

图 11.37　日期运算："年限"功能演示

使用"年限"功能时除了需要注意该功能的实际含义外，还需要注意运算结果数据为"持续时间"，表示是当前系统时间点和目标列中的时间差值，用天为单位进行表示。如果需要进一步运算，则需要使用到"持续时间运算"的相关功能。该功能常用于计算员工工龄、年龄等。

2. 仅日期

"仅日期"功能用于提取"日期/时间"数据类型中的"日期"信息，可以主动将其中的时间信息舍弃，操作演示如图 11.38 所示。与之对应的"仅时间"功能可用于提取"日期/时间"中的时间信息，该功能位于"时间"功能组中。

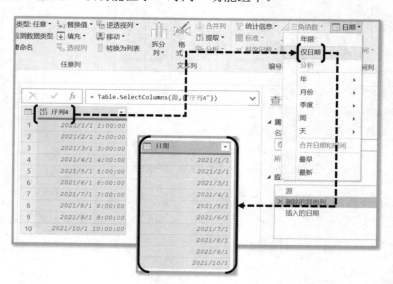

图 11.38　日期运算："仅日期"功能演示

3．月份结束值和一个月的某些日

"月份结束值"和"一个月的某些日"功能可能会让很多用户感到疑惑，但是通过实际应用可以非常清晰地理解它们的作用及区别。"月份结束值"功能可以提取日期列中所属月份的最后一天的日期；而"一个月的某些日"功能则用于提取日期列中所属月份的最大日数，操作演示如图 11.39 所示。

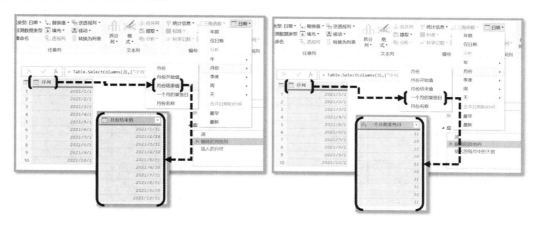

图 11.39　日期运算："月份结束值"和"一个月的某些日"功能演示

4．月份名称

"月份名称"功能用于返回目标日期列中日期所在月份的名称，如一月、二月，操作演示如图 11.40 所示。

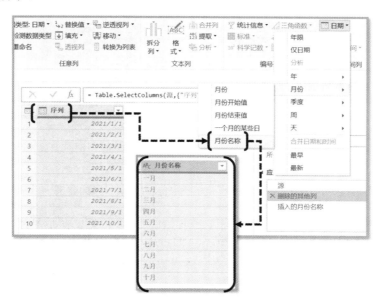

图 11.40　日期运算："月份名称"功能演示

📑**说明：**月份名称会根据后台设置中的地区设定而改变。

5．一年的某一季度和一个月的某一周

"一年的某一季度"和"一个月的某一周"是不同层级的两个非常相似的功能。前者用于求取目标日期列中日期所属的"季度"，后者用于求取目标日期列中日期所属月份的"周数"，操作演示如图 11.41 所示。

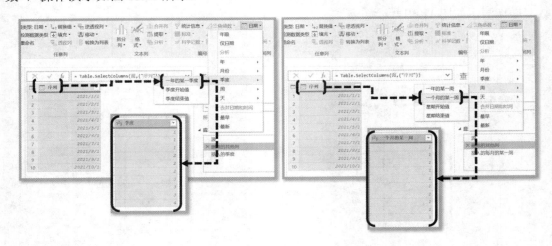

图 11.41　日期运算："一年的某一季度"和"一个月的某一周"功能演示

在使用过程中，对于"一年的某一季度"命令，不存在任何疑惑点，因为季度的划分可以轻松地通过月份得到。但是对于"一个月的某一周"命令，部分读者可能会有所疑惑，每月的周数并不固定，提取结果的划分标准具体是什么呢？这里用一组新的数据进行演示，如图 11.42 所示。

	日期	AᴮC 星期几	1²₃ 一个月的某一周
1	2020/1/1	星期三	1
2	2020/1/2	星期四	1
3	2020/1/3	星期五	1
4	2020/1/4	星期六	1
5	2020/1/5	星期日	1
6	2020/1/6	星期一	2
7	2020/1/7	星期二	2
8	2020/1/8	星期三	2
9	2020/1/9	星期四	2
10	2020/1/10	星期五	2

图 11.42　日期运算："一个月的某一周"功能演示

在上述范例中构建了从 2020 年 1 月 1 日开始的 10 个日期，然后利用"日期"功能获得每个日期对应的星期信息，最后得到每个日期对应的"周数"。可以看到，在默认状态下，每个月的第一天所在的周会被视为第一周，然后以星期日为分隔进入下一周。

6．每周的某一日和星期几

"每周的某一日"与"星期几"同属于"周"这个范畴，两个命令非常相似但也有所区别，就像前面讲解的"月份结束值"和"一个月的某一天"，二者提取的都是相同的信息，

但使用方式并不相同。"每周的某一日"用于返回指定日期列中的日期"位于当周第几天";而"星期几"直接返回指定日期列中的日期的"星期名称",操作演示如图 11.43 所示。

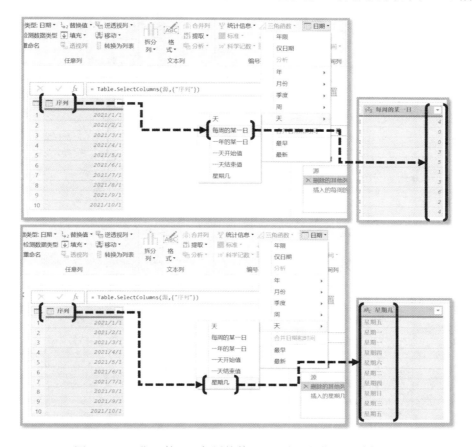

图 11.43　日期运算:"每周的某一日"和"星期几"功能演示

🔔注意:"每周的某一日"虽然表示日期在当前周所属的天数,但是依旧保留了从 0 开始的惯例,同时依旧使用周日为每周的分隔,如 0 代表星期一,1 代表星期二,以此类推。

📋说明:将星期使用数字表示便于我们对数据判断、筛选及进行更复杂的操作。因为于文本,数值相关的控制功能更丰富。

7. 合并日期和时间

"合并日期和时间"功能可以理解为"仅日期"和"仅时间"功能的逆过程,它可以将"日期"列和"时间"列合并为"日期/时间"列。这项功能也是比较特别的,需要输入两列值并返回单列值,操作演示如图 11.44 所示。

8. 最早和最新

日期运算的最后一组功能是"最早"和"最新",它们可以提取日期列中最早和最晚的单值数据记录，操作演示如图 11.45 所示。

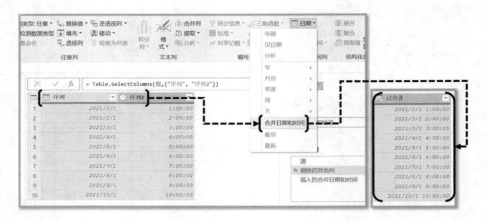

图 11.44　日期运算："合并日期和时间"功能演示

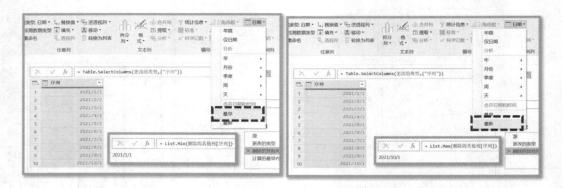

图 11.45　日期运算："最早"和"最新"功能演示

🔔 **注意：** 需要注意的是，"最早"和"最晚"很容易被理解成距离当前系统时间最远和最近的两个日期，但实际上看一下这两个功能的 M 函数代码会发现，其实际提取的是日期列中的最小值与最大值。

11.3.6　本地时间

时间运算功能包含 11 个命令。其中大部分命令的使用与日期运算命令高度相似，因此不再做展开介绍，唯一特别的为"本地时间"命令。

"本地时间"功能针对的数据类型为"日期/时间/时区"的时间数据，它可以将这些数据转换为当前系统设定地区的时间，操作演示如图 11.46 所示。

可以看到，目标列数据中的"日期/时间/时区"数据显示为 2021 年 1 月 1 日的正午 12:00，且位于中间零时区。因为当前系统默认的北京时间位于东八区，因此在对目标列应用"本地时间"功能后，转换为 2021 年 1 月 1 日晚间 20:00（东八区），自动完成了时区切换的计算。

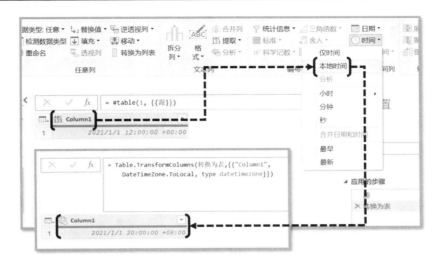

图 11.46　时间运算："本地时间"功能演示

11.3.7　持续时间

持续时间运算共有 16 个命令，因为该数据类型与日期时间差异较大，所以命令与前面介绍的其他命令有较大差异，本节中我们将从每个大类别中挑选一个最有代表性的命令进行介绍。

1．天、时、分、秒

"天""时""分""秒"这 4 个命令可以算做一组命令，用于提取"持续时间"类型数据的某个指定成分，如"天"命令用于提取"持续时间"中的"天数"信息。"天"功能的操作演示如图 11.47 所示，同组其他命令的操作方式类似。

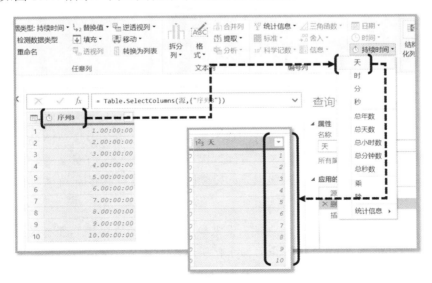

图 11.47　持续时间运算："天"功能演示

2. 总小时数

持续时间的第二组命令为"总年数""总天数""总小时数""总分钟数""总秒数"，该组命令可以将目标持续时间列数据快速地转换为指定单位的表示形式，很好地满足了实际操作中对于不同单位的显示需求。下面以"总小时数"为例进行演示，其他同组命令的使用方式类似，操作演示如图 11.48 所示。

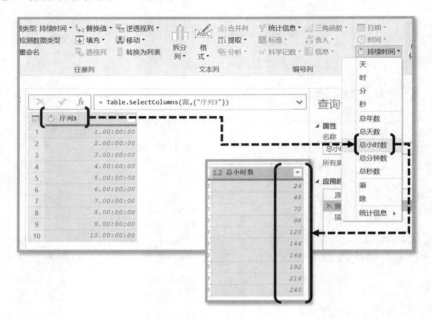

图 11.48　持续时间运算："总小时数"功能演示

📢注意：虽然案例显示结果均为整数，但是在实际应用中因时间会包含不确定的天、时、分、秒，因此通过"总小时数"功能转换时间单位后通常会保留多位小数，因此常配合"舍入"功能使用。

3. 乘

持续时间的第三组命令为"乘"和"除"，该组命令可以对目标时间列持续倍乘或倍除。读者可能会感到疑惑：倍乘和倍除时间有实际意义吗？对于时、分、秒时间而言，倍乘和倍除的意义不大，对于日期而言甚至可能毫无意义。但要明确的是这里的处理对象是"持续时间"类型的数据，其表示的是一段时间，因此倍乘和倍除是有意义的，比如因为增加了人手工作效率提升，所以完成某项工序的持续时间缩短了，需要对持续时间倍除等，操作演示如图 11.49 所示。

📋说明：持续时间的乘和除本质上与我们常见的对于数字的乘除运算没有区别，但是因为 Power Query 对于数据类型的约束，所以无法直接对持续时间列采用标准运算中的乘或除的功能（可以通过"类型切换"功能切换为数字后进行运算，然后切换回持续时间类型）。

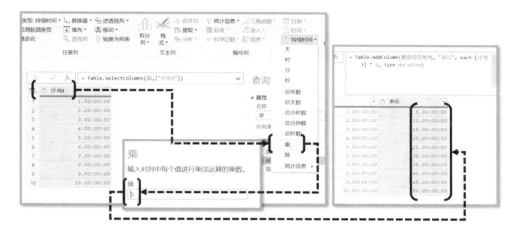

图 11.49　持续时间运算："乘"和"除"功能演示

4．统计信息

持续时间的最后一组命令是"统计信息"。与"乘"和"除"命令类似，持续时间的"统计信息"也是因为数据类型约束而特设的命令，所以本质上和针对数字的"统计运算"命令是一样的，只是针对的类型不同，其他特性均相似，因此这里不再特别演示。

至此，我们便完成了对"日期""时间""持续时间"命令中重点命令的学习。

11.3.8　数值运算汇总速查表

通过前面的学习，我们了解到数值运算从结构到种类都非常繁杂，因此这里以"汇总速查表"的形式进行总结，方便读者在使用或对部分命令有疑惑的时候进行快速查询和复习，如表 11.1 所示。

表 11.1　数值运算汇总速查

序　号	运算类型	命　令	功　能
1	统计	求和	对数字列求和
2	统计	最小值	求取数字列中的最小值
3	统计	最大值	求取数字列中的最大值
4	统计	中值	求取数字列中的中值
5	统计	平均值	求取数字列中的平均值
6	统计	标准偏差	计算目标数字列数据的标准偏差
7	统计	值计数	统计目标列中非空值的数量
8	统计	对非重复值计数	统计目标列中非空不重复值的数量
9	标准	添加	将数字列批量加上指定值
10	标准	乘	将数字列批量乘以指定值
11	标准	减	将数字列批量减去指定值
12	标准	除	将数字列批量除以指定值

序　号	运 算 类 型	命　令	功　能
13	标准	用整数除	将数字列批量除以指定值后取整数部分
14	标准	取模	将数字列批量除以指定值后取余数部分
15	标准	百分比上	计算数字与指定值的百分比（以1为单位）
16	标准	百分比下	计算数字与指定值的百分比（以1%为单位）
17	科学记数	绝对值	计算数字列的绝对值
18	科学记数	幂平方	计算数字列的平方值
19	科学记数	幂立方	计算数字列的立方值
20	科学记数	幂	计算数字列的指定幂次值
21	科学记数	平方根	计算数字列的平方根
22	科学记数	求幂	计算自然常数e的数字列次方
23	科学记数	常用对数	计算以10为底数字列的对数
24	科学记数	自然对数	计算以自然常数e为底的数字列的对数
25	科学记数	阶乘	计算数字列的阶乘
26	三角函数	正弦	计算弧度的正弦值
27	三角函数	余弦	计算弧度的余弦值
28	三角函数	正切	计算弧度的正切值
29	三角函数	反正弦	计算正弦值所代表的弧度
30	三角函数	反余弦	计算余弦值所代表的弧度
31	三角函数	反正切	计算正切值所代表的弧度
32	舍入	向上舍入	将数字列向数轴正方向上舍入到最近的整数
33	舍入	向下舍入	将数字列向数轴负方向下舍入到最近的整数
34	舍入	舍入	将数字列四舍五入到指定位数
35	信息	偶数	判定数字列是否为偶数
36	信息	奇数	判定数字列是否为奇数
37	信息	符号	获取数字列的正、负符号信息和零
38	日期	年限	计算当前系统时间与日期列的差值天数
39	日期	仅日期	提取日期时间格式中的日期信息
40	日期	年	提取日期列中的年份信息
41	日期	年份开始值	获取日期所在年份的第一天日期
42	日期	年份结束值	获取日期所在年份的最后一天日期
43	日期	月份	提取日期列中的月份信息
44	日期	月份开始值	获取日期所在月份的第一天日期
45	日期	月份结束值	获取日期所在月份的最后一天日期
46	日期	一个月的某些日	获取日期所在月份的最大天数
47	日期	月份名称	获取日期所在月份的名称
48	日期	一年的某一季度	获取日期所在年份的第几个季度
49	日期	季度开始值	获取日期所在季度的第一天日期
50	日期	季度结束值	获取日期所在季度的最后一天日期

序　号	运 算 类 型	命　令	功　能
51	日期	一年的某一周	获取日期在其年份的第几周
52	日期	一个月的某一周	获取日期在其月份的第几周
53	日期	星期开始值	获取日期所在星期的第一天日期
54	日期	星期结束值	获取日期所在星期的最后一天日期
55	日期	天	提取日期列中的天数信息
56	日期	每周的某一日	计算日期所在周的第几天（0起）
57	日期	一年的某一日	计算日期所在年的第几天（1起）
58	日期	一天开始值	计算日期/时间所在天的开始时间（当天零点）
59	日期	一天结束值	计算日期/时间所在天的结束时间（第二天的零点）
60	日期	星期几	计算日期的星期
61	日期	合并日期和时间	将日期列与时间列合并为日期/时间数据
62	日期	最早	计算日期列最早的日期
63	日期	最新	计算日期列最晚的日期
64	时间	仅时间	提取日期/时间数据中的时间信息
65	时间	本地时间	计算其他时区时间转换为本地的时间
66	时间	小时	提取时间中的小时信息
67	时间	小时开头	计算时间所在小时的开头时间点
68	时间	小时结尾	计算时间所在小时的结束时间点
69	时间	合并日期和时间	将日期列与时间列合并为日期/时间数据
70	时间	最早	计算时间列最早的日期
71	时间	最新	计算时间列最晚的日期
72	持续时间	天	提取持续时间数据中的天信息
73	持续时间	时	提取持续时间数据中的时信息
74	持续时间	分	提取持续时间数据中的分信息
75	持续时间	秒	提取持续时间数据中的秒信息
76	持续时间	总年数	以年为单位表示持续时间
77	持续时间	总天数	以天为单位表示持续时间
78	持续时间	总小时数	以小时为单位表示持续时间
79	持续时间	总分钟数	以分钟为单位表示持续时间
80	持续时间	总秒数	以秒为单位表示持续时间
81	持续时间	乘	将持续时间倍乘
82	持续时间	除	将持续时间倍除
83	持续时间	求和	求和持续时间列
84	持续时间	最小值	统计持续时间列中的最短时间
85	持续时间	最大值	统计持续时间列中的最长时间
86	持续时间	中值	统计持续时间列中的时间中值
87	持续时间	平均值	统计持续时间列所有时间的均值

11.4　文　本　运　算

继数值运算后，我们来看一下在 Power Query 中可以执行哪些文本运算，从而帮助我们提高数据整理效率。顺带一说，Power Query 主要负责的是数据整理工作，对于统计方面的处理能力较弱。文本运算的重要性高于数值运算，读者最好对其各个模式都比较熟悉，而不是像数值运算一样知悉即可。

文本运算总体上可以分为 5 大类，分别为格式运算、提取列、拆分列、合并列及分析运算，下面具体学习。

11.4.1　格式运算

"格式运算"位于菜单栏"转换"选项卡的"文本列"功能组中，可以理解为一些综合性较强的文本处理功能集合，其中主要包含大小写显示切换、特殊字符清理、添加前/后缀三大功能。

1．大小写显示切换

大小写显示切换这组功能当中与 Excel 中的工作表函数类似，分为"小写""大写""每个字词首字母大写" 3 种模式，可以将目标文本列中的字母进行小写、大写及首字母大写转换，操作演示如图 11.50 所示。

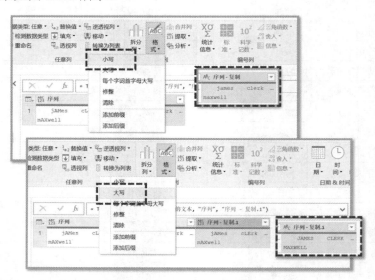

图 11.50　格式运算："小写""大写"功能演示

⚠️注意：首字母大写功能是使用空格将每个词分开，然后将首字母大写，其本质为将分隔符后的第一个字母大写。除空格以外的其他字符也被视为分隔符，如减号"-"等。中文字符视为文本，不视为分隔符。操作演示如图 11.51 所示。

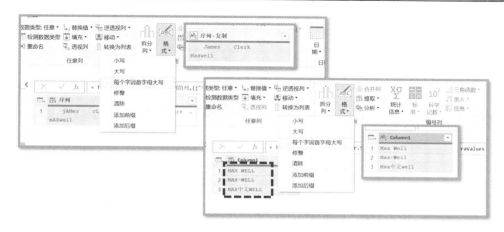

图 11.51　格式运算：首字母大写

2. 特殊字符清理运算

特殊字符的清理运算共有两种模式，分别为"修整"和"清除"，类似于 Excel 工作表函数 TRIM 和 CLEAN，前者能完成对文本列中冗余空格的清除，后者可以针对不可见的打印字符进行清除，操作演示如图 11.52 所示。

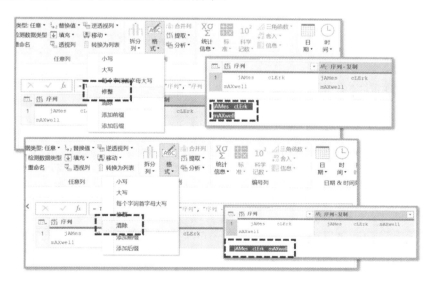

图 11.52　格式运算："修整"和"清除"功能演示

> 说明：这里补充一些实际操作细节。第一，修整功能只针对文本开头与结尾的空格进行清除，文本字符串内部的空格不进行处理，这与工作表函数 TRIM 的特性不同；第二，清除功能可以笼统地理解为系统用于格式设定的不可见字符，实际不需要精确理解到底有哪些（一般是指 ASCII 编码表的前 32 位不可见字符，表详见"添加列"章节），如果在实际数据处理中遇到了相关特别字符，直接过一遍清除功能即可。

3．添加前/后缀

格式运算最后一组功能为添加前缀和后缀，可以为文本字符串添加需要的常量前缀或后缀，常用于编号 ID 列等，操作演示如图 11.53 所示。

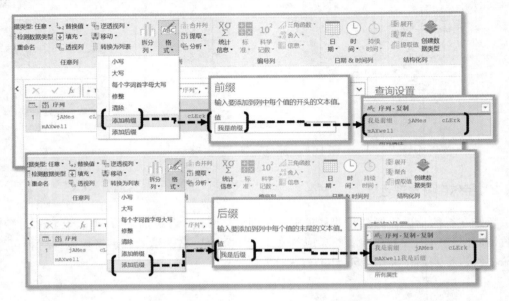

图 11.53　格式运算：添加前缀和后缀

11.4.2　提取列运算

"提取列"运算可以从目标文本列中提取所需的信息，如文本字符长度信息、部分文本内的字符串等。其有 7 个命令，可以分为 3 组，分别为提取长度信息、根据位置提取字符串和根据分隔符提取字符串。

1．提取长度信息

使用"长度"功能可以提取目标列文本字符串的长度信息，即包含的字符数量。该功能常用于辅助进行条件判断，操作演示如图 11.54 所示。

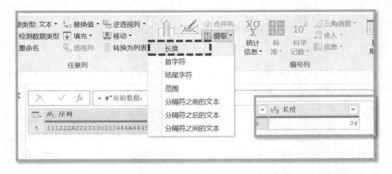

图 11.54　提取列运算："长度"功能演示

2．根据位置提取字符串

根据位置提取字符串分为 3 种模式，可以用于提取前 N 个字符、后 N 个字符和中间的某一段字符，类似 Excel 工作表函数 LEFT、RIGHT、MID。其中，前 N 个字符和后 N 个字符的使用较为简单，选中目标列后提供需要提取的字符数即可完成提取，操作演示如图 11.55 所示。

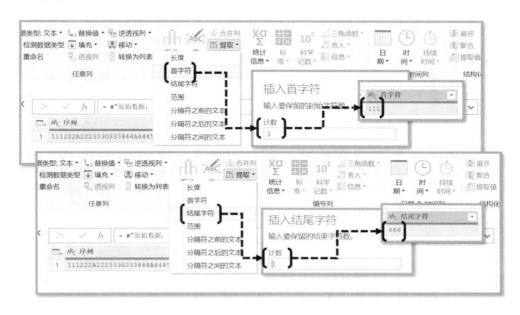

图 11.55　提取列运算："首字符"和"结尾字符"功能演示

使用"范围"命令需要额外提供一个参数，即开始提取字符的位置，加上确定的目标提取字符数量，可以精确地进行目标字符串的提取，操作演示如图 11.56 所示。

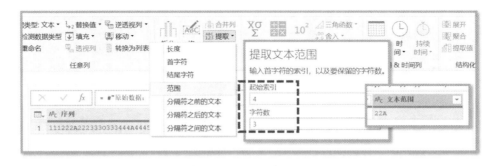

图 11.56　提取列运算：范围

注意：提供的参数名为"起始索引"而非字符位置，索引从 0 开始计算，即在字符串中第一个字符的索引为 0，第二个字符为 1，以此类推。可以看到上面的演示案例中从索引为 4 开始提取 3 个字符，得到的结果为"22A"而非"222"，这是使用该功能最常犯的错误。

3．根据分隔符提取字符串

根据分隔符提取字符串用于提取目标文本列中满足特定条件的字符。提取依据为"分隔符"，在实际操作中选择模式时需要根据目标文本列的数据特征来决定。

根据分隔符提取字符串功能包括 3 个命令，分别为"分隔符之前的文本""分隔符之后的文本""分隔符之间的文本"。从名称中便可以判断它们的作用，操作演示如图 11.57 所示。

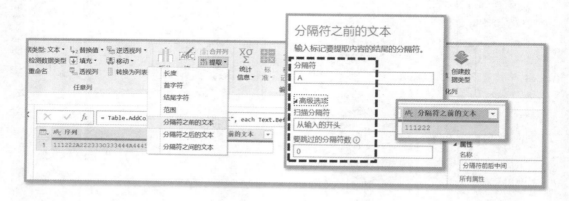

图 11.57　提取列运算："分隔符之前的文本"功能演示

在默认状态下，对文本列应用"分隔符之前的文本"命令后，需要提供指定的分隔符作为参数，如上面演示案例中的 A，然后系统会自动提取文本列中 A 首次出现的位置之前的所有文本。"分隔符之后的文本"命令使用方式类似，在此不再演示。

如果开启"高级选项"功能，还可以用一种更为精确的方式来指定目标分隔符。我们可以设定扫描分隔符的方向是默认的"从输入的开头到结束"，还是逆向扫描"从输入的结束到开头"；同时可以选择要跳过的分隔符数量，操作演示如图 11.58 所示。

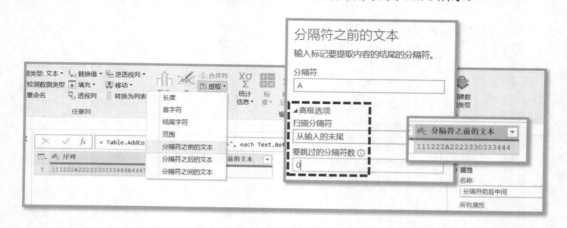

图 11.58　提取列运算："分隔符之前的文本"高级功能演示

因为调整了扫描分隔符的方向，定位的目标分隔符从原始数据中的第一个 A 变为了第二个 A，所以返回的结果变为第二个 A 之前的字符。

说明：所有根据分隔符提取字符串的功能都遵循先定位"分隔符"所在的位置，再按照不同模式的逻辑（之前、之后或之间）进行提取。高级选项中控制的是定位分隔符的检索方向和要跳过的分隔符数量。

除了上述较为简单的单分隔符定位提取模式，也支持"提取分隔符之间的文本"的双分隔符提取模式。使用方法基本类似，但因为存在两个需要定位的分隔符，所以会出现一些特别的复杂情况，操作演示如图 11.59 所示。

图 11.59　提取列运算："分隔符之间的文本"功能演示

如果需要从案例的目标数据中提取出"333444"，则可以使用"分隔符之间的文本"模式来完成。我们只需要限定提取第 1 次出现 O 的位置和第 2 次出现 A 的位置之间的文本字符串即可。在设置的时候可以选择图 11.59 所示的两种设置方式。

❑ 较为简单的设置方法见图 11.59 右图，"开始分隔符"为 O，"结束分隔符"为 A。先检索确定目标的开始位置，因此"从输入的开头"检索第 1 次出现 O 的位置，确定起点；然后从起点开始继续向结束方向检索第 1 次出现 A 的位置，定为终点；最终提取起点和终点位置之间的字符完成任务。

❑ 可以反过来如图 11.59 左图所示，"开始分隔符"为 A，"结束分隔符"为 B。先检索确定目标的开始位置，因此"从输入的开头"检索第 2 次出现 A 的位置，确定起点；然后从起点开始，向文本开头的方向（左侧）检索第 1 次出现 O 的位置，定为终点；最终提取起点和终点位置之间的字符完成任务。

以上两种设置方式的执行逻辑示意如图 11.60 所示。

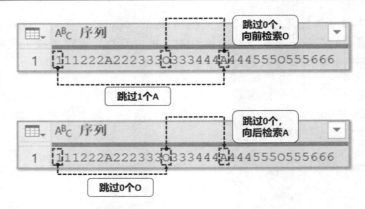

图 11.60　提取列运算：分隔符定位逻辑

⌂注意：终点分隔符的定位是基于起点选择方向开始的，而并非和起点一样从字符串开始
进行定位，这是理解"分隔符之间的文本"功能的关键。

11.4.3　拆分列运算

"拆分列"与"合并列"可以视为一对互逆的文本运算命令。其中，拆分列的方向和拆分依据等要素会出现一些复杂的情况，下面一起来看一下"拆分列"有哪些模式。

1．按分隔符

与"提取列"的多种不同依据类似，我们在进行列的拆分时常使用"分隔符"或"位置"作为依据。提取列在发现分段点后仅提取其中的一段内容，但是拆分列会将所有分段信息分为多列进行保留，类似于 Excel 中的"分列"功能。

"按分隔符"模式可以自定义分隔符，并在原始文本列的各行记录中出现分隔符的位置对数据进行拆分，操作演示如图 11.61 所示。

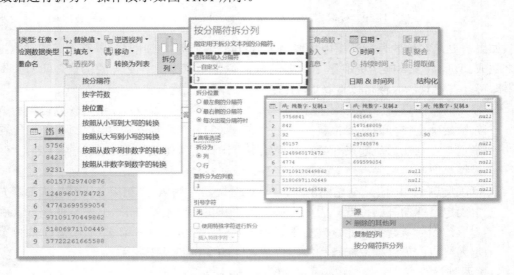

图 11.61　拆分列运算："按分隔符"功能演示

　　选中目标列后，应用"转换"选项卡"文本列"功能组中的"拆分列"|"按分隔符"模式，并设置指定的分隔符，其他设置默认，系统便会将原始列按照该分隔符分列显示。

　　这里简单介绍一下"按分隔符拆分列"中的可设置参数。分隔符的设定可以在下拉菜单中进行选择，也可以选择自定义分隔符或者勾选底部的"使用特殊字符进行拆分"复选框添加特殊字符作为拆分依据；"拆分位置"的选择有 3 种模式，通常情况下使用默认的"每次出现分隔符时"模式进行拆分，其余两个模式表示仅在首次或末次出现分隔符时拆分一次。

🔔 **注意**：分隔符模式的使用有几个容易忽略的细节。第一，作为拆分依据的分隔符不会出现在结果表格中；第二，"拆分列"功能只在"转换"选项卡中存在，在"添加列"选项卡中不存在；"拆分列"功能是在原列的基础上进行拆分，会将原始数据破坏，如果需要保护原始数据，则应提前对目标列应用"重复列"功能。

　　除此以外，所有"拆分列"模式都配备有更好用、更独特的"高级选项"功能，其中重要的是"列的拆分方向"。在默认状态下，所有数据都会如 Excel 分列功能一样将多列拆分为水平方向的不同列，这也最符合人类的阅读习惯。但在"高级选项"功能中还提供了将结果拆分为行，即将结果使用多行记录呈现等功能，操作演示如图 11.62 所示。

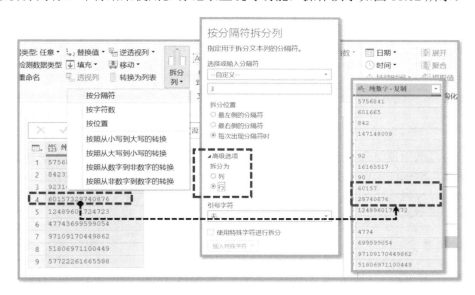

图 11.62　拆分列运算："按分隔符"高级功能演示

　　其余的设置相比前面的范例没有变化，唯一修改的是"高级选项"中拆分列的方向从"列"变为了"行"。从图 11.62 中可以看到结果全部分布在单列中，以原始列第 4 行的数据"60157 3 29740876"为例，其中出现了一次 3，因此在该处进行拆分，最终得到的两个数据"60157"和"29740876"上下堆叠存放在单列中。

📑 **说明**：在"高级选项"模式中，往"列"方向上拆分还附带一个"要拆分为的列数"参数，用于控制最终结果的列数。常规情况下系统会自动探测所有数据拆分后的最大列数并自行设置；若手动设置的列数小于所需列数，则部分数据会丢失；若手动设置的列数大于所需列数，则冗余的列使用 null 进行填充。

"高级选项"模式对于拆分方向的修改非常重要，相比在列方向上排布数据，将数据结果按照记录形式呈现会更便于后续的整理工作（前面提到过行操作功能要强于列操作功能），这一点读者可以在实际操作中多多体会。

2. 按字符数

拆分列还可以使用"按字符数"功能对原始数据进行拆分。操作方式与"按分隔符"相同，区别在于拆分逻辑，具体演示如图 11.63 所示。

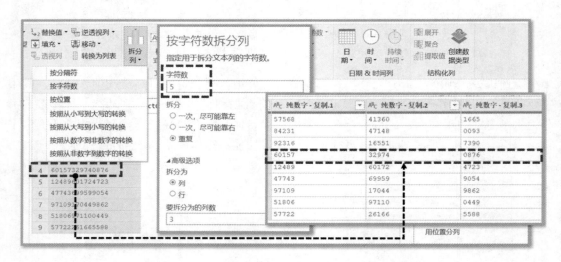

图 11.63 拆分列运算："按字符数"功能演示

上面的范例中设定每 5 个字符进行一次拆分，因为此类型的拆分不涉及分隔符，所有数据信息都完整地保留在结果表格中。以第 4 行原始数据"60157329740876"为例，按照每 5 个字符拆分一次的规律，得到的结果是"60157 / 32974 / 0876"，最后一项不足 5 个只显示 4 个字符。

3. 按位置

前面两种模式利用的是原始数据中的字符特征及格式位置特征进行目标数据的拆分。但是按字符数模式有一个劣势，就是只能够按照固定的长度进行批量拆分，比较机械。如果需要不定长度的拆分，则可以使用"按位置"模式，该模式可以指定一组位置分隔点强制数据进行拆分，操作演示如图 11.64 所示。

可以看到，在上面的范例中我们对原始数据执行了"按位置"拆分列命令，并且提供的条件为"0, 1, 3, 6, 10"，表示拆分位置。可以将原始数据理解为一块长条形的蛋糕，这里所给出的条件代表需要下刀切割的位置，分别是"字符前 1 号、字符前 3 号等。这里以第 4 行原始数据"60157329740876"为例，在上述对应位置切割得到的结果是"/ 6 / 01 / 573 / 2974 / 0876"。

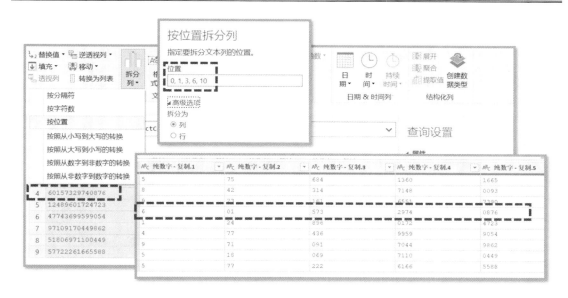

图 11.64　拆分列运算："按位置"功能演示

注意：切割条件中的 0 不可以缺少，否则返回的数据会缺失部分信息。如图 11.65 所示，可以看到，初始数据 6 未出现在结果列中。

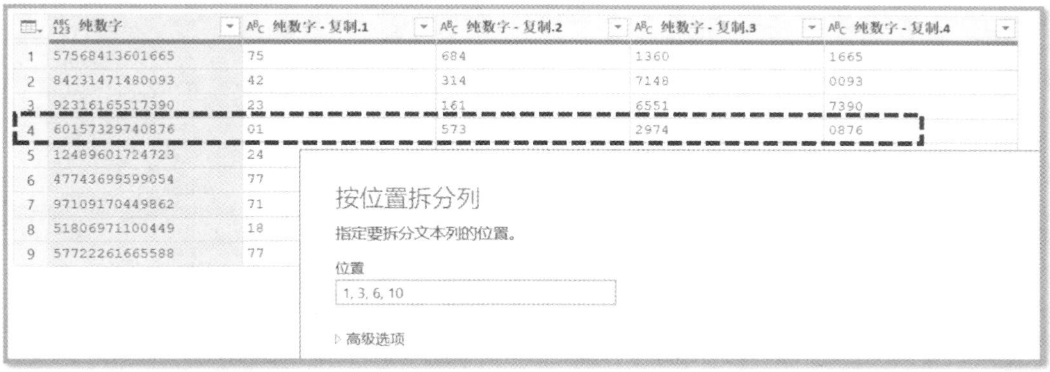

图 11.65　拆分列运算："按位置"功能演示

4．按照从小写到大写/从大写到小写的转换

如果说前面介绍的 3 种模式可以视为同类化，那么第 4 和第 5 种模式则完全不同，因为拆分列的判定依据发生了巨大的变化。在这两种模式中，我们可以直接依据字符变化特征进行拆分，如"按照从小写到大写的转换""按照数字到非数字的转换"等，操作演示如图 11.66 所示。

通过上面的示范可以看到，在文本中按照字符从大写变成小写进行了切割，将数据变为两列。值的注意的是，虽然"按照从大写到小写的转换"功能强大，但是该功能不需要任何参数，直接对目标列应用即可，中间过程也不会损失任何信息。其反向执行逻辑"从小写到大写的转换"的使用方法完全相同。

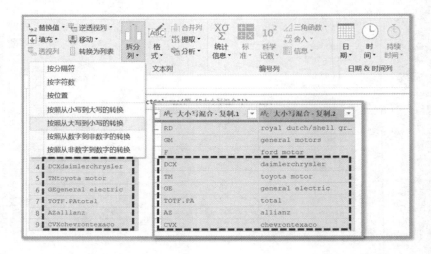

图 11.66 拆分列运算："按照从大写到小写的转换"功能演示

5. 按照从数字到非数字/从非数字到数字的转换

"按照从数字到非数字/从非数字到数字的转换"进行文本列的拆分，总体使用与上一组基本相同，唯一的区别在于拆分的逻辑做了修改，这里不再说明。下面演示该模式的使用，加深读者对其功能的理解，具体演示如图 11.67 所示。

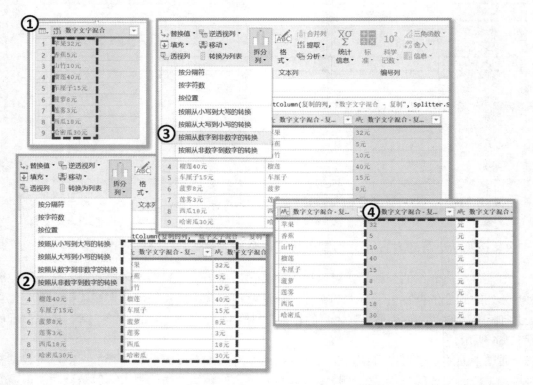

图 11.67 拆分列运算："按照从数字到非数字/从非数字到数字的转换"功能演示

图 11.67①所示的是一列混合的文本数据，包含数字和中文字符，目标是提取其中的数字信息。这个任务可以使用"拆分列"功能的"按照从数字到非数字/从非数字到数字的转换"模式轻松解决。首先对目标列使用一次"按照从非数字到数字的转换"功能进行拆分，将数字前面的文本剥离出去；然后再一次对上一步拆分结果的后半部分应用"按照从数字到非数字的转换"功能进行拆分，将其中的数字信息彻底暴露从而完成任务。

11.4.4 合并列运算

"合并列"运算位于菜单栏"转换"选项卡的"文本列"功能组中，其作用是将表格中的多列数据按照指定分隔符进行合并，然后转换为单列显示，是"拆分列"功能的逆过程。"合并列"功能的使用比较简单，没有复杂的模式，操作演示如图 11.68 所示。

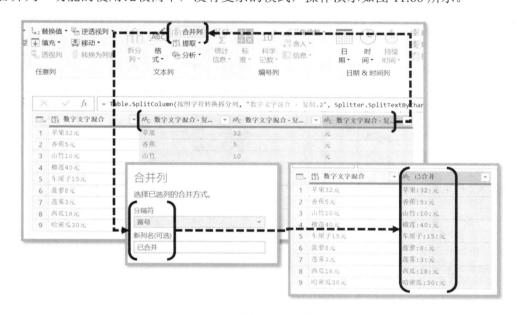

图 11.68 "合并列"功能演示

图 11.68 以前面的拆分结果为例，使用"合并列"功能将其恢复。首先选中需要合并的多列数据，然后应用"合并列"功能，并设定所需的分隔符和合并结果列的新列名，然后单击"确定"按钮即可完成对多列的合并。

注意：多选列时可以按住 Ctrl 键进行离散多列的选取，按住 Shift 键实现连续多列的选取。选取列的顺序会决定合并结果中各列内容的前后顺序，这是很多用户在使用"合并列"功能时经常忽略的一个特性。

11.4.5 分析运算

"分析"运算功能非常特别，在理解的时候建议将它和其他文本运算区分开。因为"分析"功能专门针对以文本字符串形式呈现的数据代码进行解析、翻译。

在网络中很多数据不能直接以表格甚至是嵌套的多层表格进行显示，必须以文本格式进行存储，这样才可以在互联网和各应用软件之间快速传递。这类信息常见的有 XML 代码、JSON 代码等，虽然它们是以文本形式呈现，但是各有特殊的规则，所以使用常规的文本列运算进行数据解析、提取过程会非常繁杂。因此 Power Query 将这部分解析文本数据的工作全部封装在了"分析列"功能中，用户可以直接运用该命令完成特定格式中的数据提取工作。主要分为两种模式，下面具体介绍。

1. 分析XML代码

前面我们已经简要介绍过 XML 代码和 JSON 这两种代码的作用和相关背景，因此这里不再赘述。利用导入功能可以快速解析 XML 文件内的数据，当我们获得的并非文件而是 XML 代码时，可以直接使用"分析"功能完成数据的获取工作，操作演示如图 11.69 所示。

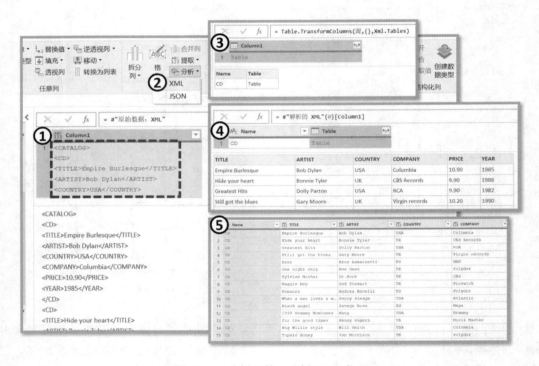

图 11.69　分析运算：分析 XML 代码

从图 11.69 中可以看到，原始的 XML 代码虽然包含目标信息，但是因为格式原因需要一定的专业知识才可以正常阅读，并且无法轻松地整理成规范的表格数据形式。而在使用"分析"|"XML"模式进行解析后可以直接获取数据表，根据实际需求将其展开即可使用。

2. 分析JSON代码

"分析"|"JSON"模式与"分析"|"XML"模式基本类似，唯一的区别在于处理的目标代码类型不同，具体使用演示如图 11.70 所示。可以看到，除了解析结果由于数据结构不同展开过程会有些许区别外，总体使用过程是一致的，分析功能发挥的就是代码解析

的作用。

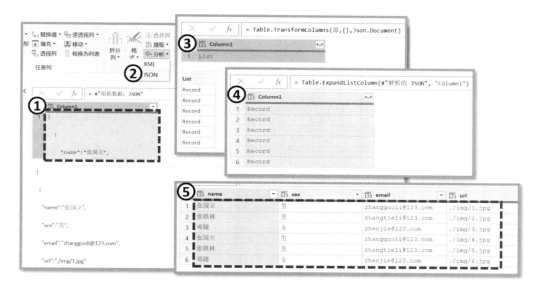

图 11.70 分析运算：分析 JSON 代码

11.5 本 章 小 结

本章我们对 Power Query 编辑器中的"数据内容修改"相关功能进行了深入介绍，依次介绍了数据类型及其转换、高频使用的内容修改命令、非常重要的数值和文本运算功能，极大丰富了我们对数据内容的操控能力。虽然本章学习的各类功能的数量相对前面的章节稍显庞大，但是总体的使用难度降低了，读者在实际操作中多多练习即可很快熟悉。